GÜNTHER BLOCH   JOHN E. MARRIOTT

DIE PIPESTONE-WÖLFE

GÜNTHER BLOCH   JOHN E. MARRIOTT

DIE PIPESTONE
WÖLFE

———

AUFSTIEG & FALL ZWEIER
KANADISCHER WOLFSFAMILIEN

KOSMOS

—— *Dieses Buch ist den Wolfseltern*
„Faith & Spirit" (Pipestone-Wolfsfamilie)
und „Kootenay & Rusty" (Banffstadt-
Wolfsfamilie) sowie ihren wunderbaren
Söhnen und Töchtern gewidmet.
Sie alle haben uns Buchautoren gelehrt,
wieder ein klein wenig näher mit der
Natur verbunden zu sein.

Faith (links) und Spirit (rechts)

INHALT

VORWORT VON MIKE GIBEAU —
DER BEGINN EINER FORSCHUNGSKARRIERE

Ethologie ist die Studie vom Tierverhalten. Ethologie ist die Essenz unseres Verständnisses, warum Tiere die Dinge tun, die sie tun. Und welch reinere Form von Ethologie existiert als direkte Observation? Die Stunden, Tage, Wochen, Monate und Jahre, in denen man sich selbst in der Umwelt der beobachteten Spezies aufhält und diese beobachtet, ist in Nordamerika sowohl eine unterbewertete als auch unterschätzte Forschungstechnik. Viele Freilandbiologen haben längst vergessen, als Basis für Freilanddaten direkte Verhaltensbeobachtungen zu nutzen. Stattdessen heißt die wissenschaftliche Herangehensweise heutzutage, Tiere über hoch technisierte Peilsender zu verfolgen. In diesen Tagen braucht man sie noch nicht einmal mehr direkt zu verfolgen. GPS-Daten, die via Satellit auf ein Notebook übertragen werden, kann man im Schlafanzug zuhause auswerten, während man einen Milchkaffee schlürft. Wie sich die Zeiten doch geändert haben. Umso erfrischender ist es, dass dieses Buch inhaltlich auf den o. g. „unterbewerteten und unterschätzten Fertigkeiten" der direkten Beobachtung basiert.

Mitte der achtziger Jahre startete auch ich meine Wildtier-Forschungskarriere im Banff Nationalpark. Ich wollte Schwarzbären studieren. Über ein Jahrzehnt war ich als Park-Ranger aktiv und wusste, wie man Bären einfängt. Wie überall in Nordamerika, fingen wir Tiere ein, statteten sie mit Radiohalsbändern aus, ließen sie wieder frei und versuchten danach, täglich die Signale des Peilsenders aufzufangen. Mit der Zeit erhielten wir so Details zur individuellen Lebensraumnutzung der Tiere.

Nach den Schwarzbär-Studien untersuchte ich Ende der achtziger Jahre Wölfe, dann folgten Kojoten in den frühen Neunzigern und schließlich ein weiteres Jahrzehnt Grizzly-Bären. Verschiedene Spezies, doch die gleiche Technik. Bis 2011, als ich als Spezialist für große Beutegreifer in den Rocky Mountain Nationalparks in Rente ging, hatte ich mehrere Dutzend meiner Forschungsarbeiten und Resultate in den wichtigsten Wissenschaftsjournalen publiziert, allesamt basierend auf Telemetriedaten von Peilsender tragenden Studienobjekten.

Spirit im abwartenden Beobachtungssitzen inmitten eines abgebrannten Waldstücks.

DIREKTE VERHALTENS-OBSERVATIONEN

In den frühen Jahren meiner Forschungskarriere stellte mir Dr. Paul Paquet glücklicherweise Günther Bloch vor. Günthers Herangehensweise war anders. Er entschied sich, Tiere direkt zu beobachten, mittels dieser Observationstechnik, über die viele Nordamerikaner so wenig wussten. Meine erste Erinnerung an Günther steht in Verbindung mit meiner Kojotenstudie. Während wir in meinem Untersuchungsgebiet unterwegs waren, erwähnte ich eine aktive Kojotenhöhle. Die wollte Günther gern sehen. Wir parkten meinen Geländewagen in einigem Abstand zu besagter Höhle und Günther wollte dort warten, bis etwas passiert. Ich jedoch wurde schnell ungeduldig, weil nichts passierte. Zu jener Zeit hatte ich die ganze Kraft der Direktobservation in mir verloren. Letztlich tauchte eine ganze Anzahl von Kojotenwelpen auf, und Günther konnte Verhaltensnotizen und traumhafte Fotos von ihnen machen, während sie ein Rennspiel um einen Busch veranstalteten.

Da Günther es liebte, Wölfe live zu beobachten, organisierte ich aufgrund meiner Position bei Parks Canada für ihn und seine Frau Karin die Möglichkeit, direkte Verhaltensobservationen inmitten diverser Höhlenstandorte durchzuführen. Hier, im Hinterland von Banff, lebten kaum bekannte Wolfsfamilien. Und dorthin flogen wir Günther und Karin mit einem Hubschrauber ein, mehrere Jahre hintereinander. Hier entließen wir sie in die entlegensten Täler von Banff und sagten ihnen, dass wir sie in drei Wochen an Ort und Stelle wieder abholen würden. Sichtungen in der Nähe wölfischer Höhlenareale versorgten uns mit allen möglichen, bis dahin unbekannten Informationen, ganz zum Unbehagen einiger meiner Kollegen. Einige von ihnen behielten ihre Skepsis.

Im Jahr 2002 war ich eingeladen, auf Günthers International Symposium on Canids (Wolf & Co) einen Vortrag zu halten. Wir besuchten auch Günther und Karin Blochs Hunde-Farm „Eifel" in Bad Münstereifel. Wie ich später erfuhr, hatten die Blochs eine ganze TV-Serie über Hundetraining, und wir lernten außerdem, dass viele Europäer ein Verständnis zu Hundeverhalten und Training auf einer ganz anderen Stufe suchten als wir in Nordamerika. Hunde waren integraler Bestandteil der Gesellschaft. Es war durchaus üblich, Hunde in Restaurants zu sehen, im Zug oder in Einkaufszentren. Und, sie verhielten sich allesamt sehr angepasst. Über die letzten 20 Jahre hinweg hat sich Günther das gleiche Wissen über wilde Kaniden angeeignet, wie zuvor über Haushunde, das er in Deutschland stets gern an sein Publikum weitergegeben hat.

Einer, der dieses Verhaltensverständnis via direkter Observation ebenfalls für sich erschlossen hat, ist John Marriott. Ich habe John Anfang 1990 kennengelernt, als er einen Job bei Parks Canada innehatte. Mit einem breiten Grinsen im Gesicht, gepaart mit seinem Enthusiasmus, hat John seine Linse wirklich buchstäblich genutzt, um seinem Publikum die wilde Welt näherzubringen. Seine Fotos und das ganze Verständnis, das in die Choreographie und Kreation seiner erstaunlichen Bilder fließt, kommen davon, viel Zeit mit der Beobachtung und langem Warten zu verbringen. Diese Zähigkeit hat ihm die Reputation eines der führenden Naturfotografen Kanadas eingebracht.

Dieses Buch erhöht garantiert das allgemeine Verständnis über Kanidenverhalten und fordert das konventionelle „Wissen" langgehegter Mythen heraus. Letztlich sind hier Einsichten dokumentiert, die man niemals über die Zuhilfenahme von Telemetrietechnik erhalten kann. Das alles kommt davon, persönlich draußen zu sein, jeden Tag, den ganzen Tag, über Jahre hinweg.

Mike Gibeau, Ph.D.
Carnivore Spezialist (in Rente), Parks Canada, Canmore, Alberta

—— *Wenngleich es viele Wege der Informations- und Wissensvermehrung gibt, so ist dieses Buch ein wahrer Höhepunkt an jahrzehntelangen Wolfseinsichten in deren natürlicher Umgebung.*

Wölfin Lillian auf der Parkstraße mit ihrer eigenen Version
von „Yoga", in dem Versuch, ihr
Hinterteil zu säubern. Scherz
beiseite: Natürlich müssen sich
wilde Wölfe mit allen möglichen
Wurmparasiten herumschlagen.

DANKSAGUNG

Günther Bloch: Als Erstes möchte ich mich bei meiner Frau Karin bedanken für die Möglichkeit, Freilandforscher sein zu können. Meinem Unternehmen, bzw. allen denjenigen, die über unser Caniden-Verhaltenszentrum eine Wolfpatenschaft übernommen haben und so unsere Arbeit unterstützen, danke ich von ganzem Herzen. Mike Gibeau und Paul Paquet haben unsere Forschungen immer unterstützt und beide haben Karin und mich stets ermutigt, unsere Werte nicht zu verlieren: betrachte immer das gesamte Bild, observiere Tiere immer aus der Distanz in einer respektvollen und verantwortlichen Art und Weise. Lass die Tiere entscheiden, was sie als Nächstes tun, und werde niemals müde, eine Fürsprecherrolle für die Wölfe in Banff einzunehmen. Wir sind sehr dankbar für Mikes und Pauls unermüdliche und jahrelange Assistenz und Hilfe im Freiland und für die professionelle und schnelle Beantwortung unserer vielen Fragen. Danken möchten wir auch Hendrik Bösch für seine Verhaltensbeobachtungen nach meiner Herzattacke und für seine freundliche Unterstützung, sowohl logistisch als auch finanziell. Hendriks kritische Sicht war sehr hilfreich. Wir schätzen seinen ungebrochenen Spirit in seinen Briefen an Parks Canada und seine Sicht der Dinge, wie er sie in den „social media" kundtut. Was für ein schnörkelloser Geist! Karin und ich möchten auch Helga Drogies unsere Anerkennung aussprechen, für ihre Hilfe und ihre Freizügigkeit bei der Unterstützung unserer Feldarbeit. Gleiches gilt für Elli Radinger, Christine Holst, Konstantin Ludwichowski, Doris de la Osa und alle unsere anderen Wolfsponsoren, die uns in ihren Autos umherfuhren, damit wir ungesehen und unentdeckt von Gaffern und Amateurfotografen in aller Ruhe diskret Wölfe beobachten konnten. Sehr geschätzt haben wir auch die wenigen wirklich ehrlichen „inoffiziellen" Gespräche mit einigen „Parkleuten", deren Namen wir selbstverständlich nicht veröffentlichen wollen – aus Respekt! Natürlich müssen wir unserem Freund John Marriott danken. Allein schon für seine Anmerkungen und Korrekturen etlicher Vorabversionen unseres gemeinsamen Buches. Vor allem aber verneigen wir uns vor unseren Hunden und danken ihnen vielmals: Chinook, Jasper und Timber – was wären wir ohne eure harte Arbeit, Verbissenheit und Begleitung. Ohne euch wäre es nicht möglich gewesen, mindestens die Hälfte dieses Buches so detailliert schreiben zu können. Besonders Timber machte einen unglaublich fantastischen Job, indem er uns die Wölfe tagtäglich ganz genau anzeigte, lange bevor wir überhaupt gemerkt hatten, dass diese längst präsent waren. Timber starb am 1. Februar 2016, nach einem langen Kampf mit einer Krebserkrankung. Nichtsdestotrotz wird Timber in unserer Erinnerung immer wach bleiben. Wir werden ihn unser Leben lang ehren als den „ultimativen Timberwolf-Suchhund"! Wir entschuldigen uns dafür, wenn wir irgendjemanden nicht namentlich genannt haben sollten, der Teil unserer Feldarbeit war: Ein aufrichtiges Dankeschön an euch alle!

John E. Marriott: Danke an meine Frau, Jenn, hinter einem Ehemann zu stehen, der Jahre hintereinander süchtig jeden Tag von morgens bis abends nach den „Pipestones" und anschließend nach den „Townies" schaute. Das ganze sieben Tage in der Woche, zwölf Monate pro Jahr. Es kann nicht einfach sein, mit einem Typ verheiratet zu sein, der denkt, über vier Stunden hinweg auf Schneeschuhen Spurensuche zu betreiben und Wölfe zu beobachten, nur um zu sehen, was die gerade so treiben, ist eine tolle Idee.

Ich möchte auch ein ganz spezielles Dankeschön an Günther und Karin Bloch richten, die mich das Meiste, was ich über Wölfe weiß, lehrten. Danke für die Möglichkeit, Teil dieses bemerkenswerten und zeitintensiven Buches werden zu können. Und, schlussendlich, Danke an jeden, der mir im Verlauf dieses Projekts geholfen hat: „Ihr wisst, wer ihr seid".

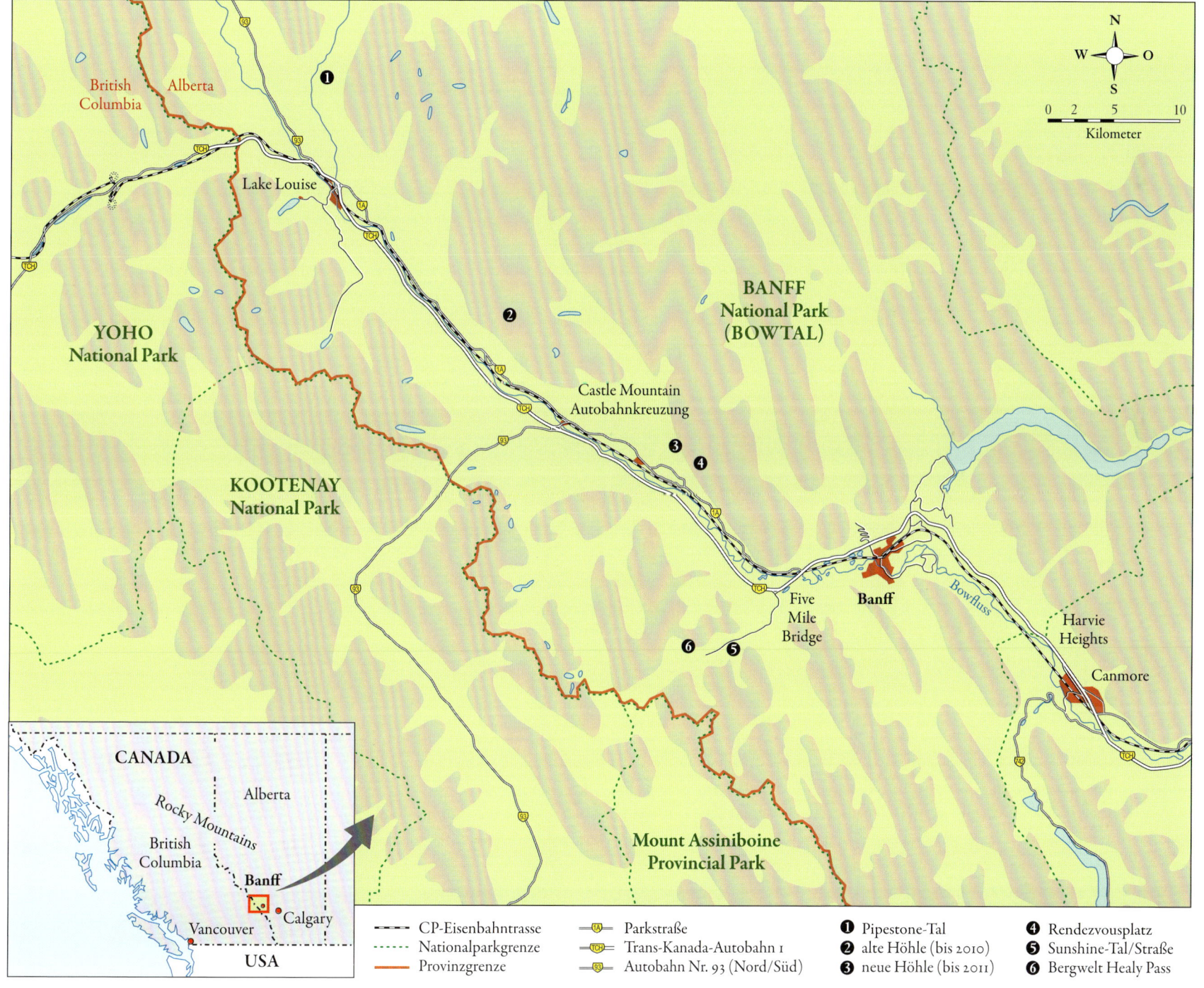

British Columbia / Alberta

① Pipestone-Tal

YOHO National Park

Lake Louise

BANFF National Park (BOWTAL)

②

Castle Mountain Autobahnkreuzung

③ ④

KOOTENAY National Park

Five Mile Bridge

⑥ ⑤

Banff

Bowfluss

Harvie Heights

Canmore

Mount Assiniboine Provincial Park

CANADA

Alberta

Rocky Mountains

British Columbia

Banff

Vancouver

Calgary

USA

CP-Eisenbahntrasse	1A Parkstraße	① Pipestone-Tal	④ Rendezvousplatz
Nationalparkgrenze	TCH Trans-Kanada-Autobahn 1	② alte Höhle (bis 2010)	⑤ Sunshine-Tal/Straße
Provinzgrenze	93 Autobahn Nr. 93 (Nord/Süd)	③ neue Höhle (bis 2011)	⑥ Bergwelt Healy Pass

LANGZEITBEOBACHTUNG
IM BANFF NATIONALPARK

Wenn wir gemeinhin an Wölfe denken, kommen uns mystische Tiere in den Sinn, die verborgen im Wald leben und selten zu sehen sind. Meist stimmt das auch. Wölfe verhalten sich von Natur aus in der Tat irgendwie „geheimnisvoll". Im Großen und Ganzen meiden sie den Menschen, wenn sie es können. Wolfsbeschreibungen aus dem Freiland und über ihre Verhaltensökologie sind immer noch sehr selten. Neun von zehn Büchern beschreiben den sozialen Alltag von Wölfen, die in Gefangenschaft leben. Das Problem ist, dass „Zootiere" sich nicht so verhalten wie Tiere in freier Wildbahn. Bisher wussten wir allerdings nicht so richtig, was der Unterschied ist. Was aber, wenn sich Wölfe in eingezäunten Auslaufzwingern ähnlich verhalten, wie es vergleichsweise Menschen in einem Gefängnis tun? Welche Rückschlüsse könnten wir aus solch einem Vergleich ziehen?

Um herauszufinden, wie wilde Wölfe tatsächlich langzeitlich leben und miteinander in Familien kommunizieren, mussten wir einen Landschaftsabschnitt finden, in dem wir sie über Jahre hinweg begleiten konnten. Im „wilden" und größtenteils menschenleeren Kanada ist dies grundsätzlich möglich. Aber selbst Wildnisgebiete schrumpfen immer mehr vor unseren Augen. In denjenigen, die noch intakt sind, werden

Wölfe massiv verfolgt: bejagt, in Fallen gefangen, in Schlingen oder gar vergiftet. Das alles zum Wohlgefallen von Farmern, Jägern, Fallenstellern und neuerdings – sozusagen „kanada-spezifisch" –, um Karibuherden zu „retten".

Wünschenswert wäre, wenn beispielsweise alle Nationalparks der kanadischen Rocky Mountains als sichere Rückzugsgebiete für die dort heimische Tierwelt angesehen werden könnten. Die Realität sieht leider anders aus. Auch wenn wilde Tiere in Banff, Kootenay, Yoho und Jasper nicht bejagt oder in Fallen getötet werden, so leben sie hier doch in einer vom Menschen dominierten Umwelt. Die Prioritäten haben sich komplett verschoben. Banffs Infrastruktur hat mit Wildnis nicht viel zu tun. Große Teile des immer weiter „zubetonierten" Bowtals sind das Ergebnis einer opportunistischen Tourismusindustrie. Geldmachen ist das, was zählt, nicht tierische Belange.

Forschung ist uns eine Herzensangelegenheit. Wenngleich es vielleicht ein wenig sarkastisch klingen mag, so haben meine Frau Karin und ich uns vor vielen Jahren bewusst für Banff als Studiengebiet entschieden. Und warum?

Als deutsche „Kanidengucker" wurden wir natürlich schon früher regelmäßig mit der Frage konfrontiert, ob

Mensch und Wolf außerhalb von „Wildnisgebieten" überhaupt koexistieren können. Jeder kennt das Sortiment an schlauen Sonntagsreden, angefangen von „Nein, der Wolf gehört nicht dorthin, wo Menschen präsent sind", bis hin zu „Kein Problem, der Wolf war bis zu seiner Ausrottung stets Bestandteil des deutschen Waldes". Doch wie verhalten sich Wölfen inmitten menschlicher Besiedlung? Wie planen sie die Verhaltensgepflogenheiten von Menschen in ihren Alltag ein? Wann und wie oft marschieren sie am helllichten Tag über Straßen?

Da es diesbezügliche Daten aus Deutschland kaum gab (und gibt), hat uns damals schon interessiert, wie Banffs Timberwölfe *(Canis lupus lycaon)* das machen. Auch sie müssen mit Menschenmassen zurechtkommen. Auch sie nutzen jeden Tag menschliche Infrastruktur, und auch sie leben als „wölfische Kulturfolger" in einer Menschenwelt, einschließlich des dicht bewohnten und entwickelten westlichen Teils des Bowtals, zwischen den Städten Banff und Lake Louise. Was sie dort tun und wie sie es genau schaffen, mit dem täglichen Wahnsinn eines aus den Fugen geratenen Massentourismus zurechtzukommen, darüber wollen wir in diesem Buch berichten – ungeschminkt, ehrlich und als Fürsprecher für die Tierwelt!

Leitrüde Spirit versucht, über initiatives Heulen mit seinen Familienmitgliedern auf der allen bekannten „Pipestone-Frequenz" zu kommunizieren.

DER WEG ZU DEN WILD LEBENDEN WÖLFEN

Flankierend zu der Nutzung moderner Technologie, wie etwa GPS-Radiohalsbänder oder Infrarotkamera-Fotofallen, lag der Schwerpunkt unserer Wolfsforschung in der Gewinnung verhaltensökologischer Einsichten durch jahrzehntelange direkte Langzeitbeobachtungen. Für uns war von Anfang an klar, dass die Verhaltensdetails wölfischen Alltagslebens ausnahmslos nur dann zu entdecken waren, wenn wir uns, trotz Wind und Wetter, Tag für Tag draußen in der Welt der Wölfe aufhalten würden. Und genau aus diesem Grund entstand im Jahr 1992 unsere „Bow Valley Wolf Behaviour Study". Praktisches Erleben statt grauer Theorie.

Dieses Buch ist das Resultat Tausender Erlebnisse mit wilden Wölfen in Kanada. Insgesamt sind bei unseren Begegnungen mit ihnen 9 877 Filmsequenzen zusammengekommen – manche davon kurz, manche lang.

Die Herausforderungen waren einzigartig. Direkte Observationen an einem Tier, wie dem schwer zu findenden Wolf, durchzuführen, war alles andere als selbstverständlich. Vor allem dann, wenn man bereits vor Studienbeginn die kesse Parole ausgibt, nicht nur einfach allgemein ein paar Notizen zum „Rudelverhalten" aufschreiben und auch noch möglichst viele Beispiele „wölfischen Individualverhaltens" sammeln zu wollen. Aber man wächst ja an seinen Aufgaben …

Natürlich lernten wir bereits nach wenigen Beobachtungstagen, dass sich die Verhaltensangewohnheiten der in der dichten Infrastruktur des Bowtals umher-

wandernden Wölfe ständig veränderten. Klar, es gab Routineabläufe. Aber ohne Flexibilität und schnelles Lernvermögen ging für Banffs Wölfe gar nichts. Um die nimmer stillstehende Evolution von Wolfsverhalten innerhalb einer menschengemachten Umwelt zu dokumentieren, mussten wir erst einmal einen Weg finden, an die Tiere heranzukommen.

Wie schön, dass wir Menschen einen vierbeinigen Begleiter haben, den man Hund nennt. Ohne die Hilfe unserer Westsibirischen Laiki wäre es schwierig geworden.

Die meisten Nationalparkbesucher sehen Wölfe in Banff für einige Minuten, wenn überhaupt. Es ist schon schwer genug, ein paar Fotos zu machen. Nun stellen Sie sich vor, so wie im Zoo, auch im Freien methodisch gesammelte Feldnotizen über Wolfsverhalten zusammenzutragen? Eine unmögliche Mission?

Nein. Wie Sie lesen werden, haben wir es tatsächlich geschafft, uns wölfische Familienstrukturen genau anzuschauen und Live zu überprüfen, was es mit „der" Dominanz so auf sich hat, wie Kooperation faktisch funktioniert und ob es vorbestimmte „Rudelstellungen" gibt. Auch wenn wir es uns anfangs in den kühnsten Träumen nicht haben vorstellen können, so haben wir es geschafft, jeden einzelnen Wolf persönlich kennenzulernen, dessen Charakter und typische Gewohnheiten. Da wir grundsätzlich der Meinung sind, dass nur Produkte und nicht Tiere nummeriert werden sollten, fanden wir es angebracht, „unseren" Wölfen anstatt Nummern Namen zu geben.

Hätte man die Wölfe nicht einfach ganz in Ruhe lassen können? Sind direkte Beobachtungen den Tie-

ren wirklich zumutbar? Über diese berechtigte Frage haben wir im Rahmen der Vorrecherche zu unserer Langzeitstudie oft nachgedacht. Die Alternative wäre gewesen, Banffs PR-Abteilung weiter dreist behaupten zu lassen, alles sei in bester Ordnung und der Einfluss von Massentourismus auf Banffs Tierwelt sei minimal. Leider hat sich das genaue Gegenteil bewahrheitet.

Für einige Leser, vor allem Behaviouristen, werden manche in diesem Buch benutzten Termini wie beispielsweise „Wolfsfamilie", „Moralisches Leben", „Charakter/Personalität", „Ethik" oder „sozio-emotionales Handeln" in Verbindung mit Wölfen zu anthropomorphisch klingen. Dem möchten wir widersprechen und „klare Kante" zeigen. Unsere Sichtweise widerspiegelt die der bekannten Tierverhaltensforscher Marc Bekoff, Jane Goodall, George Schaller, Richard Wrangham und Dale Peterson. Letzterer argumentierte in seinem 2011 erschienenen Buch „The Moral Lives of Animal" sehr trefflich, die Hauptfunktion von Ethik und Moral sei, zwischen einem selbst und anderen einen innewohnenden ernsthaften Streit zu verhandeln.

In Kapitel 1 möchten wir zunächst generelle Hintergrundinformationen zum Wolf vermitteln und gleich vorab die uns am häufigsten gestellten Fragen beantworten. Kapitel 2 bis 4 sind das Herz und die Seele des Buches. Neben vielen Erlebnisbeschreibungen und anekdotischen Wolfsgeschichten finden Sie auch eine ganze Menge an Daten, Tabellen und Statistiken, die unsere Überlegungen und Aussagen z. B. zum Thema „leader of the pack", „Rudelverhalten" oder „nicht normales Wolfsverhalten" in Form einer Art „Faktencheck" untermauern sollen.

Vier Mitglieder der Familie, mit Leitweibchen Faith in der momentanen Führungsposition.

Was die nachfolgend erzählten „Wolfsgeschichten" angeht, so sind diese, wenn nicht ausdrücklich anders vermerkt, als repräsentativ zu bewerten. Natürlich konnten wir in diesem Buch nur selektiv einige wenige Erlebnisse mit Wölfen und anderen Tierarten schildern – ansonsten hätten wir eine ganze Buchserie mit fünf Bänden herausgeben müssen!

In Kapitel 2 beschreiben wir den Aufstieg und die bemerkenswerten Anpassungsstrategien der „Pipestone-Wolfsfamilie" (Pipestones). Wir werden darauf zu sprechen kommen, mit welchen Schwierigkeiten Wolfseltern zu kämpfen haben, um ihre Welpen so ungestört wie möglich aufziehen zu können. Außerdem legen wir dar, dass „wölfisch-formale Eltern-Nachwuchs-Dominanzsysteme" und deren „Dreiklassen-Rangordnungsmodell" und Gewalt zwei völlig verschiedene Paar Schuhe sind.

In Kapitel 3 beschreiben wir die goldenen Jahre der „Pipestones". Auch wenn der eine oder andere sich „typisches" Wolfsverhalten in einem kanadischen Nationalpark vielleicht gänzlich anders vorgestellt hat, so möchten wir anhand des Beispiels der Pipestone-Familie darlegen, wie komplex wölfisches Familienleben im Allgemeinen sein kann und wie wichtig im Speziellen der initiative Entscheidungswille auch weiblicher Leittiere ist.

Kapitel 4 umfasst thematisch den langsamen und tragischen Zerfall der Pipestone-Dynastie. Wir erklären, wie und warum das Leitpaar der Familie immer seltener in der Lage war, ihr Territorium aufrechtzuerhalten. Einer der Gründe für das komplette Verschwinden der Pipestones war sicher die Transformation von Banff in einen riesigen „Freizeitpark".

In Kapitel 5 beschäftigen wir uns mit dem Erscheinen einer neuen Wolfsfamilie im Winter 2015/16, den „Townies", die um die Stadt Banff herum in spektakulärer Art und Weise für Furore sorgte. Zudem wagen wir einen kleinen Ausblick in die Zukunft und stellen die Frage, wie lange die neue Wolfsfamilie sich im Bowtal halten wird.

Wird Parks Canada seine bisherige Managementphilosophie überdenken? Werden sie mehr Verantwortung übernehmen für die Sicherung biologischer Vielfalt?

Damit unser Buch „kurzweilig" zu lesen ist, haben wir „den langweiligen Teil" in einen ausführlichen Anhang verbannt. Hier finden diejenigen Leser, die sich für detailliertes Hintergrundwissen interessieren, einige statistische Ausführungen zum Populationstrend von „Pipestones" und „Townies", zu den Themen soziale Dominanz – Unterwürfigkeit, Führungsverhalten, und Charaktertypen und Sterblichkeit. Auch wenn wir mit Vorlage dieses Buches einen recht guten Einblick in die Verhaltensgepflogenheiten zweier Wolfsfamilien geben konnten, so bleiben wir dennoch weiterhin weit davon entfernt, „alles über Wölfe zu wissen".

Als „Brückenbauer" in eine weithin unbekannte Welt, nämlich die wild lebender Tiere, möchten wir versuchen, mehr Verständnis für einen besseren Schutz von Nationalparks und für jenes familiäre Säugetier zu erreichen, das uns Menschen so sehr ähnlich ist – den Wolf. Wir hoffen – es wird uns gelingen!

Günther Bloch,
Leiter der „Bow Valley Wolf Behaviour Study"

Die Pipestones auf einem ihrer typischen Revierstreifzüge auf der Parkstraße. Hier wird deutlich, wie normal es für gut angepasste Wölfe ist, auch menschliche Infrastruktur in ihre Aktivitäten miteinzuplanen.

NOTIZEN
EINES FOTOGRAFEN

Wilde Wölfe sind eines der am schwierigsten zu fotografierenden Subjekte. Wie Günther in diesem Buch beschreibt, handelt es sich um oft versteckt lebende Tiere, meist aktiv in den Dämmerungszeiten. Für einen Fotografen bedeutet das: schlechte Lichtverhältnisse. Aber Licht war nur eine von vielen Herausforderungen, als ich versuchte, gute Fotos von den Pipestones und den Townies zu bekommen. Ab Herbst 2009 stillte ich meine wachsende Sucht nach Wolfssichtungen, indem ich Tausende Stunden im Bowtal verbrachte, dort umherfuhr, es durchwanderte oder auf Schneeschuhen herumlief, um die Pipestones oder Townies irgendwo aufzuspüren. Gelegentlich waren sie einfach zu finden – ich fuhr um eine Kurve und die Wölfe standen schon mitten auf der Straße. Aber wesentlich öfter musste ich dafür hart arbeiten. Häufig war langes Herumsitzen und Warten angesagt, nachdem ich von Günther ein Signal bekommen hatte, dass die Wölfe da waren, oder nachdem wir Pfotenabdrücke gefunden hatten, die in eine bestimmte Richtung wiesen.

Die größte Herausforderung war, wenn ich auf mich allein gestellt war, wenn Günther und Karin zwischenzeitlich Geschäfte in Deutschland zu erledigen hatten. Dann versuchte ich erst einmal im Matsch oder Schnee Pfotenabdrücke von Wölfen zu finden. Ich lief mitunter mehrere Dutzend Kilometer pro Tag, um Günther einige Informationen zu geben, statt andersherum. Meine

ersten Wölfe fotografierte ich im Jahr 1997 im Mt. Robson Provincial Park/B.C. Über das nächste Jahrzehnt hinweg gelang es mir nur sporadisch, Wolfsaufnahmen zu machen. Als ich jedoch im Juni 2007 eine erste unvergessene Begegnung mit Delinda und der Bowtal-Wolfsfamilie hatte, die Günther und Karin bereits intensiv begleiteten, hat sich irgendetwas in mir für immer verändert.

Ab November 2009, als ich den Pipestones erstmalig begegnete, trafen Günther, Karin und ich uns so oft es ging. Auch wenn meine Arbeit als Naturfotograf, die Fotoreisen und sämtliche Büroarbeit weiterliefen. Das hieß, im Winter oft fünf bis sechs Tage pro Woche im Bowtal auf Wolfssuche zu sein, im Sommer drei bis vier Tage pro Woche, und im Frühjahr und Herbst, der Hauptgeschäftszeit für meine Ökotouren, nur durchschnittlich zwei Tage.

Sicher würden viele von Ihnen bestätigen, mit Günther und Karin Freilandforschung zu betreiben, ist ein Traum für jeden Naturfotografen – und das war es auch. Doch auch wenn wir die Wölfe regelmäßig sahen, war es eine gänzlich andere Geschichte, sie zu fotografieren. Richtig gute Fotos zu bekommen, schien an manchen Tagen hoffnungslos zu sein. Schaue ich nun auf meine Auswahl an Wolfsfotos zurück, so komme ich insgesamt gerade einmal auf 30 Feldtage, an denen die Wölfe kooperativ und nahe genug waren, das Licht gut war und wir nicht von Straßenverkehr, Touristen oder anderen Fotografen gestört wurden oder das Wetter der limitierende Faktor war.

Jungrüde Djingo, November 2011, der unser Auto von einer Anhöhe im Beobachtungsliegen überwacht.

Günther und Karin war es sehr wichtig, zu den Wölfen stets eine respektvolle Distanz einzuhalten (außer, wenn die Wölfe selbst entschieden, näherzukommen). Somit versuchte ich, aus einer Distanz von mehreren Hundert Metern zu fotografieren. Doch für scharfe Fotos war diese Distanz in den meisten Fällen zu groß. Aus dem Auto auszusteigen, um die gesichteten Wölfe zu Fuß zu verfolgen, stellte keine Option dar. Aber das wird Günther später noch erklären. Es gab Zeiten, in denen alles bestens schien, außer, dass meine „Einmal-im-Leben-Fotos" nicht zustande kamen. Zum Beispiel beobachteten wir Wölfin Blizzard beim „Spiel" mit einer Maus (siehe S. 70), aber mein Auto stand hinter Günthers. Die einzige Möglichkeit für mich war, das Schiebedach zu öffnen und die Szene über meine Motorhaube zu fotografieren. Dummerweise war es −28° C und die heiße Luft, die von meinem abkühlenden Motor aufstieg, hinterließ leider weniger gut fokussierte Bilder.

Ich schätze mich glücklich, das Meiste, das ich über Wölfe weiß, von Günther gelernt zu haben. Einschließlich dem Wissen über Wolfsverhalten, das er mir vermittelte. Aber das wahrscheinlich Wichtigste, was er mich lehrte, war, wie ich in ethischer Art und Weise Wölfe fotografieren kann. Anfangs hatte ich keine Ahnung davon, Tiere störungsfrei ihre Dinge tun zu lassen, wenn ich sie fotografierte. Stattdessen ging es nur um mich und wie ich an ein Foto herankomme, in der Hoffnung, dass das Objekt nicht wegrennt. Meine ersten Wolfsfotos in den 1990ern liefen mehr oder weniger

stets nach dem gleichen Muster ab: Wolf sehen – aus dem Auto springen – mit Kamera dem Wolf folgen – dieser rennt weg – John bekommt kein gutes Foto.

Als ich im Juni 2007 Wölfin Delinda begegnete, wurde mir langsam klar, dass es nicht darum ging, zu fotografieren, koste es, was es wolle. Vielmehr muss das Wohlbefinden der Tiere an erster Stelle stehen. Aber es war Günther und sonst keiner, der mir „ethisches Wolfsfotografieren" (Filmen) aus erster Hand vorlebte. Von ihm lernte ich, es als sinnlos und störend für die Wölfe anzusehen, diese zu Fuß oder mit dem Auto herumzuscheuchen. Stattdessen zeigte mir Günther einen wesentlich produktiveren Weg, an gute Fotos zu kommen, nämlich vorauszufahren, den Motor abzustellen und ruhig und geduldig abzuwarten, bis sich Gelegenheiten vor unseren Augen ergaben. Natürlich haben wir auch Fehler gemacht. Sicher fühlten sich die Pipestones oder Townies hier und dort einmal gestört. Im Großen und Ganzen bin ich aber sehr stolz darauf, sagen zu können, dass jedes Foto, das Sie in diesem Buch sehen, auf „natürliche Weise" entstanden ist. Das heißt, dass die Wölfe trotz unserer Präsenz gelassen das taten, was sie tun wollten, und sich so verhielten, wie sich wilde Wölfe verhalten.

Ende 2014 blickte ich auf eine Auswahl von 1855 archivierten guten „Pipestone-Fotos". Danach kamen noch einige gute „Townie-Fotos" hinzu.

In diesem Sinn,
John E. Marriott

Die berühmte Chefin der „Bows",
Delinda, mit gut erkennbaren Zitzen
im Sommer 2007 in der Nähe des
heimischen Höhlenstandorts.

KAPITEL I

VERHALTENSSTUDIEN AN TIMBERWÖLFEN

ZEHN FRAGEN
UND ANTWORTEN

Die Diskrepanz zwischen dem, was über Wölfe erzählt wird und was sie wirklich tun, legt die Vermutung nahe, dass es sich bei vielen Informationen vom Hörensagen um nichts anderes als graue Theorie handelt. Wünschenswert ist, dass langzeitliches Beobachten zur Hoffnung Anlass geben kann, die Welt der Wölfe ein wenig hintergründiger kennenzulernen. Auf der Suche nach der Wahrheit, die es niemals geben wird, beantworten wir nachfolgend zehn Fragen, die uns in den letzten Jahren wiederholt gestellt wurden. Was wir von vornherein nicht in Abrede stellen können, ist, dass wir Antworten schuldig bleiben werden: Antworten zu Verhaltensdetails von Wölfen ebenso, wie Antworten zu Lösungen zum Dilemma des Massentourismus. Auf die Veröffentlichung von konkreten Lösungsvorschlägen zu den örtlichen Gegebenheiten in Banff, die wir in unserem englischen Buch „The Pipestone Wolves“ (Rocky Mountain Books Ltd., 2016) ausführlich vorgestellt haben, möchten wir wegen ihrer Spezifität in diesem Buch verzichten. Im Übrigen möchten wir darauf hinweisen, in diesem Buch, so gut es uns möglich ist, *nur* Antworten auf die Verhaltensökologie von kanadischen Timberwolf-Familien zu geben, die im Banff Nationalpark in einer Gebirgslandschaft heimisch sind. Was der Wolf „generell“ macht und wie sich *die* Wolfsfamilie pauschal verhält, wissen wir nicht.

WANN HABEN SIE MIT FREILANDBEOBACHTUNGEN AN WILD LEBENDEN WÖLFEN ANGEFANGEN UND WARUM?

Wir haben 1992 damit begonnen, Banffs Wölfen zu folgen, um zu dokumentieren, wie sie das Überleben ihrer Familien in einem der meist besuchten Nationalparks der Welt sichern. Als Deutsche wurden wir schon beim ersten Besuch unseres kanadischen Untersuchungsgebiets in vielerlei Hinsicht an die alte Heimat erinnert: Überall waren Menschen, Autos, Straßen und andere Infrastruktur. Irgendwie hatten wir uns die „wilden“ Rocky Mountains ganz anders vorgestellt. Menschenauflauf hin oder her – trotzdem fühlten wir uns in der majestätischen Bergwelt pudelwohl.

Um die wölfische Familiendynamik der Pipestones und später der Townies mit Hilfe von aussagekräftigen Daten belegen zu können, haben wir zuerst Protokoll um Protokoll geschrieben und Filmsequenz um Filmsequenz aufgenommen. Die in diesem Buch veröffentlichten Einblicke in „wölfisches Familienleben“ können hoffentlich vielen Menschen dabei helfen, „typische“ Verhaltensgewohnheiten dieser Tiere besser einzuschätzen.

Angefangen hat alles Mitte Mai 1992 mit ausschließlichem „Höhlen-Monitoring“. Damals habe ich

für den Verhaltensökologen Paul Paquet nur Wolfsbeobachtungen durchgeführt, die auf Höhlengebiete beschränkt waren. Für Paul war es nie ausreichend, Wolfsforschung auf reine Telemetriearbeit zu beschränken (siehe Vorwort von Mike Gibeau). Er wollte Zusatzdaten aus Direktbeobachtungen. Deshalb protokollierte ich alles, was ich sah, anfangs nach der „ad libitum“-Methode, was auf gut Deutsch so viel heißt: Hier durfte ich Tagesberichte so schreiben, wie mir der Schnabel gewachsen ist.

Bald lernte ich meine erste wichtige Lektion, die ich seither stets in meine Überlegungen einbezogen habe: Tierverhalten und Umwelt sind zwei Seiten der gleichen Medaille. Sich nur auf die Beschreibung von Wolfsverhalten zu fokussieren, reicht nicht. Um das große Bild zu begreifen, musste man auch die vielen umweltbedingten Einflüsse auf die hiesigen Wölfe genau dokumentieren.

Wie ich es schon in meinem mit Peter Dettling verfassten Buch „Auge in Auge mit dem Wolf“ (Kosmos, 2009) beschrieben habe, wies mir eine von Pauls Studentinnen, Shelley Alexander, einen konkreten Beobachtungsposten zu. Bevor sie von dannen zog, sagte sie noch: „Sei nicht böse, wenn du keine Wölfe siehst – das ist eher normal.“ Mist, dachte ich damals, deshalb bin ich doch extra aus Deutschland nach Kanada gekommen.

Auch die Bowtal-Wolfsfamilie, Vorgänger der Pipestones, war an ein adaptives Leben an den Menschen gewöhnt (Leitrüde Nanuk rechts vorn, Leitweibchen Delinda zweiter Wolf von links).

Zum Glück kam alles anders. Von Paul bekam ich zuvor noch schnell die reale Wolfswelt erklärt. Merke dir gut: „Es gibt nichts, was es nicht gibt." „Die Wölfe werden ihre Hemmungen dir gegenüber erst peu á peu ablegen – bleib also immer geduldig und verhalte dich wie ein Fels!"

Und dann sah ich gleich zu Beginn meiner Beobachtungsarbeit jene berühmte Diane, die gerade zwei Welpen aufzog, obwohl diese nicht die ihren waren. Was damals live vor meinen Augen ablief, war exakt das Gegenteil vom üblichen Klischeebild über den Wolf. Diane hatte Milch produziert, weil die biologische Mutter der beiden Welpen vor einigen Wochen auf der Autobahn tödlich verunglückt war. Nun zog sie die nur für kurze Zeit verwaisten Welpen groß. Diese waren gerade einmal knapp fünf Wochen alt. Ganz nebenbei übernahm Diane wie selbstverständlich auch noch das Familienkommando. Die Begriffe „Alphawolf" und „Hackordnung" wurden zur Nebensache.

wirklich keinen Menschen angreifen. Zugegeben hätte ich das natürlich nie – schließlich tun Wölfe ja keiner Menschenseele etwas zuleide.

Im Mai und Juni 1992 war ich dann mittendrin statt nur dabei: Diane und die Spraytal-Wölfe verhielten sich mir gegenüber überhaupt nicht gehemmt, sondern total neugierig und näherten sich auf kurze Distanz. Einmal, flach auf dem Boden liegend, trat eine ca. zwei Jahre alte Wölfin an mich heran und beschnüffelte meine Hose.Damals erlebte ich meine „Prägephase zum Wolfsverständnis". Live und ohne Wenn und Aber bekam ich von den Hauptakteuren der Szenerie, den Wölfen höchstpersönlich, vermittelt, dass sie nicht den Hauch an aggressiven Absichten im Sinn hatten. Auf dem Boden liegend und somit stark verletzbar, hatte ich anfangs noch gedacht: Ob Wölfe wirklich so ungefährlich sind, wie allgemein behauptet?

—— *Schon damals war ich verblüfft, wie sehr Wölfe uns Menschen gleichen, mit ihren Onkeln, Tanten, sozialen Helfershelfern, Teenagern und Babysittern.*

Mehr über die Regeln und das „Geheimnis" eines funktionierenden Gruppenlebens zu erfahren, war sicher auch ein Grund, warum ich mir den hoch sozialen Wolf als Studienobjekt ausgesucht hatte. Zu jener Zeit war ich noch ein strammer „Qualmer". Jeder in Kanada schüttelte den Kopf, wenn er mich irgendwo stehen sah, mit einer Zigarette in der rechten Hand und einer Dose Cola in der linken – der „verrückte" Deutsche. Ein heimlicher Grund, warum ich Wölfen begegnen wollte, war, um am eigenen Leib zu erfahren, ob sie

Ein knappes Dutzend Nahbegegnungen später, saß ich Ende Juni 1992 immer noch da, mit größtem Erstaunen über das, was ich in meinem ersten Forschungsjahr erleben durfte. Eigentlich war ich nur noch sprachlos über so viel Anfangsglück, das mir gleich zu Studienbeginn zuteil worden war. Endgültig infiziert vom Wolfsfieber, kam ich anschließend jedes Frühjahr aus Deutschland nach Kanada zurück, um mit viel Tatendrang wochenlang Höhlenstandortbeobachtungen durchzuführen, ab 1994 zusammen mit meiner Frau Karin.

WAS WAR DAS BESONDERE AN DER BEGLEITUNG DER PIPESTONES?

Als wir 2009 anfingen, das spezifische Alltagsleben der Pipestones zu studieren, waren wir bis auf kurze Zeitintervalle, in denen wir nach Deutschland mussten, längst ganzjährig tätig. Hilfreich war auch, dass wir das Bowtal einschließlich seiner vielen Seitentäler, die die Wölfe ebenso nutzten, durch jahrelanges Auskundschaften längst aus dem Effeff kannten. Mittlerweile

—— Stunden-, tagelang passiert nichts, und plötzlich sitzt man staunend mit offenem Mund da. Das ist Alltag in der Freilandforschung.

waren wir sogar so ortskundig, weitestgehend vorherzusagen, an welcher Stelle die Wölfe zu sehen sein würden, nachdem sie zuvor an anderer Stelle verschwunden waren. Damit jedoch kein falscher Gedanke aufkommt: Es gibt immer Momente, in dem dich Wölfe auf dem falschen Fuß erwischen. Bei aller Berechenbarkeit bleiben sie irgendwie doch unberechenbar, indem sie plötzlich etwas tun, das niemand für möglich gehalten hätte. Dann sitzt man „superschlau" mit offenem Mund da und denkt: Wow, verrückt, damit hätte ich jetzt im Entferntesten nicht gerechnet.

Anschließend kommen dann wieder diese endlos langen Zeitspannen, in denen Stunde um Stunde nichts passiert, man nichts sieht und hört. Manchmal ist es nicht einfach, die Augen aufzuhalten und sich zu konzentrieren. Alltag in der Freilandforschung!

Was die Pipestones anbelangt, so hatten wir, abgesehen von den „langweiligen Phasen", oft exzellente Möglichkeiten, deren mobiles Alltagsleben mitzuerleben, weil sie andauernd auf Achse waren. Wer als Wolf in einer mit Straßen durchsetzten Umwelt mit knappem Beutetierbestand lebt, der ist – ob er will oder nicht – zwangsläufig viel unterwegs. Dadurch ergaben sich wiederum gute Gelegenheiten, zu erkunden, wie die Elterntiere und Jährlinge es schafften, ihre Welpen zu versorgen und auf jede einzelne Entwicklungsphase ihres Lebens vorzubereiten. Die Pipestones tagein, tagaus begleiten zu können, hatte auch den Vorteil, einige Hypothesen zu überprüfen. So beispielsweise die vom „nicht normalen, tagaktiven Wolf", die vom „alles entscheidenden Alphawolf" oder die der „genetisch fest verankerten Rudelstellung bzw. Wanderformation".

Ähnlich dessen, wie wir es schon einmal in den Jahren 1999 – 2003 mit der Fairholme-Wolfsfamilie erlebt hatten (Auge in Auge mit dem Wolf, Kosmos 2009), durften wir im Jahr 2009 nochmals hautnah miterleben, wie eine neue und straff organisierte Wolfsfamilie (Pipestones) ziemlich unerwartet in ein bestehendes Territorium einer dort sesshaften Wolfsgruppe (Bows) einwanderte und was danach geschah.

Es gab also viel zu tun. Nachdem unser Antrag auf Immigration nach Kanada über die kanadische Botschaft in Berlin positiv beschieden wurde, konnten wir als stolze „permanent residents of Canada" ganzjähriges „Wölfe-Gucken" zu unserer uneingeschränkten Herzenssache erklären.

Ein wichtiger Fokus unserer Arbeit lag in der Protokollierung wölfischen Initiativverhaltens, ihres Führungs- und Markierverhaltens. Hier leiten Spirit (Mitte) und Faith (ganz links) die Familie im Januar 2011 auf der Parkstraße, repräsentativ „am helllichten Tag" um 14:44 Uhr.

WIE WAR ES MÖGLICH, DAS VERHALTENSREPERTOIRE DIESER EXTREM MOBILEN TIERE ZU ERKUNDEN?

Um herauszufinden, wie menschliche Parkbesucher das Verhalten der Pipestones beeinflussten, mussten wir als Erstes untersuchen, was diese „typischerweise" so taten. Ganzjährig geschützte Wölfe, die sich ihren Lebensraum saisonal bedingt unterschiedlich mit wahren Menschenmassen teilen müssen, folgen einem Tagesrhythmus, zeigen Verhaltenstendenzen, über die bis dato nicht viel bekannt war. Insofern waren wir gezwungen, innovative Ideen zu entwickeln, um die Wölfe auf ihren langen Wanderungen durchs Revier möglichst störungsfrei begleiten zu können.

Da wir den Tieren nicht wie David Mech und Jim Brandenburg auf Ellesmere Island in der kanadischen Arktik auf ATVs folgen konnten, deren Nutzung in allen Rocky Mountain Nationalparks verboten ist, fragten wir uns zunächst Folgendes: Warum kopieren wir eigentlich nicht das außerordentlich erfolgreiche Konzept der Wildtierbeobachtungen in Afrika? Warum versuchen wir nicht im Stil dortiger Autosafari, auch die Tiere im Bowtal hauptsächlich aus dem Auto heraus zu observieren und zu filmen? Warum sollte es nicht möglich sein, in ethisch vertretbarer Form auch Wölfe schrittweise auf die Präsenz unseres Geländewagens zu „desensibilisieren"? Warum sollten wir erfahrene Verhaltensbeobachter uns nicht zutrauen, genau wie viele Freilandforscher das vor uns in vielen afrikanischen Studiengebieten getan hatten (und noch tun), einem höchst agilen Langstreckenläufer wie dem Wolf mit einem Geländewagen zu folgen? Das war unsere Grundidee.

Natürlich konnten wir nicht generell in Abrede stellen, irgendeinem Wolf nicht irgendwann einmal „auf den Geist zu gehen". Nun kam die Etablierungsphase unserer ethischen Vorstellungen. Nicht in Frage kam, die Wölfe so zu stören, dass sie sich nicht mehr „normal" verhalten würden. Schlechte Beispiele, in denen Menschen auf den Nerven der Tiere herumtrampelten, hatten wir mittlerweile schon seit Jahren gesehen und bemängelt. Demzufolge wussten wir bis ins Detail, wie es *nicht* geht.

Aus dem Auto steigen und wie fast alle Parkbesucher und Fotografen hinter den Wölfen her rennen, stellte in unseren Augen überhaupt keine Option dar. Nach Tagen des Nachdenkens und Durchdenkens einiger Ideen probierten wir erstmals eine völlig neue Strategie. Anstatt langsam in Richtung der Wölfe zu fahren, wenn diese irgendwo auftauchten, legten wir den Rückwärtsgang ein und fuhren von den Wölfen weg. Dann parkten wir unser Auto ein, anfangs in großer Distanz von mindestens 200 Metern. Unsere „Anti-Bedrängungs-Strategie" entwickelte sich innerhalb kürzester Zeit zum vollen Erfolg. Die Wölfe fassten Vertrauen zu unserem Geländewagen, während sie andere Fahrzeuge, die ihnen auf die Pelle rückten, aktiv mieden.

Unsere „Afrika-Forschungskopie" schlug sehr bald positiv zu Buche: Nur vier Wochen später konnten wir den Wölfen unter Einhaltung eines Sicherheitsabstandes von mindestens 100 Metern langsam hinterherfahren, wenn sie vor uns auf der Straße liefen. Kamen sie auf unseren Geländewagen zu, parkten wir sofort seitlich ein, um ihnen Platz zu machen, und schalteten den Motor ab. Dann blieben wir im Auto sitzen, Filmkamera und Diktiergerät zur Hand, und warteten ab. Und siehe da, es dauerte nicht lange, bis die Wölfe merkten, dass wir uns völlig anders verhielten als der Rest ihrer „Fans".

Mit der Zeit vertrauten sie uns so sehr, dass sie manchmal in ein bis zwei Meter Abstand um unseren Geländewagen schlichen und vorsichtig-neugierig wohl in erster Linie die Geruchsaura unserer beiden Hunde prüften.

Leitrüde Spirit am 10. Januar 2011 morgens um 9:33 Uhr bei der Überquerung der Parkstraße, genau vor unserem zuvor eingeparkten Geländewagen. Selbstverständlich war und blieb der Motor auch bei strammen Minusgraden abgeschaltet.

Wann immer wir im Groben wussten, wo die Wölfe auf ihrem traditionell genutzten Wegenetz in Richtung Straße hervortreten würden, fuhren wir bis zu einem halben Kilometer voraus. An einer filmtechnisch günstigen Stelle parkten wir in weiser Voraussicht. Nun mussten wir uns nur noch gedulden, bis die Wölfe auf unseren Geländewagen zukamen. Diese Vorgehensweise war besonders erfolgreich. Die Wölfe schätzten es sehr, ihr gesamtes Umfeld visuell, akustisch und geruchlich zu prüfen, bevor sie sich auf die Straße wagten. Nach Abschluss dieser Orientierungsphase trabten sie anschließend oft sogar frontal auf unser Auto zu.

MIT HILFE UNSERER VIERBEINIGEN FREUNDE

Das gerade beschriebene Szenario war nur dann umsetzbar, wenn wir ungefähr wussten, wo sich die Pipestones aufhielten. Das war im Groben mit Hilfe der von Mike Gibeau schon beschriebenen Telemetrietechnik relativ einfach möglich. Was aber tun, wenn man nicht weiß, wo sie gerade genau sind? Als professionelle Hundeleute sahen wir die Zeit gekommen, die Sinneskapazitäten unserer vierbeinigen Begleiter zu nutzen. Damit hatten wir draußen im Gelände ohnehin schon seit langem Erfolge erzielt, wenn es darum ging, Pfotenabdrücke und die Laufrichtung der Wölfe zu identifizieren. Die Hunde hatten uns schon seit geraumer Zeit in die Lage versetzt, jede Menge Urin- und Kotmarkierstellen der Wölfe zu finden. Bei jeder dieser Aktionen waren wir immer bemüht, uns so verantwortungsvoll wie möglich zu verhalten. Schließlich galt es, natürliches Wolfsverhalten zu dokumentieren. Wen interessieren schon irgendwelche aufgeschreckten Kreaturen, die vor einem flüchtend davonrennen. Eigentlich sollte es für jeden Menschen selbstverständlich sein, niemals Wölfen hinterherzulaufen oder diese vor sich herzutreiben.

Um die Wölfe in relativ kurzen Zeitabständen innerhalb ihres riesigen Territoriums ausfindig zu machen, entwickelten wir eine aus der Not geborene Innovation, nämlich die Wolfssuche aus dem fahrenden Auto heraus. Wie erwähnt, bot sich dazu die sehr natürlich gebliebene Hunderasse der Westsibirischen Laiki an. So fuhren wir auf der Suche nach verschiedenen Wolfsfamilien in unserem Geländewagen im Schritttempo durchs Bowtal, anfangs mit unserem Laika Chinook (Faireholmes) später mit Jasper (Bows) und in den letzten Jahren mit Timber (Pipestones).

Der Arbeitsablauf war stets derselbe: Morgens zwischen vier und sechs Uhr, wenn weit und breit noch kein anderes Auto zu sehen war, fuhren wir im Schritt-tempo das Bowtal rauf und runter. Derweil saß der jeweilige Hund auf der Rückbank und streckte seine Nase aus dem hinteren Seitenfenster. Typisch Hund „durchsiebte" er dann buchstäblich die Luft und signalisierte uns (über positive Verstärkung immer wieder bestätigt) irgendwann den genauen Standort eines (oder mehrerer) Wölfe. Fand der Hund nichts, legten wir eine längere Pause ein und versuchten unser Glück später noch einmal. Diese Herangehensweise erwies sich als sensationell. Wir waren selbst überrascht, wie geschickt sich Chinook, Jasper und Timber ohne großes Training beim Auffinden von Wölfen anstellten.

Natürlich waren die Hunde verhaltensmäßig so konditioniert, die Wölfe nach dem ersten Auffinden keinesfalls zu stören. Wir wussten, dass ein einziger Fehler entscheidend sein konnte. Wölfe zu erschrecken, galt es tunlichst zu vermeiden. Dieses erforderte unsererseits eine Menge an sehr präzise signalisierten Kommunikationsabläufen. Am Ende des Tages sollten unsere Hunde Wölfe finden, sich dann hinsetzen oder -legen und ruhig sein. Es war ihnen nicht erlaubt, einen Wolf anzubellen, auf der Rückbank des Autos herumzuirren oder gegen ein Fenster zu springen. Das Ganze womöglich noch in bedrohlicher Körpersprache und aggressiver Grundstimmung Richtung Wolf.

WORAN HABEN SIE ERKANNT, DASS DIE WÖLFE SICH NICHT GESTÖRT FÜHLTEN?

Grundsätzlich kann man sagen, dass sich Wölfe, die menschliche Präsenz gewohnt sind, bei der Nutzung von Straßen und Wegen relativ gelassen verhalten. Grundsätzlich kann man auch sagen, dass Wölfe stets im Bilde darüber sind, was Menschen tun. Wenn wir einmal richtig darüber nachdenken, so ist es der Wolf, der den

———— Abstand halten, Respekt zeigen, das Orientierungsverhalten der Wölfe genau beobachten und diese immer selbst entscheiden lassen, wie sie sich im Dunstkreis unseres Autos verhalten wollen – das waren die Stichworte, die es zu berücksichtigen galt.

Günther Bloch und Laika-Rüde Timber bei der täglichen Observationsarbeit aus dem Auto heraus.

Menschen beobachtet, nicht umgekehrt. Von dieser Voraussetzung ausgehend, kann es kein einziges komplett störungsfreies Forschungskonzept geben. Diese, unsere Aussage gilt auch für sogenannte Fotofallen, die man zur allgemeinen Beruhigung gern als „nicht invasive" Hilfsmittel für die Freilandforschung bezeichnet. Doch Fotofallen beeinflussen das Reaktionsverhalten von Tieren. Wir haben Hunderte Fotoaufnahmen untersucht und dabei festgestellt, dass Fotofallen von Tieren schnell entdeckt werden. Deren Verhaltensreaktion auf die „versteckte" Kamera differiert jedoch individuell. Neugierige Tiere beschnüffeln die Kamera ziemlich schnell und beknibbeln sie bisweilen sogar. Vorsichtige Tiere schauen die Kamera aus der Distanz an, meist sogar gut getarnt unter Ausnutzung eines Gestrüpps.

Fazit: Was auch immer Menschen tun – wilde Tiere wissen davon. Sie sind ja nicht dumm. Somit ist der Begriff „störungsfreie Forschung" eine Mogelpackung. Da auch direkte Verhaltensbeobachtungen einen gewissen Einfluss zumindest auf das momentane Verhalten eines Subjekts haben können, sollte man strikt darauf achten, diese in verantwortungsvoller Weise durchzuführen. Um die Begleitung von wilden Wolfsfamilien vor uns selbst rechtfertigen zu können, hielten wir zu ihnen immer einen Minimalabstand von 200 Metern.

Die „ausgefuchste" Strategie der geduldigen und zeitintensiven Desensibilisierung versetzte uns in die Lage, manchmal viele Stunden hintereinander mit den Wölfen gemeinsam unterwegs zu sein, ohne dass diese auch nur ansatzweise auf die Idee gekommen wären, vor unserem Geländewagen zu flüchten.

Dass die heikle Mission der „stillen Zeitzeugenschaft" vertretbar war, konnten wir jederzeit am Ausdrucksverhalten der Wölfe ablesen. Dreh- und Angelpunkt war für uns, ob irgendwelche Zeichen von Furcht oder Stresssymptomen zu erkennen waren, wie z. B. geduckte Körperhaltung oder „Einfrieren" mit eingeklemmter Rute, angelegte Ohren oder stressbedingte Übersprungshandlungen wie Gähnen. Der beste Gradmesser für eine störungsfreie Beobachtungszeit war dann gegeben, wenn die Wölfe, ohne uns zu beachten, das taten, was wilde Wölfe gemeinhin so tun: umherwandern,

Revier patrouillieren und markieren, jagen oder Mäuse fangen, interagieren und spielen, buddeln, Nahrungsbunker anlegen, Ressourcen kontrollieren wie Beuterisse, favorisierte Ruhe- und Schlafplätze oder ausgelassen im Bowfluss herumspringen. Zwischendurch hielten die Wölfe ein Schläfchen. Manchmal sogar in unmittelbarer Nähe zu unserem oder Johns Geländewagen, was wir mit großer Genugtuung als ein absolutes Zeichen von Vertrauen bewerteten. Allen anderen Fahrzeugen gegenüber traten die Wölfe nämlich deutlich zurückhaltender auf: an ihnen vorbeilaufen Ja, sich daneben hinlegen Nein.

Spirit liegt im November 2009 mitten am Tag entspannt, unser Auto beobachtend, nur wenige Meter neben Johns Geländewagen.

WAS IST DER UNTERSCHIED ZWISCHEN ANPASSUNGSVERHALTEN UND HABITUATION?

Anlässlich der Kommentare bestimmter Pressesprecher der Parkverwaltung in Banff, die sämtliche auf Straßen umherwandernde Bowtal-Wölfe unisono als „höchst menschen-habituiert" einstuften, konnte einen das Gefühl beschleichen, dass die Begriffe Habituation und Adaptation ständig verwechselt wurden. Diese Einschätzung teilten auch unsere Berater Mike Gibeau und Paul Paquet. Viele Pressestatements aus dem Warden-Büro in Banff begannen zudem mit irgendeiner Spekulation: „Wir glauben, dass habituierte Wölfe ...". Nun, wie meine Großmutter zu sagen pflegte: „Glauben ist nicht Wissen."

Um einen Beitrag zur Versachlichung wölfischen Verhaltens zu leisten, recherchierten wir auf eigene Faust, ob sogenannte „habituierte" Wölfe, die an die Nutzung menschlicher Infrastruktur, parkende Autos und eine fast allgegenwärtige Präsenz von Parkbesuchern angepasst sind, Menschen angreifen.

Gerade beim brisanten Dauerstreitthema „Adaptation versus Habituation" galt es Folgendes zu bedenken: Alle im Bowtal beheimateten Wölfe traten allein schon deshalb sehr adaptiv auf, weil sie als Welpen in infrastrukturnahen Erdbauten zur Welt kommen. Zwangsläufig bleibt einem Bowtal-Wolfswelpen gar nichts anderes übrig, als sich an Straßenverkehrsgeräusche, Gerüche und visuelle Eindrücke von Fahrzeugen, Radfahrern, Joggern oder Wanderern anzupassen.

Das Resultat dieser besonderen Lebensraumprägung sind Wölfe, die zeitlebens recht tolerant auf menschliche Aktivitäten reagieren und hochangepasste Verhaltensstrategien im Umgang mit Fahrzeugen aller Art entwickeln. Die Einschätzung, „top-adaptive Bowtal-Wölfe" würden alle Hemmschwellen fallen lassen und generell ihre natürliche Scheu vor dem Menschen verlieren, konnten wir nach Abschluss unserer Studie erfreulicherweise ruhigen Gewissens verneinen. Vorweggenommen stellte sich nämlich heraus, dass selbst Bowtal-Wölfe auf direkte Begegnungen mit Menschen weiterhin eindeutig mit Meideverhalten reagierten (siehe Seite 162, 199).

Mitglieder der Pipestone-Familie, momentan angeführt von der damals rund zehn Monate alten Tochter Blizzard, erkunden in der Abenddämmerung des 25. Februars 2010 gemeinsam einen zugefrorenen Seitenarm des Bowflusses.

Um die Begriffe Adaptation und Habituation unterscheiden zu lernen, hilft ein kleiner Auszug aus dem 2004 erschienenen Buch „Hundepsychologie" von Dorit Feddersen-Petersen. Hier unterscheidet die Ethologin sehr anschaulich zwischen Adaptation (Anpassung) als „eine Eigenschaft, die Individuen zu einer höheren Gesamtfitness verhilft", und Habituation (Gewöhnung) als „eine Form des Lernens, bei der Individuen aufhören, auf Reize zu reagieren, die keinerlei Folgen haben, welche sich verstärkend auf die Reaktion auswirken könnten". Da kein einziger Bowtal-Wolf bis zum heutigen Tag damit aufgehört hat, bei direkten Begegnungen auf den „Reiz Mensch" zu reagieren, sollten diese unverändert vor dem Menschen flüchtenden Wildtiere auch nicht als „Menschen-habituiert" eingestuft werden.

Eine faktisch sehr ernstzunehmende Gefahr liegt darin begründet, wenn angeblich „tierliebe", in Wirklichkeit jedoch emotional instabile Menschen illegalerweise Wölfe füttern. Futterkonditionierte Wölfe können dem Menschen sehr wohl gefährlich werden. Zuerst zeigen sie forderndes Verhalten, dann werden sie dreister und immer dreister, bis sie schlussendlich zum direkten Angriff übergehen können. Nicht umsonst lautet ein dazu passendes nordamerikanisches Sprichwort: „Jeder (an)gefütterte Wolf ist ein toter Wolf!"

Eine Berühmtheit in Banff: Grizzly-Mutter „Nr. 64" und zwei ihrer drei Jungen in der Nähe der Parkstraße im Juni 2008.

WO GENAU HAT DIE „BOW VALLEY WOLF BEHAVIOUR STUDY" STATTGEFUNDEN UND WELCHE TIERE LEBTEN IM UNTERSUCHUNGSGEBIET?

Die Hauptarbeit fand innerhalb der geschützten Grenzen des Banff Nationalparks statt. Dieser ist in den zentralen kanadischen Rocky Mountains gelegen und umfasst in etwa 6 650 km². Die Topographie des Parks variiert von zirka 1 000 bis 3 450 Meter über NN. Unser Kernstudiengebiet lag im Bowtal, zwischen den Städten Banff im Osten (ca. 1 400 ü. NN) und dem ungefähr 300 Meter höher gelegenen Lake Louise im Westen. Die Infrastruktur des Tals ist enorm ausgebaut. Durch das Bowtal führen neben hier nicht näher spezifizierten Nebenstraßen, Picknick- und Campingplätzen vor allem die Trans-Kanada-Autobahn Nr. 1 (TCH 1), die Autobahnen Nr. 93 (Nord und Süd), die kanadisch-pazifische Eisenbahntrasse (CP-Rail) und die Panorama-Autobahn 1 A (Parkstraße).

Das leider durch Bebauung stark zerschnittene „Ökosystem Bowtal", das Banffs Tourismussprecher trotzdem gern als „Wildnis" verkaufen, besteht aus einer Kombination montaner und subalpiner Gebirgszonen. Letztere werden dominiert von Lodgepole-Kiefern *(Pinus contorta)*, Douglas-Tannen *(Pseudotsuga menziesii)*, Weiß-Kiefern *(Picea glauca)* und großen Baumgruppen von Espen *(Populus tremuloides)*.

Neben den Hauptakteuren dieses Buches, den Timberwölfen *(Canis lupus lycaon)*, bietet das Bowtal allen in den Rockies typischerweise aufzufindenden großen Beutegreifern Heimat, einschließlich Grizzly *(Ursus arctos)*, Schwarzbär *(Ursus americanus)*, Vielfraß *(Gulo gulo)*, Puma *(Felis concolor)*, Luchs *(Felis lynx)* und, nicht zu vergessen, neben dem Wolf zwei zusätzlichen Kaniden: dem Kojoten *(Canis latrans)* und dem Rotfuchs *(Vulpes vulpes)*.

Wenn man sich das Bowtal von einem Aussichtspunkt am Mt. Norquay anschaut, erkennt man recht schnell zumindest Teile seiner starken Fragmentierung, hervorgerufen durch die Stadt Banff, die verkehrsreiche Trans-Kanada-Autobahn 1 (TCH 1), Haupt- und Nebenstraßen und die CP-Eisenbahntrasse (CP-Rail).

Anfangs war das Hauptbeutetier der Bowtal-Wölfe der Rothirsch *(Cervus canadensis)*. Nachdem dessen Population mit Beginn des neuen Jahrtausends drastisch einbrach (hauptsächlich hervorgerufen durch schlichtweg inakzeptable „Verkehrsopferraten" auf den Autobahnen 1 und 93 und der CP-Rail sowie durch Park Canadas „Hirschmanagement"), stellte sich die Pipestone-Wolfsfamilie rasch auf veränderte Jagdbedingungen ein. Zum Ende unserer Studie erlegten sie hauptsächlich „Mule deer" *(Odocoileus hemionis)* und „White tailed deer" *(Odocoileus virginianus)*. Solange das Leitpaar der Pipestones noch jung war, töteten sie regelmäßig Elche *(Alces alces)* und stellten saisonbedingt im Sommer Dickhornschafen *(Ovis canadensis)* und sogar Bergziegen *(Oreamnos americanus)* nach. Die ab 2015 im Bowtal aktive Banffstadt-Wolfsfamilie präferierte hingegen die Jagdstrategie, in der Peripherie zu Banff, einschließlich Golfanlagen, an den Menschen gewöhnte Stadthirsche zu töten.

WAS WAREN DIE HAUPTHERAUSFORDERUNGEN FÜR SIE, DIE WÖLFE UND DIE GESAMTE TIERWELT DES BOWTALS?

Die Beantwortung dieser komplexen Frage ist durchaus aus vielerlei Hinsicht von Bedeutung, um unsere Aussagen der nachfolgenden Kapitel richtig einordnen zu können. Möglicherweise befasst sich nämlich kaum jemand mit der Vorstellung, was wirklich dahintersteckt, wenn man dauerhaft in den kanadischen Rocky Mountains „Tiere gucken geht". So bedeuten lapidar erscheinende Begriffe wie „Langzeitbeobachtungen" oder „jahrelange Freilandforschung" ins einfache Deutsch übersetzt, täglich den inneren Schweinehund überwinden zu müssen, im Sommer jeden Morgen um vier

Zwei männliche „White tailed deer" in der Nähe des majestätischen „Castle Mountain", der von den Ureinwohnern der Rockies, den „Stoney Indians", bezeichnenderweise beschrieben wurde als „teepees in the wind".

Links: Stattlicher Hirschbulle, auch Wapiti genannt, im Kernrevier der Wölfe.

Rechts: Junges Kojotenpaar während der Paarungszeit im Januar 2010, ebenfalls in unmittelbarer Nähe zu menschlicher Infrastruktur.

Uhr aufzustehen, im Winter um sechs Uhr. Sicher ist es auch nicht jedermanns Sache, im Sommer auf Beobachtungsposten im Freien von Heerscharen von Moskitos und Schwarzfliegen umringt zu sein.

Und wer im Winter bei minus 25 °C schon einmal mit abgestelltem Motor stundenlang im „Abwartemodus" in einem Geländewagen gesessen hat oder versucht, mit heruntergelassener Seitenscheibe seines Autos Wölfe zu filmen, weiß, wie heftig dies sein kann. Damit kein Missverständnis aufkommt: Wir wollen uns weder beschweren noch Mitleid erregen. Wolfsforschung ist Passion und Sucht zugleich – dafür haben wir gern „gelitten".

Was den Lebensraum der Wölfe und der gesamten Tierwelt des Bowtals betrifft, so gilt es zweierlei Dinge zu verstehen: die zweifelsohne tief beeindruckende Schönheit der dortigen Bergwelt einerseits und deren gnadenlose Kommerzialisierung andererseits. Diese wird ohne Rücksicht auf Verluste über aggressive Marketingkampagnen u. a. durch das Banff-Lake Louise Tourismusbüro vorangetrieben.

Die größte Herausforderung für Wolf, Bär, Hirsch oder jeden Vertreter einer anderen Tierart besteht im übertragenen Sinn darin, sich trotz Marathon-, Drachenboot- oder Radrennen „nicht die Butter vom Brot nehmen zu lassen". Wie wir im weiteren Verlauf dieses Buches darlegen werden, und zwar datengestützt, waren sowohl große Beutegreifer als auch sämtliche Beutetiere des Wolfes ständig genötigt, ihre Anpassungsstrategien umzustellen. Wer einmal Live mit ansehen musste, wie Dutzende von Nationalparkbesuchern und Fotografen aus ihren Autos heraussprangen, um Wolfs- oder Bärenmüttern nebst deren Jungen nachzustellen und hinter ihnen herzurennen, dem fällt es wie Schuppen von den Augen, dass etwas fundamental falsch läuft in Banff.

—— Verschlechterungen tierischer Lebensqualität sollten Anlass
genug sein, alles zu tun, das jetzige „Wildtiermanagement"
durch weitsichtiges „Menschenmanagement" zu ersetzen.

Ja, an dieser Stelle legen wir „Nestbeschmutzer" ganz bewusst den Finger in die Wunde. Ja, wir bekleckern Banffs schönes Bild der heilen Welt, auch wenn das unbeliebt sein mag. Und warum? Weil es Signalwirkung hat, wenn sich Menschen nur wenige Meter vor einem Hirsch aufstellen, um ein „Selfie" zu erhaschen, oder trampelnd auf einer Kojotenhöhle stehen, um Welpen herauszuscheuchen und Fotos von ihnen zu machen. Wir halten die Einschränkung menschlicher Aktivitäten in Nationalparks wie Banff für alternativlos (siehe S. 87 ff.).

WANN UND WO HABEN SIE DEN NATURFOTOGRAFEN JOHN E. MARRIOTT KENNENGELERNT?

Karin und ich trafen John zum ersten Mal im Herbst 2007. John war zu jener Zeit zusammen mit Peter Dettling auf der Parkstraße unterwegs. Mit Peter hatten wir zuvor zusammengearbeitet, als wir gemeinsam die Bowtal-Familie begleiteten, einschließlich deren explosiver Persönlichkeit „Turbo-Königin" Delinda. Der Rest ist Geschichte, u. a. ausführlich beschrieben in unserem Buch „Auge in Auge mit dem Wolf". Peter kümmerte sich ab 2008 um andere Projekte.

John Marriott blieb. Nach einigen Tagen des gegenseitigen „Beschnupperns" gelangten Karin und ich zu der festen Überzeugung, dass es vorteilhaft sei, das hoch spannende Leben der Pipestone-Wolfsfamilie im Rahmen eines neuen Buchprojekts mit John gemeinsam zu dokumentieren. Von diesem Zeitpunkt an herrschte Arbeitsteilung. Karin und ich filmten auf Teufel komm raus und „brabbelten" unsere Diktiergeräte voll mit Wolfsneuigkeiten. Währenddessen fotografierte John alles, was ihm vor die Linse kam – vom Wolf über Raben bis hin zu unserer gemeinsamen Auffassung nach völlig „durchgeknallten" Parkbesuchern, die es für angebracht hielten, sich „unbemerkt" an einen zwischen Büschen stehenden Elchbullen heranzuschleichen.

Karin, John und ich trafen uns jeden Morgen noch im Dunkeln irgendwo auf der Parkstraße. Vor der Abenddämmerung verließen wir das Bowtal so gut wie nie. So lief das bis auf kleine Ausnahmen über mehrere Jahre. Als ausgesprochene Winterfans und hart arbeitende Lebensbejaher, waren Karin und ich zunächst einmal froh, auf einen ebenfalls kälteresistenten und diszipliniert arbeitenden Kanadier zu treffen. Wir alle teilten die gleiche „Wolfsverrücktheit", den gleichen Erkundungsenthusiasmus und die gleiche professionelle Einstellung: Raus gehen in die Natur, um die geheimnisvolle Welt der Tiere jeden Tag ein Stück besser verstehen zu lernen.

Was John und uns auch schnell zu Seelenverwandten werden ließ, war eine gemeinsame Abneigung gegenüber den uns oft begegnenden notorischen „Neinsagern". Gleich in den Anfängen unserer gemeinsamen Arbeit brachte es John wunderbar auf den Punkt: „Was gibt es Schlimmeres als diese ewig wetterfühligen Nörgler, denen es ständig zu kalt ist und die nur herumjammern, aber nie eine alternative Lösung für irgendwas parat halten." „Yep", antworteten wir damals ganz begeistert, „die gehen uns auch schon seit Langem auf den Zeiger."

Das Lustige an der Geschichte war, dass wir bei unserem ersten Zusammentreffen mit John noch dachten, neben Peter wäre John als weiterer Fotograf einer zu viel. Doch John entpuppte sich glücklicherweise nicht nur rasch als netter Kerl, sondern auch als jemand, der Bereitschaft signalisierte, lernen zu wollen, wie richtig verstandene Tierethik funktioniert. Fotos machen ist nicht gleich Fotos machen. John brachte die seltene Fähigkeit mit, wichtige Verhaltensaspekte situativ auf den Punkt einzufangen.

John war anders als die Mehrheit der Fotografen, die versuchten, uns zu verfolgen, um „an die Wölfe heranzukommen". Er zeigte wirklich ernstgemeintes Interesse an Wolfsverhalten und fragte uns mit leuchtenden Augen nach Verhaltensdetails, die er unbedingt wissen wollte. Im Gegensatz zu früher hielt er nach unseren langen Gesprächen auf der Parkstraße eine Respektdistanz zu den Wölfen ein und rannte nicht mehr hinter ihnen her …

Ein Wolfswelpe wird durch eine Wagenkolonne
und rücksichtslose Gaffer ohne Einhaltung
eines Respektabstands auf der Parkstraße verfolgt
und so von seiner Familie getrennt.

WARUM BENUTZEN SIE SO UNGERN DIE BEGRIFFE ALPHAWOLF UND RUDEL?

Als ehemalige Hundetrainer war uns der Alpha-Begriff alten Schlags sehr geläufig. Doch dann sahen wir im Winter 1998 – 1999 mit eigenen Augen, dass es „den" Alphawolf so nicht gibt. Fast zwanzig Jahre liegt jenes zentrale Aha-Erlebnis nun schon zurück. Wenngleich wir die nachfolgende Anekdote bereits 2001 in unserem Buch „Timberwolf Yukon & Co" zum Besten gaben, so ist es allemal wert, in zusammengefasster Form nochmals wiederholt zu werden: Laut Notizbuch beobachtete ich damals gemeinsam mit Carolyn Callaghan

—— Formal dominant zu agieren, bedeutet eine Kombination aus einem Minimum an Aggression bei einem Maximum an sozialer Verantwortung.

„Turbo-Queen" Delinda in Aktion beim Durchpflügen von Tiefschnee. Wo andere Leittiere Familienmitgliedern den Vortritt ließen, um bequeme Wanderpfade vorzubereiten, dauerte das Delinda alles viel zu lange. Sie handelte stets nach der Devise: Selbst ist die Frau.

und Steve Wadlow vom „Central Rockies Wolf Project" die „Cascade-Wolfsfamilie". Alle Tiere schliefen auf einem zugefrorenen See. Plötzlich stand ein dunkelgrauer Wolf mit Peilsender auf. Wie auf Knopfdruck standen nacheinander über ein Dutzend Wölfe auf. Einer nach dem anderen folgte dem Dunkelgrauen, der die Laufrichtung vorgab. Aus meiner damaligen Sicht konnte es sich nur um den „Alphawolf" handeln. Nach 500 Metern stoppte dieser kurz und legte sich wieder hin. Alle nachfolgenden Tiere taten genau das Gleiche, schön säuberlich Wolf nach Wolf. Hellauf begeistert sprühte es nur aus mir heraus: „Wow – schaut euch das an – typisches Alphawolfverhalten!"

Im Nachhinein muss ich zugeben, dass das wohl der dämlichste „Fachkommentar" war, den ich jemals in meiner gesamten Wolfsforschungskarriere von mir gegeben hatte. Einfach nur peinlich. Wieso?

Ich glaube, es war Caroline, die sich umdrehte und ruhig und gelassen feststellte: „Wahnsinn, der Rüde in der Frontposition ist gar kein Rüde – das ist Betty!" In der Tat war es die ebenfalls dunkelgraue und ebenfalls ein Radiohalsband tragende Betty, die an der Gruppenspitze die Entscheidungen fällte. Der immer, überall und genetisch vorbestimmte „vordere Leitwolf" war eine momentan und nicht vererblich fixiert handelnde „vordere Leitwölfin". Wir hatten den Fehler gemacht, die beiden relativ gleich-großen, gleichgefärbten und gleichermaßen telemetrierten „Alphatiere" Betty und Stoney miteinander zu verwechseln. Irren ist menschlich!

Die Lektion, die uns das Leitpaar der Cascades per unvergessenem Live-Erlebnis und per Zufall für immer und ewig bereits Ende 1998 mit auf den Weg gab, lautete: „Nichts wird so heiß gegessen, wie es gekocht wird." Vorsicht also im Hinblick auf die Macho-Saga, die vom „leader of the pack" erzählt, der dominant aggressiv in Verteidigungsposition an der Rudelspitze durch die Landschaft stapft, um alles um ihn herum zu kontrollieren oder, im anderen Extrem, zu beschwichtigen.

Auch in Bezug auf die Bewertung wölfischer Familienstrukturen frei lebender Wölfe sollten wir heutzutage nicht mehr von einer strikt hierarchischen Sozialhackordnung ausgehen. Stattdessen konnten wir mit viel Akribie und unendlicher Geduld herausfinden, dass beide Elterntiere aufgrund ihres Alters und ihres enormen Wissensvorsprungs ziemlich gleichberechtigt über eine Art formalen Dominanzstatus verfügen. Wie wir später noch ausführen werden, fußt das Fundament sozialer Stabilität einer Wolfsfamilie primär auf der mentalen Willensstärke beider Leittiere.

Wolfsfamilien können, wie uns von den Akteuren selbst eindrucksvoll vor Augen geführt wurde, neben einem klassischen Zusammenschluss aus Wolfseltern und bis zu drei Generationen Nachwuchs auch aus „Patchwork-Familien" bestehen. Schicksalsschläge wie z. B. der Tod eines fortpflanzungsfähigen Elternteils sind der Hauptgrund, warum wir im Freiland immer wieder auf „alleinerziehende" Wolfsväter oder Mütter stoßen. Gelegentlich werden durchaus auch fremde Wolfsindividuen in eine bestehende Gruppe aufgenommen, in extremen Ausnahmefällen auch als Ersatz für einen alten und dahinsiechenden „Alphawolf".

Nichts ist unmöglich in der unergründlichen Welt der Wölfe. Mehrfachwürfe mit einer dominanten Leitfähe kommen ebenso vor wie Fälle, in denen mehrere Wolfsweibchen kooperativ gemeinsam Welpen versorgen, was als ein Beleg für deren Fähigkeit zu werten ist, ggf. Eigenbedürfnisse für die Familiengruppe hintenanzustellen. Für wild lebende Tiere sind zuallererst zentrale Fragen zur Nahrungsbeschaffung und zum Energieverbrauch wesentlich. Rangordnungsauseinandersetzungen scheinen für sie hingegen eher eine untergeordnete Rolle zu spielen. Die soziale Organisation oder gar „typische" Verhaltensgepflogenheiten von wilden Wolfsfamilien mit denen von Gefangenschaftswölfen gleichzusetzen, halten wir für wenig hilfreich. Im Gehege leben zumeist etliche Generationen in unnatürlich beengten Wohnverhältnissen zusammen. Die Tiere verbrauchen kaum Energie, weil sie weder ein großes Territorium verteidigen müssen, noch auf die Jagd gehen. Keiner kann abwandern, um eine eigene Familie zu gründen. So gut wie nichts ist so wie draußen „im richtigen Leben".

Ist das der Grund, warum viele Gefangenschaftswölfe oftmals gelangweilt wirken und weshalb sie einen ständigen Austausch mit „superwichtigen Argumenten" um Ressourcen mit besonderer Hingabe pflegen? Wer weiß das schon so genau ...

Zum Thema „Alphawolf" noch eine ketzerische Frage: Sollten wir diesen Begriff (einschließlich sämtlicher Hypothesen, die sich um ihn ranken) nicht allein schon deshalb in die Mottenkiste packen, weil selbst jeder „Omegawolf" nach Abwanderung und durch spätere Elternschaft zum „Alphawolf" werden kann?

Erfahrungsgemäß findet sich jedes rangniedrige Mitglied einer Wolfsfamilie nach Verlassen seiner Eltern und erfolgreicher Verpaarung mit einem Fremdwolf gegenüber den eigenen Kindern wieder automatisch im „Alphastatus" wieder.

WAS FRESSEN WÖLFE UND WIE VIEL SCHLAFEN SIE?

Wölfe, die im Bowtal heimisch sind, kontrollieren vor jedem Aufbruch zur Jagd vorneweg die CP-Rail, um das Dutzende Kilometer lange Eisenbahngleis nach getöteten Elchen, Hirschen oder Rehen abzusuchen. Was vor vielen Jahren mit Intuition begann, ist längst zur selbstverständlichen Routine geworden. Warum auf Jagdstreifzügen unnütz wertvolle Energie verschwenden, wenn es auch anders geht. Interessanterweise lebten alle seit 1992 von uns registrierten Wolfseltern ihren Jungen diese Form einer speziellen Lebensraumprägung vor. Die Abstaubpräferenz wurde nach unseren Erkenntnissen seit 1992 von jedem Nachwuchs kopiert und fand Jahr für Jahr als „familienspezifisches Wissen" Verbreitung von Generation zu Generation.

Ansonsten tötete eine der beobachteten Wolfsfamilien, mit durchschnittlich fünf Mitgliedern, Pi mal Daumen entweder einen Elch alle 12 – 14 Tage, einen Hirsch alle 8 – 10 Tage oder ein Reh alle 1 – 4 Tage.

Im weiteren Umfeld von Huftierkadavern können sich zugleich über ein Dutzend Tierarten versammeln, von Kojoten und Füchsen, Wildkatzen wie Puma oder

Die Pipestones, angeführt von Papa Spirit, wandern im November 2011 über eine komplett zugefrorene Sumpflandschaft.

Luchs, Mardern und Wieseln, über Adler, Raben und Elstern, bis hin zu Grauhähern und Meisen. Nach unserer Einschätzung kann ein einziger erwachsener Kolkrabe pro Tag bis zu einem Pfund Fleisch vertilgen. Unter Berücksichtigung dieser Faktenlage ist es realistisch, von einer durchschnittlichen Konsumierungsmenge pro Wolf pro Tag von maximal zwei Kilogramm auszugehen.

Eine andere Frage ist, wie viel ein Wolf beim ersten Menügang herunterwürgen kann. Es hat uns jedes Mal die Sprache verschlagen, wenn jedes Wolfsindividuum gleich beim ersten großen Festfressen hintereinander bis zu acht Kilogramm Nahrung verschlang. Dabei ging immer alles so schnell, dass wir uns überfordert sahen, genau zu bestimmen, wer was fraß. Jeder Beuteriss wurde so gut wie komplett konsumiert, einschließlich Haut, Fell und einem (vorverdauten) vegetarischen Anteil, da auch der Dünndarm eines Beutetieres komplett heruntergewürgt wurde.

Manchmal verschlingen ranghohe Wölfe als Erstes die energiereichen, hoch qualitativen Innereien eines Beutetieres. Manchmal tun dies aber auch subdominante Tiere oder sogar Jugendliche. Die Existenz einer in den Medien gern postulierten „allgemeingültigen strikten Futterrangordnung" oder eines „grundsätzlich immer zuerst fressenden Alphawolfs" kommt in dieser Absolutheit eher einem Märchen gleich als der Realität. Vor allem die im Fernsehen oft zu bewundernde pauschale Berichterstattung „schlägt dem Fass den Boden aus": Wo und in welcher Beobachtungsdistanz wollen ausgerechnet Laien eigentlich gesehen haben, wie das Fressverhalten eines „vom Alphawolf dominierten Rudels" vonstattengeht?

Das Fressverhalten frei lebender Wölfe gestaltet sich höchst variabel. Dennoch scheint es eine Tendenz von Leitrüden zu geben, beim Fressen ein „Vortrittsrecht" in Anspruch zu nehmen, wenn zwischen ihnen und einer Leitfähe ein Mindestaltersunterschied von 3 Jahren

besteht. Waren Wolfeltern in etwa gleich alt, konnten wir ein solches besitzanzeigendes Verhalten nicht bestätigen. Nicht in Abrede gestellt werden konnte eine generelle Dominanz trächtiger Weibchen oder Mütter junger Welpen. Diese setzten sich bei unseren Beobachtungen an Beutetierkadavern ausnahmslos gegenüber allen Familienmitgliedern ohne großes Federlesen durch. Wenn es sein musste, auch offensiv aggressiv gegenüber dem jeweiligen Leitrüden. Üblicherweise waren es auch die Wolfsmütter, die bei der Nahrungsaufteilung für die komplette Welpenschar das Kommando übernahmen. Wenn es die Witterungsbedingungen erlaubten, staunten wir nicht schlecht, wie konsequent ganze Wolfsgruppen gezielt sonnige Ruheplätze aufsuchten. Manchmal liefen sie steile Berghänge mehrere Hundert Meter hinauf, um sonnenbeschienene Regionen zu erreichen. Dieses Verhalten könnte auf eine effektive Nahrungsverdauung schließen.

Nach jedem größeren Festmahl legten erwachsene Tiere eine durchschnittliche Ruhepause von 7 – 8 Stunden ein. Jugendliche Wölfe taten dies nur 3 – 4 Stunden. Sie waren es auch, die am häufigsten an Kadavern auftauchten und sich manchmal sogar alle 1 – 2 Stunden einen kleinen „Snack" einverleibten. In schlechten Zeiten und zwischen eigentlichen Großbeutejagden konsumierten manche Wölfe sogar Insekten, größere Mengen an Beeren oder konzentrierten sich längere Zeit auf die zielorientierte Jagd auf Kleinbeute wie Schneeschuhhasen, Erdhörnchen oder Maulwürfe. Mitunter dokumentierten wir bestimmte Wolfsindividuen beim „Einsammeln" von Nagetieren über mehrere Stunden hinweg. Dennoch sind Wölfe in erster Linie Großwildjäger. Da oberdrein zu befürchten ist, dass manche Menschen den Wolf aus rein ideologischen Gründen auf irgendeine verquere Weise zum hauptsächlichen Vegetarier mutieren lassen wollen, sei nochmals bekräftigt: Wölfe sind „fleischfressende Allesfresser"!

Aufnahme aus dem Winter 2007 – 2008 von einer kleinen Gruppe Wapiti-Hirschbullen, die sich im Hauptrendezvousgebiet der Wölfe aufhalten.

KAPITEL 2

AUFSTIEG DER PIPESTONE- WOLFSFAMILIE

DIE PIPESTONES —
WIE ALLES BEGANN

Angrenzend an das Bowtal liegt in dessen Nordosten das wilde und ziemlich unberührte Pipestone-Tal. Dieses wiederum ist mit noch unberührteren Teilen des Banff Nationalparks verbunden, einschließlich der sogenannten „Red Deer-Wasserscheide". Abwanderungskandidaten und „neue" Wölfe aus unterschiedlichen Wolfsterritorien scheinen regelmäßig durch das Pipestone-Tal im Hinterland von Banff zu marschieren, um in der Nähe von Lake Louise im Bowtal anzukommen. Umgekehrt wandern Wolfsindividuen aus dem Bowtal ab, um über das Pipestone-Tal in den weiter entfernt gelegenen Nordteil des Parks zu gelangen.

Im Juni 2008 zeigte uns ein Parkbesucher ein Foto aus dem Pipestone-Tal. Wenn auch etwas unscharf, so konnten wir darauf eine Wölfin mit großen Zitzen erkennen, die wir nicht kannten. Ein Mitglied der Bowtal-Wolfsfamilie konnte diese säugende Wolfsmutter nicht sein, weil Delinda im Frühsommer 2008 noch als uneingeschränkte Herrscherin der Bows das Zepter der Leitwölfin in der Pfote hielt. John war von dem Foto der neuen Wölfin, die unbemerkt aus dem Pipestone-Tal gekommen war, ganz begeistert. „Wow, eine werdende Wolfsmutter im Reich von Königin Delinda – das kann ja heiter werden", sagte John zum damaligen Zeitpunkt.

Ende August 2008 entwickelte sich die Geschichte ganz anders, als wir uns das vorgestellt hatten. Delinda wurde auf der Trans-Kanada-Autobahn Nr. 1 überfahren. Ihr Lebenspartner Nanuk avancierte von einem Tag auf den anderen zum alleinstehenden Vater, der ohne seine „Powerfrau" versuchen musste, alle Kräfte zu aktivieren, um seiner Familie das Überleben zu sichern.

Anfangs sahen wir nur das graue Weibchen, das wir von besagtem Foto her kannten. Das war schon verwirrend genug. Einige Wochen später beobachten wir dieselbe Wölfin, als sie mit zwei anderen Wölfen im Schlepptau in der Morgendämmerung des 28. Septembers 2008 durch das Skigebiet von Lake Louise lief. „An der westlichen Grenze des Territoriums der Bows läuft ab und zu eine neue Wolfsgruppe herum und verschwindet genauso schnell wieder, wie sie gekommen ist, im Pipestone-Tal", sagte ich zu John. Der war erst einmal erstaunt. Doch bei aller Verwirrung über diese Wölfe und ihre Herkunft, nannten wir das Weibchen Faith und tauften die neue Gruppe Pipestone-Wolfsfamilie. Ab sofort wurde es spannend. Wer wird schon Augenzeuge, wenn eine territorial fest etablierte Familie wie die Bows von einer in ihr Revier eindringenden neuen „Truppe" wie den Pipestones herausgefordert wird?

Anfang Oktober 2008 erhielten wir von zwei sehr zuverlässigen Naturforschern die aufschlussreiche Nachricht über mehrere Wölfe, die sie in einem weiter entfernten Seitental gesehen hatten, bzw. deren Welpen sie im Sommer des Öfteren am Bakersee heulen hörten. Wir erzählten niemandem davon. Schließlich wollten wir jedwede Aufmerksamkeit vermeiden, ob seitens Parks Canada, Internet, Touristen oder sonst wem. Das klappte auch prima – keine grobe Störung. Im Dezember 2008 waren die Wölfe vorerst wieder verschwunden.

Nun kam unser „alter, weiser Mann", Laikarüde Jasper, ins Spiel. Obwohl schon über zwölf Jahre alt, fand er nacheinander Höhle und Rendezvousplatz der Pipestones innerhalb kürzester Zeit. Spurensuche und Anzeige des Erdbaus gingen in rasanter Geschwindigkeit vor sich. Für Jasper war das alles kein Problem. Nach knapp einer Stunde stellte er sich freudig und stolz auf einen kleinen Felsen und schaute zu mir herüber. In seinen Augen konnte ich ablesen, was er, wenn er sprechen könnte, gesagt hätte: „Hey mein Freund, hat Spaß gemacht, man hilft ja gern – doch war das jetzt schon alles?"

Aufnahme aus dem Spätherbst 2009 mit einigen „Newcomern": Im Vordergrund Blizzard, einer der ersten (im April 2009) im Bowtal geborenen Pipestone-Welpen. Direkt dahinter ist Mutter Faith zu sehen, wiederum gefolgt von Blizzards ungefähr acht Monate alten Schwester Raven.

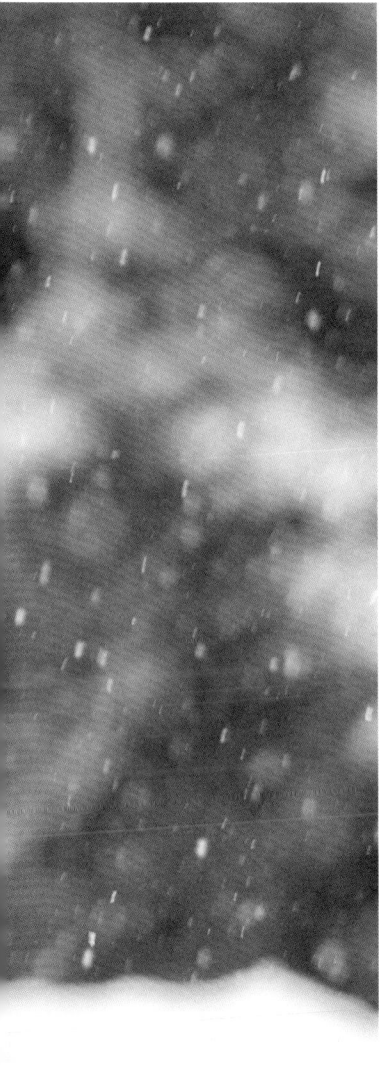

Nein, es war noch nicht alles. Im Gegenteil. Neben unserem Hauptanliegen, der Begleitung der Bows um Nanuk und seine Jungen, war unser Rentnerhund Jasper ab März 2009 zusätzlich mit der Basisarbeit bzgl. der „neuen" Wölfe beschäftigt. Routiniert wie immer ging Jasper kurz vor seinem 13. Geburtstag zu Werke. Erst kam die Spurensuche, dann folgte das präzise Auffinden von Kothaufen und Urinmarkierungen. Ansonsten saßen wir wie gewohnt in unserem geliebten Geländewagen und warteten auf das Erscheinen „unserer" Bowtal-Wölfe. Noch waren sie da. Wo sie sich wann genau aufhielten, das zeigte uns Jasper an, der ruhig und „luftwitternd" auf die Arbeit konzentriert, seinen Kopf aus dem offenstehenden Seitenfenster steckte. Wolfsfreilandforschung ohne Hund? Für uns unvorstellbar!

Fast schon zum Standardrepertoire gehörten bedauerlicherweise die zahllosen kleinen Störungen, die uns ehrlich gesagt gehörig auf die Nerven gingen. Alle naselang hielt ein Auto an, ein Seitenfenster wurde heruntergelassen und sogleich folgte die Frage aller Fragen: Haben Sie irgendwo Wildtiere gesehen? So lief das seit Jahren, jeden Tag, dutzendfach. Und da wir es einfach satt hatten, irgendwem zu antworten, änderten wir unsere Taktik. Von nun an beantworteten wir die Frage im Stil eines Anrufbeantworters: „Aber klar doch, wir beobachten und studieren Spechte!"

Irgendwie schien sich niemand für Spechte zu interessieren. Unsere Pauschalantwort sprach sich jedoch wie ein Lauffeuer herum. Es dauerte nicht lange, bis wir in Ruhe gelassen wurden. Mission erfüllt. Größtenteils

konnten wir endlich wieder ungestört Tiere beobachten – Spechte übrigens auch, wenn auch nur gelegentlich.

Auf der Suche nach den Pipestones gab es Anfang April 2009 die erste Sichtung der kompletten Familie zu vermelden. Doch die war nur von kurzer Dauer. Nachmittags um 17:38 Uhr gab Jasper, für seine Verhältnisse als introvertierte Persönlichkeit etwas aufgeregt bekannt, eine Gruppe Wölfe ausgemacht zu haben. Diesmal hatten wir sie auch gleich gesehen, als sie gerade in eine Autobahnuntertunnelung in der Nähe zum „Castle Mountain" hineinliefen. Die faszinierende Begegnung war allerdings in knapp 30 Sekunden schon wieder vorbei. Eigentlich waren wir noch so hektisch und Adrenalin gesteuert von der Tatsache, die Präsenz der „neuen" Wölfe hier inmitten des Territoriums der Bows bestätigt zu haben, dass wir es noch nicht einmal schafften, sie durchzuzählen. Doch wozu nennt man (wie jeder Hundehalter kühn behauptet) den intelligentesten Hund der Welt sein Eigen?

Jasper fand frische Spuren, sieben an der Zahl. Die größte von ihnen maß 13,8 x 9,3 cm (ohne Krallen). Ein enormer Pfotenabdruck, der nach unserer Vermutung dem Leitrüden der neuen Wolfsfamilie zuzuordnen war. Den nannten wir „Spirit". Im Winter 2008 – 2009 gelang uns die eine oder andere Kurzsichtung, doch wirklich Nennenswertes kam dabei nicht heraus. Noch verhielt sich die gesamte Pipestone-Familie, die sich Monat für Monat langsam aber sicher zumindest im westlichen Teil des Bowtals weiter ausbreitete, wie Geister. Noch …

Die jugendliche Blizzard (im November 2009) liegt auf einer kleinen Schneeanhöhe am Rand der Parkstraße und beobachtet von dort aus, wo sie potentielle Beutetiere erspähen kann.

EIN LETZTER BLICK ZURÜCK – VORHERRSCHAFT DER BOWTAL-WÖLFE

Nanuk und der Rest der Familie konnten sich vom Verlust ihrer unersetzlichen Zentralfigur Delinda nie richtig erholen. Anfang Mai 2009 schöpften wir nochmals Hoffnung. Am Rand des Familien-Höhlenstandorts hopsten vor unseren Augen im „Wohnzimmer" der Bows drei schwarze Rüden, ein schwarzes Weibchen und ein braun-graues Weibchen herum. Wir feierten den Anblick von fünf (noch) kerngesunden Welpen. Doch der schöne Schein trog gewaltig.

Mittlerweile hatten wir herausgefunden, dass Leitrüde Nanuk, trotz eifrigen Bemühens, keine neue Partnerin gefunden hatte. Wie sich anhand eines DNA-Tests ablesen ließ, musste er irgendwann in der Hochranz im Februar 2009 notgedrungen mit Tochter Fluffy Welpen gezeugt haben. Wir staunten nicht schlecht, denn dies war der erste konkrete Nachweis für wölfische Inzucht im Bowtal. Inzucht kommt unter wilden Wölfen extrem selten vor.

Zu allem Übel überbrachten uns mehrere unserer Bekannten Anfang April 2009 die schockierende Nachricht, Leitrüde Nanuk gesehen zu haben, als er sich mit letzter Kraft mit aufgerissenem linken Vorderbein, angeschwollenem „Klumpfuß" und ziemlich blutverschmiert, mehr schlecht als recht am Rand der Parkstraße vorwärtsschleppte. Irgendwie setzte sich das „große Puzzlespiel" nun zusammen. Tage zuvor hatte unser Hund Jasper in der Nähe des Bowflusses einen großen Hirschkadaver geortet, um den sich ein Grizzlybär, drei Kojoten, ein Rotfuchs und mehrere Dutzend Raben versammelt hatten. Frische Wolfs-

spuren konnte Jasper ebenso ausmachen. Wie es aussah, musste hier eine heftige Ressourcenschlacht um den toten Hirsch stattgefunden haben.

Waren an diesem Beutetierkadaver etwa die Bows mit den offensichtlich straff organisierten Pipestones aneinandergeraten? Bestand vielleicht sogar eine Verbindung zwischen der örtlichen Grizzly-Präsenz und Nanuks schlimmen Verletzungen? Vermutungen hegten wir so einige. Dennoch lautet die ehrliche Antwort: keine Ahnung!

Schlimm war, live miterleben zu müssen, wie Jungmutter Fluffy verzweifelt versuchte, ihre fünf Welpen zu versorgen. Die erst zweijährige und auf sich allein gestellte Wölfin tat alles, Futter zu ihrem Nachwuchs zu transportieren. Und das unter den denkbar schlechtesten Voraussetzungen.

Das heimische Territorium schrumpfte mehr und mehr zusammen. Schließlich tauchten die Pipestones auch überall im östlichen Bowtal auf. Der massive Straßenverkehr des sommerlichen Massentourismus schränkte Fluffys Jagdbemühungen ein und Horden von Parkbesuchern rannten hinter ihr her, wenn sie auf der Parkstraße einigermaßen energieeinsparend zur Höhle laufen wollte oder diese gerade verlassen hatte.

Nachdem wir Fluffy aus lauter Verzweiflung Beeren sowie Rapssamen fressen sahen, den sie an manchen Stellen leicht gehäuft auf der CP-Rail gefunden hatte, wussten wir, wie dramatisch es um sie stand. Der Restsommer 2009 entwickelte sich für Fluffy zum kom-

pletten Desaster. Anfang September wurde sie auf der südlichen Autobahn 93 von einem Lastwagen erfasst und starb an Ort und Stelle. Die am Höhlenstandort unversorgt und unbeschützt zurückgebliebenen Welpen verhungerten nacheinander.

Wenngleich wir eine ihrer Schwestern, Sundance, gelegentlich im heimischen Revier zu Gesicht bekamen, so war die im Jahr 1993 begonnene und einstmals mächtige Dynastie der Bowtal-Wolfsfamilie endgültig zu Ende. Sie wird John, Karin und mir allein deshalb als eine bemerkenswerte Erfolgsgeschichte in Erinnerung bleiben, weil die Bows fast 16 Jahre das Wunder vollbracht hatten, die schwierigen Lebensumstände in der Touristenhochburg Bowtal zu meistern. Respekt vor einer solchen Leistung! John diskutierte mit uns noch lange Zeit, wie privilegiert wir drei uns schätzen durften, die Übergangszeit von einer Wolfsdynastie in die nächste hautnah miterleben zu dürfen.

FREILANDFORSCHUNG HAUTNAH

Zwischen Anfang 2009 und dem endgültigen Verschwinden der Pipestones Ende 2014 verbrachten wir nach Auswertung unseres Notizbuches insgesamt 1 995 Tage in unserem Untersuchungsgebiet. Kalkuliert man eine arbeitsmäßig durchschnittliche Aufent-

haltsdauer von 10,5 Stunden pro Tag, so kommt man auf eine erstaunliche Summe von 20 947 Beobachtungsstunden. Wir erwähnen dies nur, um nochmals aufzuzeigen, wie zeitintensiv Freilandforschung ist. Im Schnitt führte mindestens eine längere Beobachtungssequenz wenigstens eines Wolfs alle zwei Tage zum Erfolg. Mit Abstand am häufigsten trafen wir auf die Pipestone-Familie, nicht auf Einzelwölfe.

Die Berichterstattung aus nahezu Zehntausend Live-Begegnungen mit den Pipestone-Wölfen, die von Anfang bis Ende viel mit Menschen zu tun hatten, zieht sich wie ein roter Faden durch dieses Buch.

Jungwölfin Fluffy im Februar 2009: Diese Aufnahme entstand kurz nachdem sie sich mit ihrem Vater Nanuk gepaart hatte.

DER GROSSE AUFBRUCH –
WEG IN DIE NEUE HEIMAT

Den großen Umbruch von den Bows zu den Pipestones konnten wir ab September 2009 daran festmachen, dass Faith, Spirit und deren Junge ab diesem Zeitpunkt endgültig das Bowtal dominierten. Die Pipestones traten als kompakte Einheit auf, die genau zu wissen schien, was zu tun war. Nun galt es, deren alltägliche Aktivitäten und Wanderungen kreuz und quer durch das gesamte Bowtal möglichst lückenlos filmisch zu dokumentieren. Bei aller Aufgeregtheit um das „Neuspektakel Pipestones" mussten Karin und ich nach wie vor den unerwarteten Tod von Jasper verkraften. Er war am 11. Juli 2009 von uns gegangen – Krebstumor, hoffnungslos. Der Verlust von Jasper schmerzte immer noch, tat in der Seele weh, selbst jetzt noch – drei Monate nach dessen Tod. Was für ein sensationell „cooler Begleithund" er doch gewesen war – er, der Nanuk, Delinda, Fluffy und all die anderen Bowtal-Wölfe quasi persönlich kannte!

Bei aller Trauer um unseren Jasper genossen wir die Tatsache, dass bislang niemand außer uns dreien über die Präsenz der Pipestones Bescheid wusste. Zu Beginn des Herbstes 2009 zog ein neuer Laikarüde bei uns ein. Der große Umbruch fand also in zweierlei Welten statt. Nicht nur in der Wolfswelt, sondern auch in unserer eigenen familiären Hundewelt. Im November 2009 saß nun unser neuer vierbeiniger Begleiter im Auto. Dessen Augen traten hervor wie die Stielaugen einer Schnecke, als er im wahrsten Sinne des Wortes die ersten frei lebenden Wölfe, die er je in diesem jungen Leben gesehen hatte, fassungslos anglotzte. Timber, sieben Monate alt und wahrlich ein „Rookie" in der Wolfsszene, gab sich von Anfang an große Mühe.

Schon ab Ende September 2009 trafen wir fast jeden Tag auf die Pipestones, die ab und an noch etwas zaghaft unseren Geländewagen inspizierten. Irgendetwas lag buchstäblich in der Luft. Wir konnten es förmlich riechen. Von jetzt auf gleich ging es wieder los mit der langzeitlichen Wolfsforschung.

Erstaunlich war, wie rasch sich das Leitpaar Spirit und Faith, das ja noch 2008 im ruhigen und beschaulichen Hinterland von Banff seine Welpen umsorgt hatte, mit der hektischen Betriebsamkeit des Bowtals arrangierte. Noch bemerkenswerter war, wie rasch sich die Pipestones an Menschenmassen gewöhnten, an Straßen und die CP-Rail. Wir werden wohl nie erfahren, was Wölfe dazu veranlasst, ein Leben in Abgeschiedenheit mit einem stressigen Leben im unruhigen Bowtal einzutauschen. John, Karin und ich dachten oft darüber nach, warum verdammt noch mal die Pipestones ihre alte Heimat am beschaulichen Bakersee aufgaben?

Eine Antwort liegt sicher darin begründet, die CP-Rail als eine Art dauerhaften „Nahrungsspender" zu begreifen. Unsere Vermutung ist, dass das relativ einfache Auffinden „tierischer Verkehrsopfer" offenbar wie ein Magnet auf Wölfe und andere Beutegreifer wirkt. Bären und Kojoten liefen nämlich auch schon seit Jahren auf dem Bahngleis herum. Aus deren Sicht lässt schnell erreichbare „Biomasse" in Form toter Elche, Hirsche oder Rehe grüßen. Jede einzelne Erinnerung, über positive Verstärkung erlernt, erzielt einen entsprechenden Aha-Effekt.

Leitrüde Spirit: Dieses spektakuläre Foto entstand Anfang November 2009, als der männliche Anführer der Pipestones urplötzlich wie angewurzelt vor unserem Auto stand.

Ein anderer Grund für Wölfe, die sich in der Menschenwelt Bowtal ansiedeln, ist im enormen Einsparungspotential an Energie zu sehen. Auch die Pipestones nahmen die Einladung gern an, gemeinsame Revierwanderungen auf bestens gesäuberten und präparierten Straßen, Wegen, Ski-Loipen oder Eisenbahngleisen durchführen zu können. Opportunistische Energieeinsparung à la Wolf!

Sozusagen als Tüpfelchen aufs „I" versammelten sich seit jeher ganze Huftierherden zumindest saisonal im Winter in der Talsohle. Je höher die Schneelage in den Bergen, desto tagaktiver und zahlreicher ließen sie sich in den weitläufigen Waldlichtungen und Wiesen des Bowtals blicken. Kein Wunder, dass selbst der scheueste Wolf schnell lernt, größere Nahrungspotentiale und somit Überlebensvorteile zu nutzen, die er im Hinterland in einer solch geballten Form nicht vorfindet.

Letztlich bot das Bowtal stets noch einige, bei Wolfsmüttern sehr beliebte, gut versteckte Höhlengebiete. Strategisch bestens gelegene Erdbauten und Rendezvousplätze mit dazugehörigen Beobachtungshügeln, von denen aus Wolfseltern einen prima Überblick genießen, findet man längst nicht überall. Wenn man dann (wie Spirit und Faith es uns praktisch vorlebten) seine Welpen zwischenzeitlich verhältnismäßig gut beschützt „parken" kann, um entlang der nahegelegenen Eisenbahntrasse geschwind etwas zu fressen zu finden, ist alles gut.

All diese Faktoren zusammengenommen, schien das Bowtal in den Augen der Pipestone-Wolfseltern ein durchaus vorteilhafter Lebensraum zu sein. Der Wolf als Indikator intakter Wildnis?

In unserem speziellen Fall scheinen zumindest manche Timberwölfe der Rocky Mountains, die jederzeit zwischen Landschaftsgefüge mit oder ohne menschliche Infrastruktur wählen können, davon überzeugt zu sein, dass es sich bei einem Territorium mit energe-

tischen Wandermöglichkeiten und „freien Mahlzeiten" in „qualitativ hochwertigen Wohnungen" um einen guten Lebensraum handeln muss.

Spätestens Ende Oktober 2009 war den Pipestones klar, wie man die ungefähr 100 Kilometer lange Parkstraße und die CP-Rail am effektivsten nutzen konnte. Zunächst war es nur eine Vermutung gewesen. Hatten es die Pipestones tatsächlich geschafft, nur 250 Meter von der Parkstraße entfernt einen überzeugenden Höhlenstandort zu finden und dort im Sommer 2009

Günther Bloch und Laika
Timber vor dem Forschungs-
geländewagen Ende 2009
auf der Parkstraße.

einen Wurf Welpen aufzuziehen? Das Ganze auch noch so diskret und heimlich, dass sie uns „Profis" an der Nase herumgeführt hatten? Waren wir als erfahrene Feldforscher nach Jaspers Tod ohne dessen Hilfe nur halb so gut wie wir vorher immer geglaubt hatten? Yup – genau so war es.

Wie erschreckend schlecht wir Menschen in Wahrheit sind, bewies uns „Naturtalent Timber". Anfang Dezember 2009 setzten wir ihn ohne Vortraining auf der Parkstraße am Rand des weitläufigen (zirka 5 Kilometer umfassenden) Rendezvousgebietes der Pipestones ab. Nie hätten wir erwartet, was dann geschah: Timber schnüffelte ein, zwei Minuten in der Gegend herum, um anschließend in rasantem Lauftempo durchzustarten. Sollte es eine Rubrik im Guinnessbuch der Weltrekorde für Hunde geben, wie schnell diese in der Lage sind, eine Wolfshöhle zu finden, so würde ich Timber gern eintragen lassen. Unser Hund, gerade einmal 7,5 Monate alt, löste diese, für uns Menschen mehr als knifflige Aufgabe, in einer Dreiviertelstunde. Dann setzte er sich schwanzwedelnd vor den Höhleneingang und bewies, ohne es zu wollen, wie schnell ein „Hundeschnösel" seine Menschen bis auf die Knochen blamieren kann.

Ende der zweiten Dezemberwoche 2009 hatten die Pipestones sämtliche Ecken des alten Territoriums der Bows detailliert ausgekundschaftet. Die Rasanz und Präzision, mit der sie dabei vorgingen, ließ uns einige Mal mit offenem Mund zurück. Am 15. Dezember standen wir vor einem Supermarkt in Banff und diskutierten mit John und Mike Gibeau, wie die Wölfe es wohl geschafft hatten, innerhalb des Bowtals dieselben Pfade, Wege, Knotenpunkte und Wegkreuzungen zu etablieren wie ihre Vorgänger? Nach Austausch einiger Grundsatzerwägungen entwickelten wir schlussendlich eine „geniale" Hypothese, die natürlich niemand auf Wahrheitsgehalt überprüfen kann: „Neue" Wölfe übernehmen das Revier einer zuvor dort ansässigen Wolfsfamilie so schnell und effektiv, weil sie anscheinend bei der schrittweisen Nutzung des etablierten Wegenetzes genau riechen können, ob sich dort noch „alt eingesessene" Wölfe aufhalten. Wenn nicht, merken sie sich das vorhandene Wegenetz ganz genau. Wird dieses Wegenetz hingegen noch weiterhin von einem verteidigungsbereiten Wolfsclan benutzt, ziehen sich „die Neuen" vorübergehend zurück.

Mit anderen Worten: Wölfe sind aufgrund ihrer außergewöhnlichen Sinnesleistungen perfekt in der Lage, herauszufinden, „was territorial Sache ist". Sobald Neuankömmlinge geruchlich eine Zeitlang keine revieranzeigenden Wölfe mehr entdeckt haben, entwickeln sie daraufhin die Selbstsicherheit, dieses territoriale Vakuum aufwendig mit Kot, Urin und weithin sichtbaren Kratzspuren zu markieren.

——— Trotz der hohen menschlichen Präsenz im Bowtal, siedeln sich Wölfe immer wieder dort an. Dies liegt zum einen an der guten Infrastruktur wie Höhlen- und Rendezvousplätze, zum anderen an einem meist guten Nahrungsangebot. Sind Wölfe also Indikatoren intakter Wildnis?

FAMILIENLEBEN — MITGLIEDER UND AKTIVITÄTEN

Anfang der dritten Dezemberwoche 2009 tauchten die Pipestones bereits an der östlichen Auffahrt zur Parkstraße auf, der „Five-Mile-Bridge" (siehe Landkarte, S. 13). Weihnachtszeit und Skisaison sorgten dafür, die Parkstraße zumindest in den frühen Morgenstunden so gut wie mit niemandem teilen zu müssen. So folgten wir den Wölfen manchmal bis auf einige wenige Unterbrechungen über Stunden hinweg. Endlich kam die lang ersehnte Möglichkeit, über langzeitliche Direktbeobachtungen Geschlecht und Alter, Fellfärbung und Sozialstatus, individuelle Charaktermerkmale und erste unverwechselbare Persönlichkeitsauffälligkeiten aller Familienmitglieder zu protokollieren. „Having fun?" – fragte ein vor Glück strahlender John uns jeden Morgen. „Yes, Sir, und wie", antworteten wir.

Schon bei der Beobachtung der Bows war uns aufgefallen, dass persönlichkeitsgebundenes Verhalten eine der oft maßlos unterschätzten Komponenten ist. Wie will man ernsthaft die Familienstruktur und Dynamik einer wild lebenden Wolfsfamilie verstehen, ohne zu wissen, welcher Wolf wer ist? Wer waren beispielsweise die sturen Charaktere und Eigenbrötler? Wer war Akteur und wer Mitläufer? Das Leitpaar der Pipestones, die Akteure Spirit und Faith, ließen sich mühelos anhand deren Markier- und territorialen Anspruchsverhalten bestimmen. Wie aus der Vergangenheit gelernt, markieren und übermarkieren nur die wölfischen Elterntiere. Jährlinge und Jugendliche tun dies nicht. Markierverhalten, gepaart mit engem Parallellaufen, einem typischen Ausdruck starker Paarbindung, verrät selbst dem Laien, wie er ein Leitpaar und

untergeordnete Individuen einer Wolfsgruppe leicht auseinanderhalten kann!

Die Pipestone-Familie bestand aus sieben Mitgliedern. Spirit und Faith, die mit ernster Miene pflichtbewusst Dutzende Male zielgerichtet Baumstümpfe, Felsen und Schneeanhäufungen markierten und enthusiastisch übermarkierten, waren das neue Leitpaar. Grob geschätzt musste Spirit Mitte Dezember 2009 in etwa 3 ¾ Jahre alt gewesen sein, Faith ein Jahr jünger.

Spirit und Faith (rechts), Anfang Dezember 2009 bei Johns erster Begegnung mit den Pipestones.

Zwei der drei Teenager, Raven und Blizzard (rechts), die gerade ein Stück Hirschfell inspizieren.

Spirit war ein recht kräftiger, kompakter Wolfsrüde mit dunkelgrau-schwarzer Fellfärbung und einem breiten, hellgrauen Gürtel entlang seiner Brust. Seine Lebensgefährtin Faith war eine durchschnittlich große Fähe, insgesamt ziemlich dunkelgrau mit einigen helleren Fellabzeichen. In der Rubrik „Persönlichkeit" trugen wir Spirit als einen willensstarken Typ ein, der weiß, was er will. Unter dem Stichwort Faith notierten wir: mental starke Wölfin, sehr eigensinnig und entscheidungsfreudig.

Die beiden erwachsenen Jährlinge, beides Rüden, nannten wir Chesley und Rogue. Bei dem hochbeinigen Chesley handelte es sich um einen klassisch mittelgrauen Wolf, groß, forsch und kraftvoll. Sein schwarzer Bruder Rogue, das frei ins Deutsche übersetzt so viel heißt wie „Einzelgänger", war deutlich schmaler und deutlich schüchterner.

Fehlte noch die Abteilung Jugend. Dazu durften wir ohne übermäßiges Nachdenken drei ziemlich ungeniert agierende Teenager zählen, die wie ein Sack Flöhe überall herumwuselten und ihre Nasen in alles steckten, ohne auch nur die geringste Ahnung davon zu haben, wie ernst das Leben sein kann. Erst wollte John nicht glauben, jugendliche Wölfe an ihrem „Look" erkennen zu können. Nach ein paar Wochen Übung hatten Karin und ich ihm beigebracht (wie im Übrigen auch allen uns in Banff besuchenden Wolfspaten), Jungwölfe generell über ihren unverwechselbar großkotzigen „Schnöselblick" bestimmen zu können. Wie ich in meinen Seminaren seit Jahr und Tag zu sagen pflege: Schnösel gucken wie Wum und Wendelin aus dem Fernsehen und scheinen ständig exakt dieselben drei Fragen zu stellen: **Wie denn, wo denn, was denn?**

John, der innerhalb kurzer Zeit zum Profi der „Schnöselbestimmung" avanciert war, taufte den einzigen Rüden, schwarzgefärbt und scheu veranlagt, Skoki. Blieben noch dessen ebenfalls schwarzgefärbte Schwestern, denen wir die Namen Blizzard und Raven gaben.

WÖLFISCHES MARKIERVERHALTEN

Wir sind ganz begeistert von Devra Kleinmans erfrischend einfacher Definition zum Markierverhalten, das sie, man soll es kaum glauben, schon vor 50 Jahren beschrieb „als eine Art Absetzung von Gerüchen per Urinieren sowie einer Darmentleerung von Drüsensekreten". Natürlich war uns klar, dass die Interpretation von wölfischem Markierverhalten mit einigen Herausforderungen verbunden sein würde. Wer „pinkelnde" Wölfe genau betrachtet, muss auch die jeweilige Betonung des Markierens im Kontext analysieren. Schließlich wird über Urin und Kot eine ganze Menge an chemischen Informationen kommuniziert. Diese Informationen beziehen sich u. a. auf Geschlecht, Fortpflanzungsstatus, Alter, individuelle Persönlichkeit, momentane Stimmung und Gestimmtheit und auch die Gesamtheit der strukturellen Zusammensetzung einer Wolfsfamilie.

Die Hypothese, nach der Leitrüden grundsätzlich signifikant häufiger markieren als Leitweibchen, können wir nicht bestätigen. Stattdessen beobachten wir ein nahezu ausgeglichenes Verhältnis. Auch die Behauptung, ranghohe Leitrüden würden ihre Lebenspartnerinnen dominieren, indem sie über deren Markierstellen übermarkieren, halten wir für wenig überzeugend.

Nach unseren Erkenntnissen operieren wölfische Elterntiere auf Augenhöhe. Wann immer wir Nanuk

Spirit beim Markieren (rechts) mit Jährling Rogue zu seiner Linken, der die momentane Laufrichtung der Familie vorgibt.

Anteilige Auflistung aus insgesamt 681 Beobachtungen zwischen September und Dezember 2009 zum Markierverhalten von Spirit = braun und Faith = blau

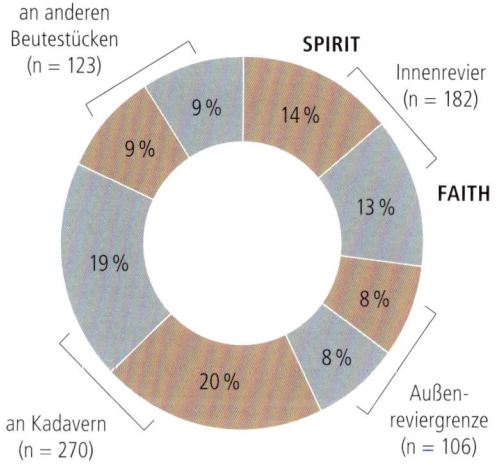

Urin-Markierstelle von Spirit an einer Weggabelung im Innen-revier der Pipestones. Rund 85 % aller Markierstellen fand unser Laika Timber auch dann noch, wenn sie für uns unsichtbar, unter mehreren Zentimetern Schnee verborgen waren.

und Delinda (Bows), Spirit und Faith (Pipestones) oder später Rusty und Kootenay (Townies) gemeinsam begegneten, demonstrierten die Leittiere der jeweiligen Familie eine starke Bindung zueinander. Ihr gegenseitiges Übermarkieren in selbstbewusster Körpersprache empfanden jedenfalls wir als ein Paradebeispiel für gemeinsame Territoriumsverteidigung gegenüber fremden Wölfen. Diese universelle Interpretation von Markierverhalten scheint uns die Realistischste zu sein. Wolfsväter und -mütter setzen im realen Leben gemeinsam eine Familienagenda um. Warum sollten sie ausgerechnet beim Markierverhalten als Konkurrenten auftreten?

Spirit und Faith markierten nicht nur an den Grenzen ihres Territoriums, sondern prozentual sogar deutlich häufiger an Weggabelungen und markanten Stellen innerhalb ihres Innenreviers. Insgesamt schien das Wolfspaar sowohl eine olfaktorische als auch eine visuelle Botschaft aussenden zu wollen: „An alle da draußen, die es wissen wollen – wir, ein starkes und im Notfall kampfeswilliges Fortpflanzungspaar, leben hier und bleiben hier!"

Fazit unserer Analyse der ersten Beobachtungs-monate: Bis Ende 2009 fielen uns 182 innerterritoriale Markierbotschaften (Innenrevier) ins Auge, chemische „Verteidigungsbotschaften" an der Peripherie des Pipe-stone-Territoriums (Außenreviergrenzen) notierten wir 106-mal.

Ein anderer gemeinsamer Akt des Leitpaars war interessanterweise das Markieren und Übermarkieren auf oder rund um Beutetierkadaver. Spirit markierte diesbezüglich 139-mal, Faith 131-mal. An anderen Beute-stücken wie großen Knochen oder Fellstückresten sahen wir Spirit 63-mal markieren und Faith 60-mal. Laut unserer Interpretation war die Tatsache, dass keines der beiden Alttiere Chesley oder Rogue in Anwesenheit von Spirit und Faith irgendwelche Ressourcen markierten, ein Zeichen für eine altersbedingt

funktionale formale Dominanz. Das mag man durchaus anders bewerten. Auch das Urinierverhalten der drei Jugendlichen Blizzard, Skoki und Raven schien in der Familie keine groß beachtete Rolle zu spielen. Jungwölfe kommunizieren einschließlich eines entsprechenden Ausdrucksverhaltens (Urinieren im Stehen = Männchen, Urinieren im Sitzen = Weibchen) eine Art normales „Laufenlassen" von Urin ohne jede Tiefgründigkeit. Urinieren ist demzufolge anders zu bewerten als Markieren. Simples Urinieren von Rangniedrigen signalisiert junges Alter und Unterordnungsbereitschaft. Das Markieren von Ranghohen signalisiert Alttierstatus.

Generell gilt, dass wild lebende Wolfseltern viel Zeit mit der geruchlichen Abgrenzung ihrer Höhlen- und Rendezvousplätze verbringen. Dies dient der Information von „Jedermann", Übertretungen eines chemischen Grenzverlaufs in Richtung besonders beschützenswürdiger Welpen genau zu überdenken. Ansonsten wären unangenehme Folgen die Konsequenz. Das häufige Markieren von Spirit und Faith um oder auf irgendwelche Nahrungsressourcen schien keinerlei Dominanzbotschaft in Richtung der drei Jugendlichen zu enthalten. Blizzard, Skoki oder Raven trugen nämlich oft einen Gegenstand davon, der zuvor von Spirit oder Faith markiert worden war. Manchmal schauten die Eltern ihren Jungen sogar dabei zu, wenn einer von ihnen „stolz wie Oskar" mit einem Knochen im Maul von dannen zog. Höchstwahrscheinlich werden wir niemals alle Bedeutungen des „Ressourcen-Pinkelns" entschlüsseln – spannend bleibt die ganze Sache allemal.

Laut dem Hundeforscher S. K. Pal und dessen Kolleginnen, die in einem wissenschaftlichen Bericht der italienischen Biologin Simona Cafazzo zitiert werden, bleibt zu vermuten, dass Markierverhalten das Umsiedeln von Ressourcen und deren Wiedererkennung erleichtert (Cafazzo 2012).

Warum eigentlich nicht? Ob dies auch für Wölfe zutrifft, wissen wir nicht.

FELLFÄRBUNG
DER WÖLFE

Die Familienmitglieder der Pipestones variierten in ihrer Fellfärbung enorm. Nichtsdestotrotz erschienen die drei Jugendlichen auf den ersten Blick einfach nur schwarzgefärbt zu sein. Dieses ist in den Rocky Mountains nichts Ungewöhnliches. Rocky Mountain-Timberwölfe weisen im weltweiten Vergleich die höchste Schwarzfärbung auf. Diese liegt bei ungefähr 35 %. Genetiker gehen davon aus, dass die schwarze Fellfärbung des Wolfes ursprünglich auf Verpaarungen mit Haushunden zurückzuführen ist.

Neben Faith, deren Fell eher eine sehr auffällige mausgraue Färbung aufwies, waren alle anderen Familienmitglieder mit einem schwarzen Fell ausgestattet. Zumindest theoretisch! Bei genauem Hinsehen gilt es nämlich zu unterscheiden zwischen pechschwarz, schwarz-braun, schwarz-grau, schwarz und gräulich meliert, silber-meliert und einer ganzen Palette an unterschiedlichen Farbschattierungen. Wichtig zu wissen ist, dass sich die Fellfärbung hiesiger Wölfe mit zunehmendem Alter deutlich verändert. Die meisten wurden wesentlich heller. Interessanterweise waren die aus dem Pipestone-Tal und aus dem Norden nach Banff einwandernden Wolfsindividuen (mit Ausnahme des Leitrüden der Banffstadt-Wolfsfamilie) ausnahmslos schwarzgefärbt.

EINSICHTEN IN WÖLFISCHE
PERSÖNLICHKEITSMUSTER

Im Januar 2010 tötete ein Raser, der nachts auf der Parkstraße unterwegs war, die zu jener Zeit gerade erst neun Monate alte Raven. Durch den Aufprall wurde die junge Wölfin buchstäblich in Stücke gerissen. Als uns die Nachricht ereilte, waren Karin, John und ich stinksauer. Wir beschwerten uns bei der Parkverwaltung und forderten zum x-ten Mal, endlich unserer Forderung nach einem nächtlichen Fahrverbot für die Parkstraße nachzukommen. Doch außer Spesen nichts gewesen. Im Warden-Büro angekommen, schauten wir in das übliche Grinsen von zwei Parkangestellten, ernteten das übliche Schulterzucken und hörten die übliche Ausrede: „Wir tun alles, was wir können …".

Was sollten wir dazu noch sagen. Wir verzichteten zähneknirschend auf jeden weiteren Kommentar. Das Kriegsbeil auszugraben, hätte nichts gebracht.

Zur gleichen Zeit verließ der eigenwillige Jungrüde Skoki hin und wieder für 1 – 2 Tage die Familie. Das war typisch für ihn. Vielleicht setzte sich Skoki im Februar 2010 auch deshalb in irgendwelche Seitentäler des Bowtals ab, weil Spirit und Faith in der Hochranz mit anderen Dingen beschäftigt waren. Raven verhielt sich stets diskret und versteckte sich hinter jeder natürlichen Deckung, die ihr zur Verfügung stand: dichte Zweige eines Baumes, hohes Gras, eine Schneehalde …

Die junge Raven im Januar 2010 in einer ihrer typisch diskreten Beobachtungsposen, nur eine Woche, bevor sie von einem ignoranten Autofahrer getötet wurde.

Ihre gleichaltrige Schwester Blizzard sah solche Versteckspiele als vollkommen unnütz an. Wozu Deckung nehmen? Sie lief offen auf der Parkstraße herum und erforschte jede Kleinigkeit. Eigentlich waren es hauptsächlich Faith und Blizzard, die immer mittendrin im Geschehen standen und grundsätzlich mit irgendetwas beschäftigt zu sein schienen. Mäusefangen war Blizzards Lieblingshobby, sich minutenlang auf dem Rücken liegend im Schnee herumzuwälzen das von Faith.

Der Gesamteindruck unseres ersten Jahres mit den Pipestones unterstrich nochmals in aller Deutlichkeit, dass jeder einzelne Wolf mit einer ureigenen Persönlichkeit ausgestattet war. Wir werden nie begreifen, wie man das heutzutage noch anzweifeln kann. Als zum ersten Mal das Thema tierische Individualität aufkam, fragte uns John überrascht: „Echt, gibt es wirklich Leute, die die Existenz von Persönlichkeit bei Wölfen bezweifeln?"

Wer draußen ist, wer lange und genau hinschaut und wer bereit ist, menschliche Arroganz und Ignoranz beiseitezuschieben, der sieht, wie wir bei den Pipestones, unterschiedliche Charaktere. Überhaupt grenzen sich viele Tiere durch ihr unverwechselbares Auftreten und Verhalten von Individuum zu Individuum in ihrer Persönlichkeit klar voneinander ab. Übrigens: Die kategorische Leugnung wölfischer Persönlichkeit kommt ausgerechnet von Leuten, die sich selbst noch nie die Zeit genommen haben, wilde Wölfe zu beobachten. Ausgerechnet diese finden es „unerträglich", tierische Persönlichkeit zu akzeptieren. „Unerträglich" ist allenfalls der Mangel an Argumenten, die das Gegenteil beweisen, nämlich Belege vorzulegen, wieso Wölfe keine Persönlichkeit haben.

ERWARTE STETS DAS UNERWARTETE

Mit Beginn eines Wolfsprojektes sollte man sich weder unrealistische Ziele setzen, noch davon ausgehen, alles über die Tierart, die man beobachtet, herausfinden zu können. Eine gute Voraussetzung, überdurchschnittlich viel über die routinemäßigen Verhaltensgewohnheiten einer Wolfsfamilie zu erfahren, ist jedoch, wenn man jedes einzelne Tier sozusagen persönlich kennt. Das war spätestens im Dezember 2009 der Fall. Wölfe lieben es aus Gründen der Effizienz und Berechenbarkeit, wenn machbar, täglich dieselben Pfade zu nutzen. Diese Tatsache machte es uns ein wenig einfacher, vorherzusagen, an welcher ganz bestimmten Kreuzung ihres ausgetüftelten Wegenetzes wir auf die Pipestones warten konnten. Genau dort postierten wir unseren Geländewagen. Manchmal hatten wir allerdings Pech und waren gezwungen, ohne eine einzige Wolfssichtung stundenlang im Auto herumzulungern. An anderen Tagen ging alles sehr schnell: Spirit, Faith, Chesley, Rogue, Blizzard, Skoki und Raven trotteten in ihrem unnachahmlichen Schwebegang geradewegs in unsere Richtung. Ein bis zwei Minuten vorher hatte uns Timber, aufmerksam wie immer, schon mitgeteilt, dass die „Family" im Anmarsch war.

Apropos Timber: Normalerweise bogen wir selbst im Winter schon morgens um sechs Uhr von der Trans-Kanada-Autobahn an der „Five-Mile-Bridge" (siehe Landkarte S. 13) in Richtung Parkstraße ab. Dann hatten wir unsere Ruhe. Je kälter es war, desto weniger Leute ließen sich blicken. Timber war auf das Blinker-Geräusch unseres Autos konditioniert. Schon

„Gruppe inaktiv": Skoki (mit Peilsender), Rogue (rechts) und Blizzard (links) haben sich bequeme Ruhemulden gezimmert und sehen frühmorgens dem ersten wärmenden Sonnenlicht entgegen.

—— *Die meiste Zeit am Tag passiert gar nichts: Die Wölfe dösen und genießen die Sonnenstrahlen. Sensationelle Nachrichten bleiben aus.*

ab dem zweiten „Klack" saß er wie eine Statue auf der Rückbank und begann mit der Arbeit: Nase in den Fahrtwind, Luft nach Wolfsgerüchen abrastern, Meldung erstatten ...

Häufig fanden wir die Pipestones irgendwo im Halbdunkel herumliegen. Meist schliefen sie noch, wussten aber genau, dass wir kamen und unser Auto eingeparkt hatten. Unsere Protokollliste, auf der wir in einem Zeitintervall von 15 Minuten Feldnotizen eintrugen, enthielt u. a. eine entsprechende Spalte, die sich rasch mit der gleichen „Sensationsnachricht" füllte: „Gruppe inaktiv." Forscheralltag. Anschließend wurde es dann jedoch wieder interessant – wenn es den Jungen der Gruppe wieder einmal langweilig wurde. Diese standen dann als Erstes auf und starteten mit spielerischen

Ringkämpfen. Alternativ dazu trat einer von ihnen manchmal auch als „Burgherr" auf, indem er auf einer kleinen Anhöhe stand und heroisch die Attacken auf seine „Burg" durch seine Geschwister abwehrte. Dummerweise gab es wegen der noch schlechten Lichtverhältnisse, die besonders Fotograf John jeden Morgen aufs Neue verfluchte, auch filmtechnisch keinen Blumentopf zu gewinnen.

Trotz qualitativ schlechter Fotos und Filmsequenzen blieben viele außergewöhnliche Erlebnisse mit den Pipestones einfach unvergessen. Wer hat schon Gelegenheit, Wolfsaktionen zu filmen, die einen „auf dem völlig falschen Fuß erwischen". Einige wenige dieser „Wahnsinns-Anekdoten", wie wir sie zu nennen pflegen, wollen wir nun erzählen.

DIE GESCHICHTE
MIT DER MAUS

Eine der eindrucksvollsten Wolfsbegegnungen ereignete sich am 14. Januar 2010. Es war ein wunderbar sonniger Morgen. Das Thermometer zeigte minus 26° C an und nachts zuvor hatte es geschneit. Anfangs schliefen die Pipestones noch unter einer Baumgruppe. Nach einiger Zeit befand Faith, es sei an der Zeit, aufzustehen. Sie streckte sich, gähnte und ging danach ganz langsam und bedächtig in östliche Richtung. Alle anderen folgten ihr. Nur nicht Blizzard, die unter einer dicken Schneedecke am Straßenrand wohl eine Maus gehört hatte. Zuerst sah es tatsächlich so aus, als ob die erst neun Monate alte Jungwölfin von Tuten und Blasen keine Ahnung hätte und nicht genau wusste, wie man eine Maus fängt. Ob zutreffend oder nicht – Blizzard vertiefte sich über zehn Minuten hinweg in ein „Spiel" mit einer Maus und sprang dabei von einer Straßenseite zur anderen. Zunächst drehte sie in wolfstypischer Manier ihren Kopf von links nach rechts und umgekehrt. Dann sprang sie steil in die Luft und tauchte kopfüber und ungebremst am Straßenrand in einen Schneehaufen ein. Das sah eigentlich schon ziemlich zielführend aus.

Paul Paquet hatte früher über eine Computersimulation errechnet, dass junge und unerfahrene Kaniden einen Mäusesprung nach dem nächsten vollziehen, bis sie Monate später endlich gelernt haben, dass sie zum Jagderfolg in einem 90°-Winkel durch die Luft sausen müssen! Aber dies nur am Rande.

Wie auch immer, John und ich wunderten uns damals, was Blizzard eigentlich genau tat. Sie fing die Maus nämlich recht schnell, tötete sie aber nicht. Stattdessen trug sie sie ganz vorsichtig auf die offene Straße, legte sie behutsam ab und ließ sie wieder laufen. Logischerweise rannte die Maus direkt davon. Deren Flucht

veranlasste Blizzard, damit zu beginnen, um die Maus herumzutanzen: von links nach rechts, nur auf den Hinterläufen stehend, dann vorwärts, rückwärts, seitwärts. Bei allen diesen Tanzeinlagen schien sie die Maus überhaupt nicht ernsthaft fangen zu wollen. Zwischenzeitlich erinnerte ihr Tanz an einen „Texas-Two-Step". Einige Minuten später schnappte sie sich die Maus dann aber doch und wir dachten: Ok, das war's.

Aber das war es überhaupt nicht. Sie fraß die Maus nicht, verletzte sie noch nicht einmal und ließ sie wieder laufen. Erneut versuchte die Maus, rasch zu entkommen, aber Blizzard tanzte ganz eng um sie herum. Was für ein Privileg, das alles filmen zu können. Ich rief John zu: „Hast du die Fotos?" Aber der war zu konzentriert auf seine Arbeit, um mir eine Antwort zu geben. Unglaublich, aber die Show ging weiter. Blizzard hob die Maus total feinfühlig auf und transportierte sie in ihrem Maul zurück an die Stelle, wo sie sie zuvor gefangen hatte. Statt sie nun zu fressen, entließ sie das kleine Nagetier ein weiteres Mal. Dann sprang sie mehrmals hintereinander in eine Schneebank hinter der Maus her. So ging das Ganze wohl mindestens ein Dutzend Mal. Anschließend schnappte sie sich das arme Ding und rannte zurück auf die Straße. Und dann passierte das, was sie sich schon gedacht haben, oder? Richtig, Blizzard begann zu tanzen. Zwei Minuten später grabschte sie sich die Maus und lief pfeilschnell die Straße entlang, ihrer Familie hinterher. Hatte sie die Maus nun gefressen oder nicht? Sorry, keine Ahnung, die Antwort zu dieser Frage müssen wir schuldig bleiben.

Fazit: Verlasse niemals dein Fahrzeug! Renne niemals irgendwelchen Wölfen hinterher! Nimm dir immer genügend Zeit und sei geduldig, wenn du eine dieser „Einmal-im-Leben-Geschichten" dokumentieren willst. Nur weil John und ich die Ruhe bewahrt hatten, nur weil wir die Motoren unserer Autos frühzeitig

abgestellt und keinen Schritt näher an Blizzard heran wollten, waren wir in der Lage, die Geschichte mit der Maus zu dokumentieren. Diese „Wahnsinns-Anekdote" erfreute sich in meinen Seminaren stets großer Beliebtheit. Menschen lieben „persönliche" Geschichten aus dem wahren Leben. Nichts bringt Menschen näher zum Wolf als eine Anekdotenerzählung wie die mit der Maus.

Blizzard spielt fast schon katzenartig mit einer Maus, die dabei noch nicht einmal zu Schaden kommt. Leider wurde die Fotoserie nicht hundertprozentig scharf, weil John über eine langsam abkühlende Motorhaube hinweg filmen musste.

DIE GESCHICHTE VON
DER MÜLLVERWERTUNG

Der Tatsache, warum sich Blizzard Woche für Woche immer mehr zu unserer Lieblingswölfin entwickelte, liegen mehrere Faktoren zugrunde, nicht nur ein Erlebnis, wie das mit der Maus. Diese Wölfin war etwas Besonderes. Diese Wölfin hatte eine unverwechselbare Persönlichkeit. Eine ihrer Lieblingsbeschäftigungen während der üblichen Familienausflüge der Pipestones war, völlig unerwartet aus der Wanderformation auszuscheren. Alle anderen liefen weiter … nur Blizzard nicht.

Stattdessen sprang sie in einen Graben, um sich eine Plastikflasche zu schnappen. Ersatzweise durfte es auch eine Cola- oder alte gammelige Bierdose sein. Manchmal kletterte sie von der Straße aus bis zu fünfzig Meter eine Böschung bergauf, um ganz zielgerichtet irgendwo eine vergrabene Wasserflasche auszubuddeln, die wir überhaupt nicht gesehen hatten. Doch Blizzard schien eine Antenne für verborgene Flaschen oder Dosen zu haben. Diese mitzunehmen, empfand sie als ein Muss.

Im Dezember 2009 hakten wir Blizzards Spleen zur aktiven Müllverwertung als Macke ab, unter der Rubrik „jugendliche Unbekümmertheit". Doch weit gefehlt. Mit Jugendlichkeit hatte ihr individuelles Verhaltensmuster nichts zu tun. Nachdem sie nämlich aus der juvenilen Phase herausgewachsen war – und sich längst zu einer erwachsenen Wölfin entwickelt hatte –, trug sie nach wie vor auf Gruppenwanderungen ein Stück „Recycle-Gut" mit sich herum. Selbst nach Erreichen ihres zweiten Lebensjahres gehörte es zu Blizzards Lieblingsbeschäftigungen, mit Plastikflasche oder Blechdose im Maul auf Revierpatrouille zu gehen.

Irgendwie wirkte Blizzards Hobby so, als ob sie sehr stolz darauf war, was sie da tat. Nach geraumer Zeit avan-

cierte sie in Gesprächen mit Parkangestellten zu unserem absoluten Vorzeigewolf, wenn diese einmal mehr behaupteten: „Hast du einen Wolf gesehen, kennst du sie alle." Wölfische Individualität zu akzeptieren, blieb für die meisten Wildtiermanager selbst dann noch ein rotes Tuch, wenn wir ihnen Filmaufnahmen von Blizzard zeigten. Kein Wunder, dass wir irgendwann die Lust verloren, mit ihnen über außergewöhnliches Wolfsverhalten zu diskutieren.

Das Herumtragen von Plastikflaschen war nur ein Beispiel, wie deutlich sie sich verhaltenstechnisch von ihren Geschwistern unterschied.

Blizzard war eine gesellige Wölfin. Im Gegensatz zu ihrem Bruder Skoki, der sich ab und an ganz gern für mehrere Stunden von der Familie absetzte, dachte sie mit Beginn der Paarungszeit im Dezember 2009 nicht eine Sekunde darüber nach, ihre Eltern aus den Augen zu verlieren. Blizzard liebte das unbeschwerte Leben. Was uns drei Beobachter anbelangte, so hofften wir inständig, dass diese tolle Wölfin noch lange so bleiben würde, wie sie war. John bekam von ihren unerwarteten Verhaltensnuancen nie genug. Auch für Karin und mich waren es in erster Linie genau solcherlei „von der Norm abweichende Verhaltensauffälligkeiten", die uns jeden Morgen ins Freiland trieben. Selbst an Weihnachten.

Was uns drei am meisten erstaunte, war, dass selbst Leute aus unserem unmittelbaren Umfeld wiederholt die Frage stellten: „Habt ihr eigentlich in eurem Leben nichts anderes zu tun, als Tiere zu beobachten?" Als Antwort bekamen sie jedes Mal dieselbe: „Nein, wir haben nichts anderes zu tun. Wir lieben das, was wir tun." Für uns stellten Tierverhaltensbeobachtungen noch nie ein „Muss" dar. Unsere Arbeit war stets Passion. Für uns war das Fotografieren und Filmen von

Wölfen wie Blizzard und die Pipestones eine völlig alternativlose Freude. Herauszufinden, warum sie das taten, was sie taten, empfanden wir als zehnmal spannender als jeden Krimi im Fernsehen.

DIE GESCHICHTE VON
DER UNTERHOSE

Am 6. Januar 2011 saßen Karin und ich sowie John in unseren seitlich nebeneinander geparkten Geländewagen. Zum x-ten Mal diskutierten wir die Welt der Wölfe, der Bären und Raben und wie alles miteinander zusammenhängt. So sind Kolkraben bekanntlich die cleveren Mittler zwischen dem Schöpfer im Himmel („Father Sky") und uns auf der Erde („Mother Earth"). Aber das nur als kleine Randbemerkung. Wir liebten es stets, auch spirituell zu argumentieren. Was gibt es Schöneres, als sich darüber zu echauffieren, wie sich (im Gegensatz zu dem, was überall so erzählt wird) in Freiheit lebende Tiere tatsächlich verhalten und wer bei ihrer Kreation „so alles seine Finger im Spiel hatte".

Manchmal kamen wir uns während unserer Endlosdiskussionen vor wie Reporter aus der kanadischen TV-Serie „W5". Hier handelt es sich um eine investigative Fernsehshow, in der immer dieselben methodisch angegangenen Basisfragen gestellt werden. Auf unsere Arbeit bezogen bedeutete „W5" nichts anderes als WER (ist der Wolf)? WAS (macht er akut)? WANN (tut er es)? WO (tut er es) und WARUM (tut er es)? Für Freilandforscher ist die berühmt-berüchtigte „Warum-Frage" wegen ihrer Komplexität generell die am schwierigsten zu beantwortende.

Blizzard von den Pipestones beim typischerweise hochkonzentrierten „Mäusesprung".

—— *Blizzard tat oft das Unerwartete. Routineverhalten,*
das für andere Pipestone-Wölfe schon eher irgendwie der Norm
entsprach, war für Blizzard nicht normal.

Nachdem wir unsere damalige Debatte beendet hatten, wollte John nochmals kurz ein wenig hin- und herfahren, um sich nach den Wölfen umzuschauen. Anhand Skokis Signal und durch Timbers Anzeige wussten wir, dass sie ganz in der Nähe waren. Plötzlich kam der komplette Clan um die Ecke. Dabei passierten sie unser Auto in einem Abstand von nicht einmal zehn Metern. Dann fielen wir sinnbildlich „vom Hocker": Blizzard (wer sonst!) fand am Straßenrand eine Unterhose und rollte sich genüsslich darauf. Anschließend schleuderte sie die Boxershorts in die Luft, fing sie auf und rollte sich darauf ein weiteres Mal. Dann stand sie auf und näherte sich Faith. Die riss Blizzard die Unterhose augenblicklich aus dem Maul. Nachdem Faith die Shorts fast zwanzig Sekunden lang kräftig „totgeschüttelt" hatte, kreuzte sie samt ungewöhnlichem Beutestück die Parkstraße.

Verständlicherweise hatten wir keinen blassen Schimmer, wo die Unterhose eigentlich her kam. Faith trabte wie selbstverständlich mit der Boxershorts in der Schnauze in eine offene Graslandschaft, dicht und in totaler Hochspannung verfolgt von Blizzard und zwei Jungtieren. Dann warf Faith die Unterhose einfach auf die Erde. Daraufhin griff sich Chester (ein im April 2010 geborener Jungrüde) die Shorts und versuchte, diese zu zerbeißen. Eigentlich wollte er die Beute schnell verbuddeln, woran ihn Blizzard allerdings hinderte. Chester lief, so schnell es ging, Richtung Wald. Dort wollte er die Unterhose endgültig vergraben. So der Plan. Dummerweise wussten alle in der Familie, was er vorhatte. Vater Spirit schien der Einzige zu sein, den die ganze Unterhosenangelegenheit nicht interessierte.

Während die Verbuddelaktion im vollen Gange war, fand Blizzard plötzlich eine Maus und warf diese in die Luft. In Sekundenschnelle war die Unterhose vergessen. Sämtliche Jungwölfe rannten nun hinter Blizzard her. Doch die fing die Maus und schluckte sie schwuppdiwupp hinunter.

Solche Erlebnisse sind „wahre Sternstunden" im Leben eines jeden Wolfsforschers.

Zurückkommend auf unsere Untersuchung und die Frage, warum sich Blizzard, Faith und einige Jungwölfe fast eine halbe Stunde lang so intensiv mit einer Unterhose beschäftigt hatten, so blieb diese Frage wieder einmal unbeantwortet. Was steckte dahinter? Natürlich konnte der ganze Verhaltensablauf auf mehreren Gründen basieren: Kollektive Einübung eines Beutespiels, Erhöhung der Selbstsicherheit, indem man das, was nicht ins Revier gehört, totschüttelt. Ausdruck purer Freude!

HABEN WÖLFE EMOTIONEN?

Die bisherigen und nachfolgenden Bemerkungen zu diesem Thema sind natürlich völlig subjektiv. Augenzeuge zu werden von „verrückten" Tiergeschichten, das passiert Verhaltensbeobachtern nicht jeden Tag. Schon 2002 erzählten wir in unserem Buch „Timberwolf Yukon & Co" die Geschichte von einem jungen Wolfsrüden namens Yukon, der im Winter auf dem Rücken mehrmals hintereinander einen Berghang hinunterrutschte, respektive im Sommer gezielt Anhöhen nutzte, um mit Anlauf immer wieder an der gleichen Stelle in den Bowfluss zu springen. Auch unsere Anekdote vom jungen Grizzly, der 2007 zusammen mit Wolfsrüde Dakota von der Bowtal-Wolfsfamilie, stundenlang mit einem blauen T-Shirt herumalberte, sorgte in unseren Vorträgen immer wieder für freudige Erheiterung.

Solche „merkwürdigen" Tiergeschichten für die Nachwelt in Fotos festzuhalten, ist alles andere als einfach. Von Blizzard mit Plastikflasche konnte John zum Beispiel kein einziges Bild machen. Alles in allem existieren in der Literatur leider bis heute nur wenige Verhaltensbeschreibungen von wilden Tieren, die all-

Leitweibchen Faith überquert die Parkstraße mit einer gestreiften Unterhose im Maul.

gemeingültig erklären würden, welchen Einfluss Emotionen haben könnten. Wer sich diesbezüglich wagt, ein wenig aus dem Fenster zu lehnen, riskiert schnell, zum Spinner abgestempelt zu werden. Manche wollen auch uns seit Jahren vorschreiben, damit aufzuhören, Zeit zu verschwenden, indem wir Wölfe als sozioemotional handelnde Kreaturen darstellen. „Alles nur Theorie", so der Vorwurf der Theoretiker. Wie wäre es, selbst einmal Geldmittel in die Hand zu nehmen und draußen in der Natur als Langzeitbeobachter eigene Erfahrungen zu sammeln?

Derweil nehmen wir weiterhin erstaunt zur Kenntnis, dass Wölfe weit davon entfernt sind, sich nur mit Statusfragen und sozialem Rang zu beschäftigen. Offensichtlich sind sie in der Lage, untereinander innerliche Konflikte ernsthaft zu verhandeln. Dies nicht nur mit anderen Familienmitgliedern, sondern sogar mit anderen Spezies wie Bären, Kojoten, Füchsen oder Raben. Wie wir in diesem Buch im Rahmen der „Geschichte von Sunshine" später noch erläutern werden (siehe S. 165), stellen manche Wölfe die Bedürfnisse eines verletzten Tieres vor die eigenen. Was spricht dagegen, gegenseitige Hilfestellung und weitestgehend praktizierten Gewaltverzicht innerhalb der eigenen Sozialgruppe als „Wolfsethik" zu bezeichnen?

Emotionales Handeln scheint eine Kombination aus Kooperation, Persönlichkeit, Individualität und Erfahrung zu sein, inklusive kognitive Einschätzung momentaner Situationen, um sich als Wolf auf eine optimale Verhaltensreaktion vorzubereiten. Vereinfacht ausgedrückt handelt es sich bei Emotionen um ein „ungelerntes Antwortsystem". Emotionen sollten als körperlicher und mentaler Zustand angesehen werden, der Verhalten an die Herausforderungen eines sozialen Umfelds anpasst. Was wir bräuchten, sind mehr unkonventionelle Beschreibungen von Körpersprache

und Ausdrucksverhalten wild lebender Wölfe in ganz unterschiedlichen Lebensräumen. Sollten wir wolfstypisches Ausdrucksverhalten bei familiären Begrüßungsszenen, beim freundlich-gestimmten Umeinander-Herumlaufen (Rally) und beim Chorheulen nicht auch als Verhaltensmuster „emotionaler Aktivitäten" beschreiben?

Die Debatte um tierische Individualität, Emotionen und Gefühle geht weiter. Komisch ist, dass ständig mit zweierlei Maß gemessen wird. Einerseits ist von der wissenschaftlich nicht belegbaren „Seele des Menschen" die Rede, andererseits fallen sture Behaviouristen, die zur Studie von Rabenverhalten selbst nichts Konstruktives beigetragen haben, über Prof. Bernd Heinrich her, wenn dieser ein Buch unter dem Titel „Die Seele der Raben" (List 1994) publiziert.

Völlig konträr zur behaviouristischen Pauschalansicht erklärt der bekannte Wissenschaftler und Primatenforscher Frans de Waal tierische Emotionen als „einen über biologisch relevante externe Stimuli zum Vorschein gekommenen temporalen Status, weder widerwillig noch verlockend. Eine Emotion ist gekennzeichnet von Wechseln in Körper und Geist – im Gehirn, Hormonen, Muskeln, Herz usw. Welche Emotion momentan ausgelöst ist, ist oft vorsehbar anhand der Situation, in der sich ein Organismus befindet. Weitergehende Verhaltensveränderungen deuten sich durch kommunikative Signale an. Eine 1:1 Beziehung zwischen einer Emotion und einem unmittelbaren Verhalten existiert nicht. Nichtsdestotrotz kombinieren Emotionen individuelle Erfahrungen und kognitive Einschätzungen einer Situation, um den Organismus auf eine optimale Antwort vorzubereiten" (Frans de Waal, „What is an Animal Emotion", Annals of the New York Academy of Sciences 1224 (2011): 194).

Gemeinschaftliches Gruppenheulen kann sehr unterschiedliche Absichten ausdrücken: von der territorialen Präsenz und Verteidigungsbereitschaft über ein soziales Gruppenbindungsgefühl bis hin zur individuell akuten Stimmungslage.

—— *Richard und Bernice Lazarus brachten es in ihrem Buch*
„Passion and Reason" sehr glaubhaft auf den Punkt, als sie schrieben:
„Emotionale Reaktionen scheinen neben anderen Faktoren
die verschiedenen Weisheiten des Alters zu reflektieren."

SUNDANCE –
DAS LETZTE MITGLIED DER BOWS

Nachdem Delinda, Nanuk, Fluffy und letztlich deren Welpen allesamt gestorben waren, blieb Ende 2009 nur noch ein einziges Mitglied der einstmals stolzen Bowtal-Familie übrig: Sundance.

Von nun an beherrschten die Pipestones das gesamte Heimatrevier, in dem Sundance seit Mitte April 2007 aufgewachsen war. Turnusmäßig hatte im Dezember die Paarungszeit begonnen. Auch die mittlerweile zweieinhalb Jahre alte Sundance, die sich nach wie vor im Bowtal aufhielt, kam in die Hitze. Da sie als eine potentielle Fortpflanzungskonkurrentin des Leitweibchens der Pipestones unterwegs war, musste sich Sundance zwecks eventueller Brautschau schon etwas einfallen lassen. Von weitem hatte sie schon seit geraumer Zeit ein Auge auf die erwachsenen Brüder Chesley und Rogue geworfen. Doch wie sollte sie an die beiden „flotten Burschen" herankommen?

Faith, die ihrerseits in die Hitze gekommen war, hätte im Falle einer direkten Begegnung mit Sundance sicher kurzen Prozess gemacht. John spekulierte damals auf eine kämpferische Auseinandersetzung und malte sich schon in blumiger Formulierung aus, wie die dazugehörige Fotoserie aussehen würde. Aber dazu kam es nicht.

Am 24. Dezember 2009 fing Parks Canada Faith ein und besenderte sie mit einem Radiohalsband. Am gleichen Tag erwischte es auch Jungrüde Skoki. Der lief am nächsten Morgen mit einem dieser riesigen „modernen" GPS-Halsbänder umher. Was für ein „tolles" Weihnachtsgeschenk. Wir hatten uns aus verschiedenen Gründen gegen die Besenderung der Pipestone-

Wölfe ausgesprochen. Das Argument des Parksprechers, „man brauche dringend neue Daten, um herauszufinden, welche Landschaftsabschnitte die Wölfe nutzen würden, um das beabsichtigte Karibu-Auswilderungsprogramm fortführen zu können", erschien uns fragwürdig. Die Territorium-Nutzung und gelegentlichen Stippvisiten von Spirit, Faith & Co im Pipestone-Tal, wo man Karibus ggf. auswildern wollte, waren längst bekannt. Im Bowtal, wo die Pipestones ihre Welpen aufzogen, konnte man Karibus ohnehin nicht auswildern. Das hätte neben Elchen, Hirschen, Rehen und anderen betroffenen Tieren noch mehr „tierische Verkehrsopfer" auf Autobahnen und der CP-Rail bedeutet. In Wirklichkeit ging es um nichts anderes als um Kontrolle.

Heimlich, still und leise hatte die letzte Vertreterin der Bows, Sundance, geschickt ausspioniert, wie sie Chesley und Rogue diskret weglocken konnte. Das Ganze selbstverständlich ohne die mit Werbeverhalten und Paarungsabsichten intensiv beschäftigten Spirit und Faith auf sich aufmerksam zu machen. Sundance ließ sich bei den fortpflanzungsfähigen Rüden immer nur sporadisch blicken, die sich auch nicht lange bitten ließen. Es dauerte nur eine knappe Woche, bis Chesley und Rogue, über eine Wegstrecke von sieben Kilometern hinweg, hinter der heißen Sundance her rannten. Deren einerseits kesse, andererseits umsichtige „Wolfsrüden-Weglock-Aktion" war aufgegangen. Ab sofort blieben Chesley und Rogue bei Sundance. In der zweiten Januarwoche 2010 verließen alle drei ihr altes Heimatrevier und setzten sich endgültig ab in östlicher Richtung.

John, Karin und ich erwarteten nun sehnsüchtig ganz gespannt eine richtig schöne, kitschige „Hollywood-Story" – die Familienneugründung um Sundance, Chesley und Rogue. Stattdessen wurden wir mit einem wahren Albtraum konfrontiert. Sundance wurde in den frühen Morgenstunden des vorletzten Januartages 2010 auf der Trans-Kanada-Autobahn Nr. 1 von einem Lastwagen erfasst und getötet. Die Verhaltensreaktion der Rüden Chesley und Rogue wirkte auf uns total emotional aufgewühlt. Drei Tage hintereinander tauchten sie mindestens jeweils einmal morgens und nachmittags am Rande der Autobahn, in der Nähe der Unfallstelle, auf. Dann blieben sie dort wie angewurzelt stehen – in gesenkter Körperhaltung, mit angelegten Ohren, eingeknickten Ruten und „leerem" Blick.

Ihr melancholisches Heulen im Duett, das sich in der Tonlage ganz eindeutig von einem freundlichgestimmten oder territorialen Chorheulen unterschied, war weithin vernehmbar. Selbst nachts wurden die beiden Rüden zusammen heulend im Scheinwerferlicht des Autobahnverkehrs mehrfach beobachtet. Wie anders als „ein aktives Trauern um eine Lebensgefährtin" wollte man das zielgerichtete Verhalten von Chesley und Rogue interpretieren? Welchen Instinkt wollte man bemühen, um deren körpersprachlich zum Ausdruck gekommene Niedergeschlagenheit nicht als eindeutig emotionale Handlung einordnen zu müssen?

Sundance mit Beginn der Paarungszeit noch alleine unterwegs am Ufer des Bowflusses.

DIE PIPESTONES UNTERWEGS
IN MENSCHLICHER INFRASTRUKTUR

Zum Ende der Hochranz im Februar 2010 hatten die Pipestones den ersten gemeinsamen Winter fast überstanden. Chesley und Rogue wanderten auf Nimmerwiedersehen aus dem Bowtal ab und in den ungefähr fünfzig Kilometer entfernten „Spray Lakes Pronvincial Park" ein. Dort verloren sich ihre Spuren. Was uns nach dem Schock um Sundances Tod am meisten interessierte, war Antworten zu finden, wie die Pipestones versuchten, in Koexistenz mit dem Menschen zu leben. Wie sahen deren kollektive und individuell unterschiedliche Verhaltensmuster und Aktionen genau aus? Wer navigierte die Gruppe am häufigsten durch die vielen Gefahren, die im Bowtal an der Tagesordnung waren?

Zum Ende des Winters 2009 – 2010 hatten wir eine ansehnliche Datenbank angelegt. Manchmal konnten John, Karin und ich es selbst nicht glauben, wie viele Feldnotizen in ein paar Monaten zusammenkommen. Ein erster Blick auf die Statistik verriet, dass formale Entscheidungswilligkeit weder auf ein bestimmtes Geschlecht, noch auf Alter oder Sozialstatus beschränkt war. Bei Familienwanderungen nahm Leitrüde Spirit längst nicht immer die vorderste Gruppenposition ein. Anführer konnte zumindest situativ fast jeder Rüde oder jedes Weibchen sein. Da Erfahrung und mentale Stärke Maßstäbe setzen und Wolfseltern in freier Wildbahn auf ihren teilweise tagelangen Streifzügen durch ihr Territorium einen ganz bestimmten Plan verfolgen, hielten sich Spirit und auch Leitweibchen Faith am häufigsten in der Gruppenspitze auf.

Die beiden waren es auch, die die konkretesten Vorstellungen davon hatten, wie und was am effektivsten gejagt wird, wie und wo das riesige Straßennetz genutzt wird und wie man die eigene Jungschar am besten vor menschlicher Präsenz abgrenzt und schützt. In Bezug auf den wichtigen Gesichtspunkt der Gefahrenerkennung und Einschätzung verlangte die Straßennutzung während der Touristensaison um Weihnachten vor allem von den erfahrenen Elterntieren besondere Aufmerksamkeit. Das deutlich höhere Verkehrsaufkommen ließ keine andere Wahl. Eine andere Zwangsläufigkeit war ebenfalls unübersehbar: Je höher die Schneetiefe im Bowtal, desto öfter versuchten Spirit und Faith, Blizzard, Skoki und Raven über die Parkstraße oder die CP-Rail durchs Revier zu führen.

Spirit hatte immer dann die höchste Motivation, an der Gruppenspitze Entscheidungen zu treffen, wenn die Familie im Außenterritorium unterwegs war oder sich bereits durch unbekanntes Terrain bewegte. Im Innenterritorium liefen selbst die Jugendlichen häufig voran. Andererseits leiteten die Leitfiguren Spirit oder Faith dann doch wieder den ganzen Tross, wenn es galt, in verkehrsreichen Zeiten entweder eine der Autobahnen oder die Parkstraße zu überwinden.

Summa summarum kamen wir nach Auswertung aller Daten zum Wanderverhalten der Pipestones zum Schluss, dass Gefahrenerkennung und Bewältigung mehr oder weniger „Chefsache" zu sein schien. Genau das machte auch Sinn. Blizzard, Skoki und Raven waren im März erst elf Monate alt und wussten daher noch

Leitweibchen Faith, gefolgt von Jungrüde Skoki (hinten links), überprüft vom Waldrand aus im Januar 2010 die momentane Sicherheit vor Überquerung der Autobahn 93 Nord.

Pipestone-Wolf in der Gruppenspitze beim Überqueren menschlicher Infrastruktur in Form von Autobahnen
und der Bowtal-Parkstraße (n = 142)

Autobahnüberquerungen (n = 72)

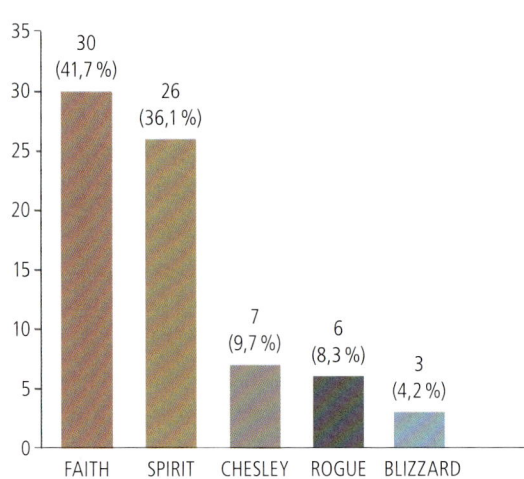

Überquerung der Parkstraße (n = 70)

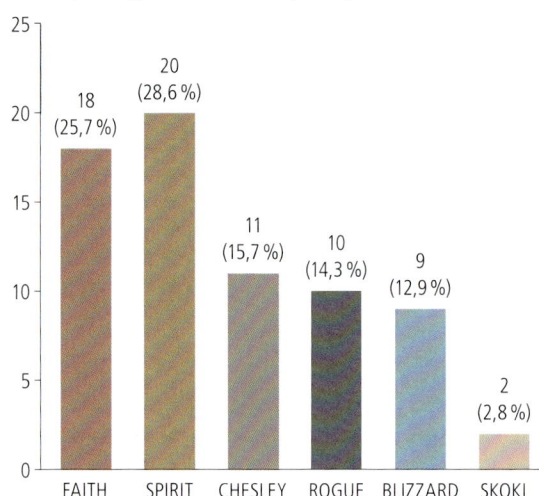

nicht im Detail, was im Straßenverkehr oder an den Grenzen ihres Heimatreviers zu beachten war. Warum auch – noch konnten sie es sich altersbedingt leisten, ohne irgendwelche Eigeninitiativen unbeschwert in den Tag hineinzuleben. John, Karin und ich sprachen oft und gern über das spezielle Verhaltensrepertoire von „Wolfsschnöseln" und wie froh diese zu sein schienen, ihren entschlossen auftretenden Eltern „hinterherdackeln zu dürfen".

Wer innerhalb eines gefahrenträchtigen Lebensraums am häufigsten agiert und reagiert, wer anführt und wer folgt, konnten wir an den uns vorliegenden Daten ablesen. Spirit und Faith ließen es sich nicht nehmen, bei familienkollektiver Überquerung der Trans-Kanada-Autobahn 1, der Autobahn 93 (Nord und Süd) sowie sämtlicher Verbindungsstraßen zwischen den verschiedenen Autobahnen besonders oft die Führungsposition einzunehmen. Im Gegensatz dazu,

positionierten sich Spirit und Faith vor der Überquerung der insgesamt weniger gefährlichen Parkstraße auch weniger häufiger in der Gruppenspitze. Hier übernahmen auch unerfahrenere Wölfe die Initiative, einschließlich dem scheuen Jungwolf Skoki. Die „diskrete" Raven, die fast immer in Deckung blieb, konnten wir kein einziges Mal an der Gruppenspitze beobachten. Raven wurde Ende März 2010 auf der CP-Rail getötet. Wieder blieben die Wölfe zwei Tage lang in der Gegend und heulten sich „die Seele aus dem Leib". Es war schon ein Trauerspiel, regelmäßig Wölfe auf unnatürliche Art und Weise zu verlieren.

Im Winter 2009 – 2010 beobachteten wir eine Gesamtanzahl von 142 Straßenüberquerungen. 72 von ihnen dokumentierten wir bei der Überquerung der Autobahnen 1 und 93 (Nord und Süd), 70 Überquerungen registrierten wir bei der Überquerung der Parkstraße (siehe Diagramme oben).

—— *Immer wieder wird behauptet, dass Wölfe nur dämmerungs- oder nachtaktiv sind. Ein tagaktiver Wolf wird sofort in Zusammenhang mit „scheulos" oder „gefährlich" gebracht. Wir kamen in unseren Freilandstudien jedoch zu ganz anderen Ergebnissen.*

FAMILIENSTRUKTUR 2010

Da es in der einschlägigen Literatur bis auf Spekulationen und einige wenige aussagekräftige Informationen kaum Verhaltensbeschreibungen von Wölfen gab, die inmitten einer „betriebsamen Menschenwelt" heimisch sind, wollten wir genau dieses ändern. So entstand nach und nach ein Basisverständnis dafür, welche Wolfsaktivitäten dem Überbegriff „normales" versus „nicht normales" Verhalten zuzuordnen sind. Diese Unterscheidung hielten wir deshalb für wichtig, weil in Zeitungsberichten oder TV-Sendungen paradoxerweise ohne Vorlage irgendwelcher Vergleichsdaten oder quantitativer Daten zum „normalen Verhalten" von Wölfen ständig von „nicht normal" handelnden Wölfen die Rede war. John war darüber sehr erbost und recherchierte tagelang, was es mit dem ganzen Theater um die Nachrichten über „scheulose", beziehungsweise „gefährliche" Wölfe auf sich hatte. Das Ergebnis bestätigte, warum so viele Naturschützer schon zu jener Zeit von einer „lobbyistischen Lügenpresse" sprachen, lange bevor dieser Begriff angeblich von irgendwelchen deutschen „Populisten" erfunden worden sein soll.

Im Frühjahr 2010 bot sich uns reichlich Gelegenheit, die Verhaltensantworten und Anpassungen des Leitpaares Spirit und Faith auf das touristische Treiben im Park genau zu beobachten. Kurz vor Ostern ging es zur Sache. Faith war Mitte April 2010 in die gleiche Höhle abgetaucht, in der ein Jahr zuvor Blizzard, Skoki und Raven geboren wurden. Am 20. April kam John von einem Kurzurlaub zurück. Dann standen wir wieder wie gewohnt Fahrzeug an Fahrzeug auf einem Parkplatz mit Blick auf den zentralen Abschnitt des Innenreviers der Pipestones und freuten uns, dass außer uns niemand mitbekommen hatte, wo die Höhle war. Für Timber war die Sache klar. Er brauchte noch nicht einmal eine volle Stunde der Orientierung, um zu wissen, wo wir waren und was wir vorhatten. Mitunter blickte er hinüber zu Johns Geländewagen und hätte wohl am liebsten losgelegt nach dem Motto: „Okay, John, nun gib mal nicht so an – den genauen Standort der Höhle habe ich schon 2009 gefunden, nicht du!"

Ungewöhnlich war, wie extrem tagaktiv die Pipestones waren. Um ihre Welpen kontinuierlich versorgen zu können, sahen wir entweder Spirit, Faith oder auch kleinere Zusammenschlüsse von Wolfseinheiten mit ein bis zwei Tieren, meistens Blizzard und Raven, zu den unterschiedlichsten Tageszeiten. Wie war das mit dem „scheuen Wolf", der sich nur normal verhält, wenn er ausnahmslos dämmerungs- und nachtaktiv ist?

Ab Mitte Juni bis Ende Juli 2010 wurden wir fast täglich Augenzeugen, wenn die vier Welpen in einer Waldlichtung in der Nähe ihres Höhlenkomplexes herumbalgten. Auch diese Lichtung hatte Timber gefunden.

Die Welpenschar bestand in diesem Jahr aus zwei schwarzen Rüden und zwei schwarzen Weibchen. Leider konnten wir die Kleinen nur über Ferngläser aus der Distanz beobachten. Das war aber nicht schlimm, weil wir uns im Frühsommer 2010 vorgenommen hatten, genau zu notieren, wie oft die Erwachsenen den Höhlenkomplex verließen, wie lange sie abwesend waren und wer als Aufpasser wie lange bei den Welpen blieb. Skoki schien derjenige zu sein, der sich am wenigsten um die Welpen kümmerte. Blizzard war diejenige, die sich am längsten mit den Welpen beschäftigte. Manchmal blieb sie fünf Tage am Stück an der Höhle. Am 31. Juli 2010 führte Mama Faith die Jungen zum in etwa einem Kilometer entfernten Rendezvousgebiet. Mitte August zählten wir etwas verdutzt nur drei Welpen. Einer schien gestorben zu sein. Die Todesursache blieb offen.

„Onkel" Skoki, immerhin schon fast 16 Monate alt, sahen wir weiterhin am seltensten. Gleichwohl beteiligte er sich zwischenzeitlich an der Welpenernährung. Eines Morgens konnten wir ihn eine ganze Zeit lang dabei beobachten, wie er versuchte, den gewichtigen Hinterlauf eines Elchs mit Hängen und Würgen zu den Welpen zu schleppen. Blizzard spielte ganz eindeutig eine Schlüsselrolle. Sie betätigte sich definitiv als eine Art Allround-Babysitterin. Diese Tatsache unterstrich noch einmal unser Argument, dass weibliche Jährlinge als „Sozialarbeiterinnen" erheblich mehr Präsenz an wölfischen Erdbauten zeigen als ihr männliches Pendant. Die Vermittlung sozialer Belange und Regeln scheinen in Wolfsgesellschaften wie in Menschenfamilien anschei-

nend mehr „Frauensache" zu sein. Das Erspähen und aktive Vertreiben potentieller Feinde wurde insgesamt öfter von männlichen Tieren in Angriff genommen. Geschlechtsbedingte Arbeitsteilung á la Wolf?

Und wer war wer? Zum Ende des Sommers fiel uns in erster Linie einer der diesjährigen Welpen durch einen großen, weißen Brustfleck sofort ins Auge. Deshalb nannten wir ihn Chester. Dessen gleichaltrige, schwarzgefärbte Schwestern tauften wir Meadow und Lillian. Alle drei Jungwölfe, die Spirit, Faith, Blizzard und Skoki mit unterschiedlicher Akzentuierung bei der Fürsorge aufgezogen hatten, wuchsen in der gleichen „traditionellen und kulturellen Umwelt" ihrer Eltern auf. Das hieß, sie hörten, rochen und sahen zwar Menschen und Autos, kümmerten sich jedoch nicht darum. Auf der anderen Seite war es in keiner Weise überraschend, die drei Jungen schon im September 2010 erstmalig auf der Parkstraße, diversen Parkplätzen und auf dem Eisenbahngleis der CP-Rail herumwuseln zu sehen. Hier gab es bekanntlich regelmäßig etwas abzustauben. Nach Kadavern am Rand der Schienen oder auf dem Gleis zu suchen und zu finden, gehörte zur Pipestone-Tradition und -Kultur. „Papa" Spirit, „Mama" Faith, „Onkel" Skoki und „Tante" Blizzard ließen den drei Jungen Chester, Meadow und Lillian an toten Huftieren oder dem, was von ihnen übrig geblieben war, oft den Vortritt, was dem angeblich vorhandenen „Alpha-Konzept" wieder einmal seinen Nimbus nahm.

Aber es lag ja auch genug herum. Auch Timber war immer ganz besonders davon angetan, Kadaverreste zu vertilgen oder auf kleinen Fellstücken herumzukauen, wenn wir auf der CP-Rail auf Spurensuche waren, nach Urin- und Kotmarkierungen der Wölfe suchten und mit unserem GPS-Gerät bestimmten.

GRUNDSATZÜBERLEGUNGEN ZUR „RUDELBILDUNG"

Was generelle Fragen zur Sozialstruktur und Organisation von Wolfsfamilien angeht, so gibt es zu deren Zusammensetzung, je nachdem, welchen Berichten man Glauben schenken will, die bizarrsten Hypothesen. Die Theorie „der sieben von Geburt an feststehenden Rudelstellungen" oder die These der „strikt linearen Hackordnung", die auf Untersuchungen an Wolfsrudeln unter teilweise tierschutzrelevanten, knastähnlichen Lebensumständen in Zoos basiert – keine wird den wahren sozialen Fähigkeiten von Wölfen auch nur ansatzweise gerecht. Ausschlaggebend für die Beurteilung wölfischer Sozial- und Umweltintelligenz ist unserer Auffassung nach nur das, was in freier Wildbahn praktisch erlebbar ist.

Nochmals zur Erinnerung: Selbst der rangniedrigste „Omegawolf" oder die rangniedrigste „Omegawölfin" finden unter Freilandbedingungen nach Verlassen ihrer Familie einen Paarungspartner. Dies kommt draußen im wahren Leben gar nicht so selten vor, wie man gemeinhin glauben mag. Zukünftige Elterntiere besetzen im Zusammenleben mit ihrem Nachwuchs altersbedingt automatisch einen hohen Sozialrang. Deshalb sprechen wir seit Jahr und Tag von Wolfsfamilien, die aus ranghohen Wolfseltern und ihrem extrem unterwürfigkeitswilligen Nachwuchs bestehen, der sich normalerweise problemlos unterordnet, bis er letztlich seine Eltern für immer verlässt. Wie wir später noch erfahren werden, steht Abwanderung u.a. in direkter Verbindung mit Persönlichkeit.

Der sechs Monate alte Chester Mitte Oktober 2010 in der aufmerksamen Pose des Beobachtungsstehens.

Nach Chesley und Rogue im Jahr 2009 war Skoki der Nächste, der sich von der Pipestone-Familie verabschiedete. Mitte Dezember 2010 war er zu einem stattlichen Rüden herangewachsen. Seine Abwanderung hatte sicher nicht nur etwas mit seiner eigenwilligen Persönlichkeit zu tun, sondern auch damit, dass ihn die vielen Parkbesucher zu sehr stressten. Menschen waren ihm schon immer suspekt. Anfang Januar 2011 landete Skoki, dessen Peilsender seinen genauen Auf-

enthaltsort verriet, im rund 80 Kilometer entfernten Peter Lougheed Provincial Park. Dort, auf dem Gebirgsplateau von Kananaskis hatte er bereits kurz nach seiner Ankunft eine graue Wölfin gefunden. Ende Januar 2011 paarte er sich mit seiner neuen Lebensgefährtin. Auch wenn Skoki selten gesichtet wurde, so gelang es doch, ihn Anfang Juni zusammen mit seinem Weibchen und drei Welpen für kurze Zeit einmal beobachten zu können.

Leitweibchen Faith führt die Familie im Dezember 2010 in den frühen Morgenstunden über die noch komplett menschenleere Parkstraße.

Wir freuten uns für ihn und drückten ihm die Daumen. Noch Monate nach Skokis endgültigem Abgang aus dem Bowtal sprachen John, Karin, unser Freund Hendrik Bösch und ich einige Male darüber, wie optimal es für den jungen Wolfsrüden gelaufen war.

WANDERUNTERBRECHUNGEN AUF DER PARKSTRASSE

In hitzigen Debatten mit Wildtiermanagern kam turnusmäßig der massive Einfluss von Menschen auf die Wölfe zur Sprache. Wir plädierten für deutlich strengere Kontrollen menschlicher Aktivitäten. Vertreter des Warden-Büros in Banff favorisierten eine striktere Aktivitätseinschränkung der Pipestones, sobald diese sich auf der Parkstraße blicken ließen. Einig waren wir uns nur darin, dass es so nicht weitergehen konnte.

Allein zwischen Anfang November 2010 und Anfang März 2011 notierten wir insgesamt 49-mal, dass die Pipestones in ihren Revierwanderungen durch Autofahrer auf der Parkstraße massiv behindert wurden. Eigentlich war für die Parkstraße eine Geschwindigkeitsbegrenzung von 60 km/h vorgeschrieben. Nur hielt sich daran so gut wie niemand. Kein Wunder. Geschwindigkeitsüberschreitungen wurden weder kontrolliert noch geahndet. Leidtragende der rücksichtslosen Autofahrer waren die vielen Tiere. Was die Wölfe im Speziellen betraf, fielen uns zwei klassische Verhaltensreaktionen auf die Raserei auf, die sich ständig zu wiederholen schienen. Entweder zeigten die Leittiere Spirit und Faith „Meideverhalten", wenn sie bei der Gruppenführung an der Überquerung der Parkstraße gehindert wurden, oder aber „Verdrängungsverhalten".

Unter der Rubrik Meideverhalten schrieben wir auf, wenn Spirit oder Faith durch ein Fahrzeug daran gehindert wurden, ihre Familie über die Parkstraße zu führen, und stattdessen in abgeduckter Körperhaltung stehen blieben, beziehungsweise erstarrten.

Unter der Rubrik Verdrängungsverhalten notierten wir, wenn Spirit oder Faith durch ein Fahrzeug daran gehindert wurden, ihre Familie über die Parkstraße zu führen, und sich stattdessen aktiv in entgegengesetzte Richtung entfernten.

Das Diagramm gibt einen kleinen Überblick, wie häufig Spirit oder Faith den Versuch, sich der Parkstraße zu nähern, gezwungenermaßen mit Meideverhalten oder Verdrängungsverhalten beantworteten. Da fast ausschließlich Spirit oder Faith in solch gefahrenträchtigen Lebenssituationen eine Führungsposition in der Gruppenspitze einnahmen, sind in dem Diagramm mit Ausnahme der beiden Elterntiere keine anderen Wölfe aufgelistet.

Meideverhalten (A = braun) und Verdrängungsverhalten (B = blau) als Verhaltensreaktion auf Störungen im Straßenverkehr (n = 49)

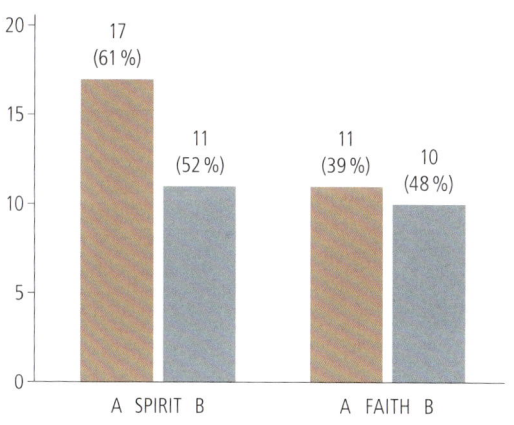

DAS ENDE TRADITIONELLER HIRSCHJAGD

Über Jahrzehnte hinweg zählte der Hirsch für alle im Bowtal beheimateten Wölfe zum präferierten Beutetier. Das alles änderte sich in drastischer Form, nachdem Wildtiermanager von Parks Canada in den Jahren 2000 – 2002 weit über zweihundert „Stadthirsche" aus dem Ökosystem entfernten. Dieser massive Eingriff hatte gravierende Folgen auf das Beutegreifer-Beutetier-System im gesamten Bowtal. Viele Kritiker dieser Managementaktion kamen schon damals zu der Schlussfolgerung, dieser massive Eingriff werde zukünftig noch gravierende Folgen auf das Beutegreifer-Beutetier-System des gesamten Bowtals haben. Paul Paquet meinte in jenen Tagen, man könne Wölfen nicht auf einen Schlag rund 40 % ihrer Nahrungsgrundlage entziehen, ohne negative Folgen auf deren Familienstrukturen befürchten zu müssen. Genau das passierte dann auch. Parks Canadas Missmanagement, das mit „aktivem Schutz von Touristen vor zu habituierten Hirschen" begründet wurde, war ein Desaster.

Die Hirschmigration von den Stadtrandlagen Banffs in Richtung westliches Bowtal brach zusammen. Wolf, Bär und anderen großen Beutegreifern stand faktisch ab dem Jahr 2001 deutlich weniger Beute zur Verfügung, wenn sie das Bowtal durchstreiften.

Aber es kam noch schlimmer für die Hirschpopulation. Ich erinnere mich noch ganz genau an den Tag, an dem uns Mike Gibeau Anfang März 2001 besuchte und uns aus einem Zeitungsartikel des lokalen „Rocky Mountain Outlook" vorlas, Eisenbahnen hätten im letzten Winter allein zwischen Banff und Lake Louise mitunter bis zu fünf Hirsche pro Tag niedergemetzelt. Ein solches Ausmaß hätten wir nicht für möglich gehalten. Da auf der CP-Rail zusätzlich noch etliche Elche starben, ganz zu schweigen von den Massen an kleineren Tierarten, über deren Tod niemand berichtete, konnten wir uns nun bestens vorstellen, warum die Pipestones ihr ruhiges Leben im Hinterland von Banff aufgegeben hatten und stattdessen ständig als „Abstauber-Wölfe" auf dem Bahngleis aktiv wurden. Noch gab es für Spirit, Faith und ihre Jungen „freie Frühstücksbuffets" – fragte sich nur, wie lange noch?

Für die Pipestones bedeutete der zuvor jahrlange Einbruch natürlich vorhandener Hirschverbreitung von Anfang an, dass die vor ihrer Zeit bei Nanuk & Delinda noch recht übliche Fokussierung auf genügend native oder verletzbare Hirsche vorbei war. Diese relativ einfache Jagdform gehörte der Vergangenheit an. Wehrhafte Elche zu erbeuten, gestaltete sich schon deutlich schwieriger. Gelang dies nicht, blieb Spirit und Faith nichts anderes übrig, als Blizzard, Chester, Meadow und Lillian auf längere Jagdstreifzüge mitzunehmen. Flexibilität war nun gefordert. Noch war das Elternpaar mit knapp 6 (Spirit) und 5 Jahren (Faith) jung genug, um als Antwort auf veränderte Zeiten ihrem Nachwuchs unterschiedliche Jagdformen vorzuleben.

—— *Massive Eingriffe seitens der Parkverwaltung in das Beutetier-Beutegreifer-System hatten gravierende Folgen. Den Wölfen wurde von heute auf morgen eine wichtige Lebensgrundlage entzogen.*

Ende Februar 2011 wurde uns die große Ehre zuteil, als begeisterte Beobachter live dabei sein zu dürfen, als Spirit in seiner unnachahmlich beeindruckend kraftvollen Weise einem Elch nachstellte und diesen anschließend zu Fall brachte. Leider konnten wir den eigentlichen Tötungsakt nicht mitverfolgen. Dieser ging mitten in einem schlecht einsehbaren Waldstück von-

Obwohl die Sichtung eines Hirsches („Wapiti") am Rand der Parkstraße ab 2011 schon selten geworden war, erlaubte Parks Canada respektlosen Touristen weiterhin, sich ihnen bis auf wenige Meter zu nähern.

statten. John, Karin und ich waren genauso frustriert wie unser Hund Timber, der die lange Elch-Hatz von Spirit, Blizzard, Chester, Faith und Meadow (exakt in dieser Reihenfolge) fasziniert vom Auto aus mitverfolgt hatte. Am liebsten wäre Timber aus dem Fenster gesprungen und hätte kräftig mitgemischt.

Waren weit und breit weder Elch noch Tierkadaver auf der CP-Rail in Sicht, verfolgten die Pipestones hauptsächlich Rehe. Dann trat in erster Linie Blizzard, mittlerweile fast zwei Jahre alt, in Erscheinung. „Madame" hatte sich zu einer enorm wendigen und effizienten Jägerin gemausert. Ganz anders sah es mit

den 9 – 10 Monate alten Youngstern Chester, Meadow und Lillian aus, die uns Ende des Winters 2011 nicht wirklich als integraler Bestandteil der Pipestone-Jagdgemeinschaft auffielen. Es gab Tage, an denen die übereifrig und großmaulig herumrennenden „Schnösel" aufgrund ihrer Planlosigkeit jegliche Kollektivattacke auf ein Beutetier komplett zunichtemachten. Eines konnte man den Teenies jedoch nicht absprechen, nämlich bei der Jagdumsetzung nicht „stets bemüht zu sein". Nur Übung macht den Meister – ab einem Alter von gut einem Jahr sah die Verfolgung von Huftieren durch die drei Jungwölfe schon gar nicht mehr so schlecht aus.

Von allen Beuteverfolgungsstrategien war den Pipestones dann die höchste Jagderfolgsrate beschieden, wenn sie ein Huftier Richtung Bowfluss trieben. Jetzt, im März 2011, hetzte vor allem das eingespielte Gespann Spirit und Blizzard beispielsweise ein Reh entweder in den kalten Fluss oder genau dorthin, wo das Eis am dünnsten war. Selbst als Laie erkannte man solche Stellen, an denen ein Huftier einbrach und von den Wölfen getötet wurde, aufgrund der blauen Eisfärbung auf Anhieb. Elchjagden blieben trotz brüchigem Eis kräftezehrend und meist nicht erfolgreich.

Nach einer solchen Kraftanstrengung verschliefen Spirit, Faith und Blizzard manchmal den ganzen Tag. Langweilig wurde uns aber trotzdem nicht, denn während die Alten eine Auszeit nahmen, beschäftigten sich die drei Jungen hingebungsvoll über Stunden hinweg mit dem Einfangen von Mäusen und anderen kleinen Nagetieren. Kleinbeute kann unter Umständen bis zu 15 % der Wolfsernährung ausmachen. Mäuse jagen ist also nicht nur Zeitvertreib, sondern überlebenswichtig.

Ansonsten zeigten Spirit und Faith ihrem Nachwuchs weiterhin, wo Beutetiere zu finden waren, was man alles jagen kann und vor allem wie man welche Jagdmethode umsetzt, um unterschiedliche Tierarten so effektiv wie möglich erbeuten zu können. Langsam dämmerte uns, wie viele unterschiedliche Jagdstrategien Spirit und Faith ihren Youngstern tatsächlich vorleben mussten, von denen diese augenscheinlich „keinen blassen Schimmer" hatten. Dazu zählte u. a. das systematische Durchkämmen von Seitentälern, das Bergauflaufen in subalpine Landschaftsabschnitte und unterschiedliche Herangehensweisen bei der Jagd auf behände Kletterer wie Murmeltiere, Wildschafe oder

Faith und ihre erwachsene Tochter Blizzard fressen im Januar 2011 gemeinsam an einem, den Pipestones selten zur Verfügung stehenden, Hirschkadaver.

Schneeziegen. Hier mussten Chester, Meadow und Lillian schon in frühem Alter lernen, über aufmerksames Nachahmungslernen die Verhaltensweisen der Alten so zu kopieren, dass man mit allen möglichen Tücken eines gefährlichen Bergterrains zurechtkommt. Was sie von ihren clever agierenden Eltern ebenfalls lernten, war, niemals aufzugeben.

DER SPEISEPLAN DER PIPESTONES

Unvergessen bleiben wird uns der 1. März 2011. An diesem Tag verfolgten Spirit und Faith eine Elchkuh über 29 Kilometer. Diese Marathon-Distanz konnten wir unter Zuhilfenahme unseres GPS-Gerätes genau nachmessen. So unglaublich die Messdaten auch waren, umso bemerkenswerter musste die komplette Elchhatz gewesen sein. Anhand des Spurenverlaufs, dem Timber in einem atemberaubenden Tempo folgte, konnten wir ablesen, dass die Wölfe im Zickzack-Verfahren den Bowfluss gleich mehrfach durchquert hatten. Timber, der uns hinterherhechelnde Zweibeiner nur als einen lästigen Ballast empfand, war in Hochform. Pfotenabdrücke erschnüffeln, die Laufrichtung der Wolfsspuren im Blick behalten, geruchlich den Wölfen näherkommen – so lief das Ganze über acht volle Stunden. Was Timber fast schon jubelnd als einen tollen Job empfand, entwickelte sich für uns, besonders über die letzten Kilometer, zum schmerzhaften Horrormarsch. Was waren wir froh, nachmittags um 16:30 Uhr endlich an jener Autobahnunterführung angekommen zu sein, durch den die Wölfe den flüchtenden Elch gehetzt hatten!

Die Pipestones und deren Jagd- und Abstaubeerfolg (n = 57)

Sommer/Herbst 2009 und 2010 (n = 28)

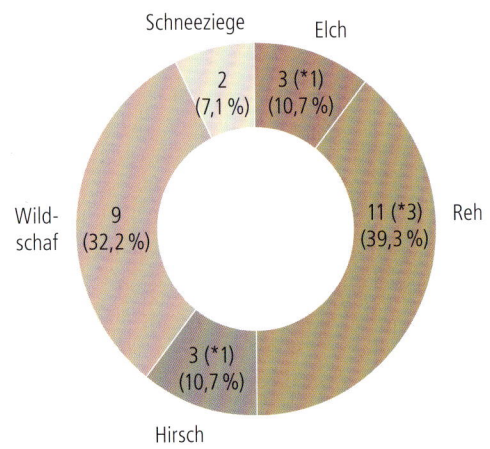

Schneeziege
2
(7,1 %)

Elch
3 (*1)
(10,7 %)

Wild-
schaf
9
(32,2 %)

Reh
11 (*3)
(39,3 %)

Hirsch
3 (*1)
(10,7 %)

Winter 2009/2010 und 2010/2011 (n = 29)

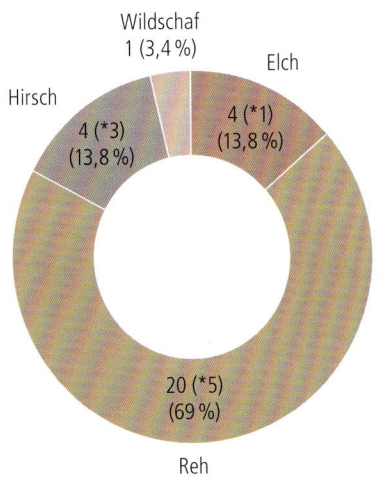

Wildschaf
1 (3,4 %)

Elch
4 (*1)
(13,8 %)

Hirsch
4 (*3)
(13,8 %)

Reh
20 (*5)
(69 %)

* getötet auf der CP-Rail

Timber führte uns geradewegs an die Stelle, an der vermutlich Spirit zum entscheidenden Tötungssprung angesetzt und seiner Familie für zehn Tage so viel geballte Biomasse verschafft hatte, dass die Pipestones für einige Zeit keine riskanten Jagdmanöver mehr umsetzen mussten. Da standen wir nun um einen halb aufgefressenen Elch herum und brachten vor lauter Erschöpfung kein einziges Wort mehr heraus. Für Timber schien alles ein Riesenspaß zu sein. So viel zu schnüffeln und so viel zu fressen – was will man mehr?

Anfang April 2011 steckten Karin und ich unsere Köpfe zusammen, um im Rahmen eines hochinteressanten Datenvergleichs nachvollziehen zu können, wie viel Jagdbeute die Pipestones in den vergangenen zwei Jahren gemacht hatten, beziehungsweise wie opportunistisch sie sich als Abstauber auf der CP-Rail verhalten hatten.

Von den insgesamt 28 protokollierten Huftierkadavern hatten die Pipestones während der Sommersaisonzeiten 2009 und 2010 grob ein Fünftel auf der Eisenbahntrasse gefunden. Das war eine ganze Menge. Im Vergleich dazu hatten die Wölfe in den Wintern 2009/2010 und 2010/2011 sogar fast ein Drittel der von uns registrierten 29 Kadaver auf der CP-Rail abgestaubt. Nun hatten wir es schwarz auf weiß, warum wir den Pipestone-Nachwuchs aus den Jahren 2009 (Blizzard, Skoki und Raven) und 2010 (Chester, Meadow und Lillian) in Abwesenheit der Alttiere so häufig bei ihrer „kulturellen Bahngleis-Patrouille" hatten filmen können.

Die Diagramme zeigen einen Vergleich zwischen dem Jagderfolg der Pipestones und deren Abstauberfolg auf der CP-Rail im Sommer/Herbst 2009/2010 und in den Wintern 2009/2010 und 2010/2011.

Spirit testet die Fitness und Verteidigungsbereitschaft einer Elchkuh, die er zuvor zusammen mit Faith und Blizzard in der Nähe von Lake Louise in den Bowfluss getrieben hat.

FORMALE UND MOMENTANE DOMINANZ

Eines der wesentlichen Dinge, die Wolfsväter und -mütter ihren Jungen beibringen, ist, sie auf jede Lebensphase ihrer Entwicklung optimal vorzubereiten. Ziel des Nachwuchses ist es wiederum, unabhängig zu werden, um später selbst als erfolgreiche Väter und Mütter fungieren zu können. Je besser fortpflanzungsfähige Jungwölfe unterrichtet worden sind, wenn sie sich auf „dem Markt" präsentieren, desto imposanter der Genfluss.

Die Vorstellung, junge Wölfe würden von ihren Eltern gezwungen, was sie zu tun und zu lassen haben, sollte eigentlich überholt sein. Nein, junge Wölfe können machen, was sie wollen. Trotzdem sehen sie ihre Eltern als nachahmenswerte Vorbilder an. Deren primärer Job besteht darin, auf einer täglichen Basis Schutz und Geborgenheit zu vermitteln und ihrem Nachwuchs Kooperationsbereitschaft vorzuleben. Nur so können aus Jungwölfen wertvolle Mitglieder einer sozio-emotionalen Familiengemeinschaft werden. Wolfseltern

Beispiele altersbedingter Zurechtweisung von Blizzard gegenüber ihrer jüngeren Schwester Meadow. Sehr schön zu sehen ist, wie Meadow „das Recht zum Protest" in Anspruch nimmt, indem sie Blizzards Zurechtweisung „zähnebleckend" beantwortet.

sind keine „links-liberal eingestellten Theoretiker". Wolfseltern sind Macher, die die Dinge in die Hand (Pfote) nehmen. Sie sind es, die die Tagesagenda bestimmen, indem sie für die gesamte Gruppe die meiste Verantwortung übernehmen. Gruppenrelevante Entscheidungen zu treffen, bedeutet formale Dominanz.

Formale Dominanz ist als gruppenstabilisierender Faktor zu begreifen und demzufolge als etwas Positives. Stabile Sozialgemeinschaften basieren also im Kern auf einem Altersunterschied zwischen Elterntieren, „die mit allen Wassern gewaschen sind", und extrem naiven Jungtieren, die jederzeit bereit sind, über eine Körpersprache der „low body postures" ihre hohe Bereitschaft zur Unterordnung zu signalisieren. Trotz aller Unterwürfigkeit haben wir regelmäßig Wolfsväter bei der momentanen Zurechtweisung ihrer Töchter und Wolfsmütter bei der Zurechtweisung ihrer Söhne beobachtet. Wolfseltern fühlen sich im Alltag mitunter akut genervt. Und das hat eben Konsequenzen. Was hat das mit einer „linear geschlechtsgebundenen Rangordnung" zu tun?

Als wir Paul Paquet, Mike Gibeau und John bei einem gemeinsamen Abendessen von dem Versuch mancher Vertreter der deutschen Hundeszene erzählten, wild lebende Wolfseltern als „ständig ignorierende, sanfte Wesen" darzustellen, kam postwendend die Frage auf, „ob diese Leute jemals eine Minute Zeit oder einen Cent investiert hätten, um im Freiland zu überprüfen, ob diese theoretische Überlegung bewiesen werden könne"?

—— *Nur optimal aufgewachsene Wolfsindividuen, die wissen, „wie das Leben funktioniert", können einen komplexen sozialen und kognitiven Wissensschatz an die nächste Generation weitergeben.*

DIE SACHE MIT DEM INITIATIVVERHALTEN

Eine Hauptkomponente von formaler Dominanz ist die aktive Umsetzung von Entscheidungen, nicht die „Unterjochung rangniedriger Gruppenmitglieder". Wir können es nur bedauern, wenn formale Dominanz als brutaler Gewaltakt missverstanden wird. Was Menscheneltern von Wolfseltern lernen können, ist, dass gruppenrelevantes Initiativverhalten bei der Gefolgschaft einen nicht zu unterschätzenden „Aha-Effekt" erzielt.

In diesem Zusammenhang fielen uns über Jahre hinweg fünf zentrale Entscheidungsabläufe auf, die Wolfseltern ihrem Nachwuchs immer wieder vorlebten, und die wir im Rahmen einer intensiven Untersuchung wie folgt näher spezifiziert haben:

Die Initiative
— zum kollektiven „Gruppen-Ruhen",
— zum kollektiven „Gruppen-Aufbruch",
— zur kollektiven „Änderung der Laufrichtung",
— zur kollektiven „Gruppen-Zusammenkunft",
— zum kollektiven „Gruppen-Heulen".

Um die Häufigkeit des Initiativverhaltens von Leittieren (Spirit und Faith) mit der Entscheidungswilligkeit, die Jährlinge (Blizzard und Skoki) und Jugendliche (Chester, Meadow und Lillian) vergleichsweise an den Tag legen, in einen Kontext setzen zu können, analysierten wir in den Monaten Oktober 2010 bis April 2011 insgesamt 388 Direktbeobachtungen. Die Diagramme sollen verdeutlichen, wie oft einer der Pipestone-Wölfe in fünf verschiedenen, gruppenrelevanten Situationen als Initiator in Erscheinung trat.

Fazit: Ohne auf jedes einzelne Detail unserer Studienresultate einzugehen, war es Faith, die in ihrer Funktion als Leitfähe in drei der fünf vordefinierten Entscheidungskategorien die Initiative übernahm: Beim „Gruppen-Ruhen", beim „Gruppen-Aufbruch" und bei der „Änderung der Laufrichtung".

Leitrüde Spirit fiel uns hingegen nur in zwei vordefinierten Kategorien als Initiator auf: bei „Gruppen-Zusammenkünften" und zum „Chor-Heulen".

Anhand dieser aufschlussreichen Beispiele wurde auf einen Blick deutlich, dass Wolfsväter und -mütter unterschiedliche Arbeitsfelder abdecken. Wolfsvater

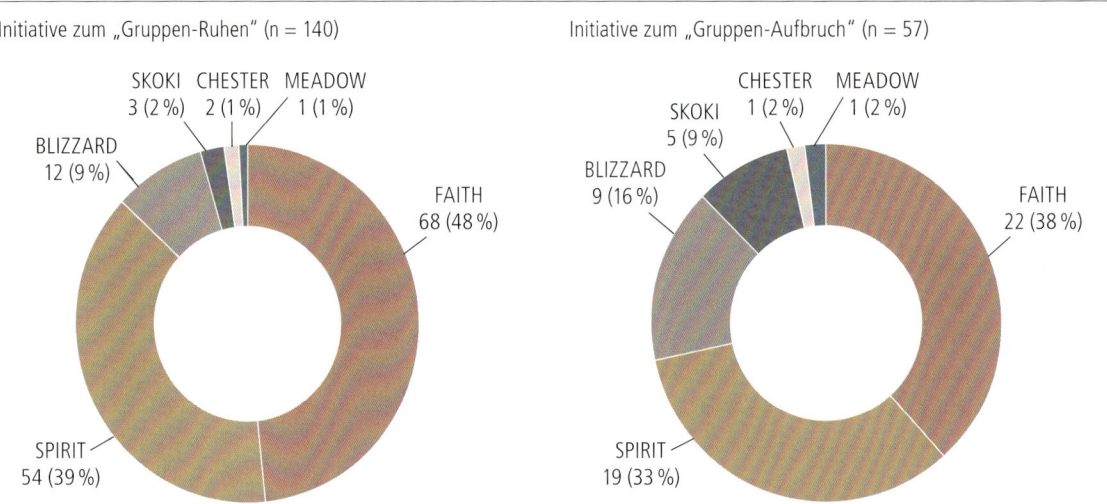

Initiative zum „Gruppen-Ruhen" (n = 140)

SKOKI 3 (2%) CHESTER 2 (1%) MEADOW 1 (1%)
BLIZZARD 12 (9%)
FAITH 68 (48%)
SPIRIT 54 (39%)

Initiative zum „Gruppen-Aufbruch" (n = 57)

CHESTER 1 (2%) MEADOW 1 (2%)
SKOKI 5 (9%)
BLIZZARD 9 (16%)
FAITH 22 (38%)
SPIRIT 19 (33%)

Spirit schien bei der Rollenverteilung zumindest tendenziell die Initiative zu „harmonisierenden" Familienzusammenkünften und Heulzeremonien zu haben, die der Gruppenstabilisierung dienen. Wolfsmutter Faith demonstrierte ihren Führungsanspruch offensichtlich am häufigsten im Hinblick auf die Umsetzung der Tagesagenda.

Das Initiativverhalten von Erwachsenen spielte insgesamt eine untergeordnete Rolle. Jugendliche Wölfe trafen nur sehr selten irgendwelche Entscheidungen.

Unsere Kernaussage zum Thema „formale Dominanz" ist, dass Wolfsväter und -mütter durch ihre vielen Initiativen mit Abstand am häufigsten Verantwortung für die ganze Familie übernehmen.

Letztlich taten die beiden Leittiere Spirit und Faith das, was ihre Gefolgschaft **nicht tun wollte**, respektive aufgrund mangelnden Wissens gar **nicht tun konnte!**

Situative Dominanz wurde sowohl von Altwölfen als auch von rangniedrigen Tieren umgesetzt, so zum Beispiel beim Fressen. Gleiches galt auch bei der situativen Besetzung von Schlafmulden oder anderer Ressourcen. Wie sich anhand täglich beobachteter

Alltagssituationen ablesen ließ, schien der hohe Sozialstatus und Rang von Spirit und Faith nicht gleichbedeutend zu sein, alles zu allen Zeiten zu kontrollieren. Spirit und Faith zeigten zwar gelegentlich besitzanzeigendes Verhalten, indem sie Ressourcen in Beschlag nahmen, wann, wo und so oft sie wollten. Richtig wichtig schien ihnen dies jedoch nicht zu sein. Warum sollten die uneingeschränkt akzeptierten Elterntiere überhaupt einen Grund haben, sich im ganz normalen Alltag gegenüber ihrem stets respektvollen und sozial untergeordneten Nachwuchs alle naselang „dominant" durchzusetzen?

Schon aus Gründen der Energieeffizienz ignorieren Wolfseltern oftmals das „rebellische" Auftreten ihrer Jungen bei momentaner Ressourcenkontrolle.

Als John am Anfang unserer gemeinsamen Arbeit wissen wollte, warum Spirit und Faith sich von den an Beutetierkadavern leicht aufmüpfig herumstolzierenden Jungtieren „auf der Nase herumtanzen lassen, ohne ein Machtwort zu sprechen", antwortete ich ihm damals kurz und knapp: „Weil sie es sich leisten können." Diese Bemerkung hat John stets in Erinnerung behalten.

— In einer Wolfsfamilie treten je nach gruppenrelevanter Situation, unterschiedliche Initiatoren in Erscheinung.

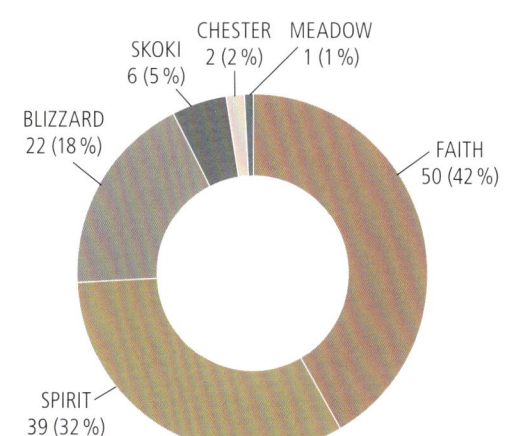

Initiative zur „Änderung der Laufrichtung" (n = 120)

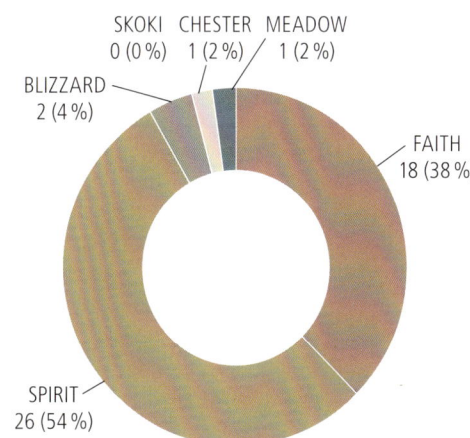

Initiative zur „Gruppen-Zusammenkunft" (n = 48)

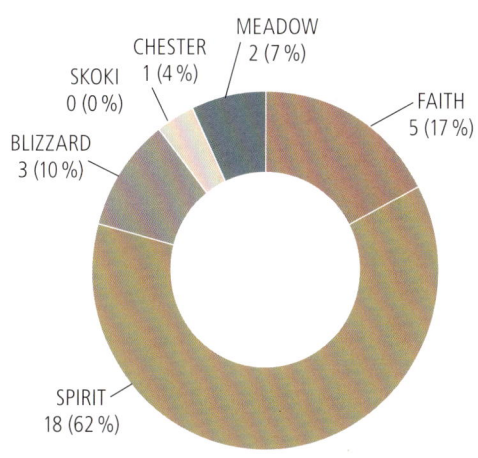

Initiative zum „Gruppen-Heulen" (n = 29)

Wenn wir gemeinsam irgendwo im Bowtal das Fressverhalten der Pipestones beobachteten, kam es selbstverständlich auch vor, dass es den Erwachsenen mit dem ständigen „Herumgemotze" zu bunt wurde. Was folgte, war ein knochentrocken vorgetragener Verweis – körpersprachlich unmissverständlich betont!

Was die Frage der Häufigkeit anging, errechneten wir später, dass Spirit und Faith in 70 % der Fälle Besitzansprüche auf Ressourcen durchsetzten – am häufigsten zur Abgrenzung von zuvor mit viel Aufwand angelegten Futterdepots! Meist reichte ein leichtes Körperanheben, ein fester Blick, ein leichtes Erhöhen der Rutenposition, um das zu kontrollieren, was man kontrollieren wollte. Jeder der Youngster wusste in solchen Auseinandersetzungssituationen ganz genau, was gemeint war, und hatte „keine Fragen" mehr.

Nachdem wir uns etliche Zusammenkünfte der Pipestones an Beuterissen über einen längeren Zeitraum hinweg anschauen konnten, lernten wir, dass wölfisches Fressverhalten unglaublich variabel ist.

Am tolerantesten verhielten sich Spirit und Faith beim Konsumieren eines toten Elchs, am wenigsten tolerant beim Vertilgen eines toten Rehs. Je größer der Kadaver, desto häufiger überließen Spirit und Faith ihrem Nachwuchs den Vortritt. An toten Elchen oder Hirschen schien ihnen sogar egal zu sein, wenn einer der „Schnösel" auf einem Kadaver stand und versuchte, diesen für sich ganz allein zu beanspruchen. Jegliche elterliche Freundlichkeit gegenüber Blizzard und den Jugendlichen Chester, Meadow und Lillian endete hingegen rasch, wenn es um das Auseinanderreißen eines kleinen Rehkadavers ging.

Im Winter 2010 – 2011 gelangen uns einige vergleichende Arbeiten zum Fressverhalten der Pipestones an jeweils zwei Huftierkadavern:
— zwei tote Elche, Hirsche und Rehe.

Heraus kam grob skizziert, dass die Pipestones insgesamt ein doch recht „egalitäres" (situativ-dominantes) Fressverhalten zeigten.

Die Tabelle zeigt die Analyse aus 336 Direktbeobachtungen und welche Wölfe wie häufig allein fraßen, beziehungsweise in welchen Gruppenkonstellationen sie wie oft zusammen fraßen.

Chester und seine Schwester Meadow im Januar 2011 an den Überresten eines Hirschkadavers.

FRESSVERHALTEN DER PIPESTONES VON INSGESAMT SECHS HUFTIERKADAVERN (n = 336)

WOLFSKONSTELLATION AM KADAVER	ELCH	HIRSCH	REH
Individuelles Fressverhalten	18	22	5
Faith & Spirit	21	28	11
Faith, Spirit & Blizzard	29	19	2
Faith, Blizzard & Chester	22	23	2
Faith, Blizzard & Meadow	38	21	2
Faith, Blizzard, Chester & Meadow	21	24	0
Alle fünf Pipestone-Wölfe zusammen	17	11	0
Total	**166**	**148**	**22**

WOLFSPERSÖNLICHKEITEN – VON ZURÜCKHALTENDEN UND FORSCHEN TYPEN

In der englischsprachigen, wildbiologischen Fachliteratur wurde das Konzept des „Shy & Bold-Model" schon vor vielen Jahren beschrieben. Dennoch gab es zum Thema „Wölfische Persönlichkeit" bis vor kurzem keine auf direkte Langzeit-Freilandbeobachtungen basierende Arbeit. Nachdem wir die Pipestones und deren rasanten Aufstieg zur unumstrittenen Wolfsfamilie Nr. 1 im Bowtal schon eine ganze Weile begleitet hatten, fiel uns immer öfter auf, wie unterschiedlich sich deren Mitglieder gegenüber Menschen, Autos und unbekannten Objekten verhielten. Manche Wolfsindividuen – allen voran Blizzard – überlegten keine einzige Sekunde, ob sie beispielsweise auf Straßen und Parkplätzen umherlaufen sollten. Andere – wie etwa Lillian – scheuten sich ganz eindeutig, frech und frei zwischen geparkten Autos herumzulaufen.

Das Wildtiermanagement von Banff schlug vor, jeden Wolf, der auf Straßen auftaucht, mit Gummigeschossen oder Feuerwerkskörpern zu beschießen, um ihm „einen Denkzettel zu verpassen, den er sich für immer merken wird". Doch wie sollte man korrekt durchgeführte, aversive Konditionierungsmaßnahmen (neudeutsch: Vergrämung) anwenden, ohne den Grundcharakter der Tiere zu kennen?

Dem etwas planlos anmutenden Vergrämungsprogramm wollten wir etwas Konstruktives entgegensetzen.

Um herauszufinden, wie sich welcher Pipestone-Wolf zumindest voraussichtlich verhalten würde, entwickelten wir ein „Testprogramm zur wölfischen Persönlichkeitsbestimmung". Wie in Deutschland allseits

bekannt, verhalten sich sogenannte „A-Typen" von Natur aus tendenziell neugierig und zeigen gegenüber ihnen unbekannten Gegenständen eher spontane Verhaltensreaktionen. A-Typen legen einen erkundungsfreudigen und kontrollfreudigen Grundcharakter an den Tag. Im Zusammenhang mit unserer Untersuchung wollten wir wissen, ob wagemutige A-Typ-Wölfe im Bowtal als Erste auf der Parkstraße auftauchten, parkende Fahrzeuge etwas genauer inspizierten und insgesamt die Präsenz von Menschen mit einer gehörigen Portion Toleranz quittierten.

Für den eher scheu veranlagten „B-Typ" ist Vorsicht das Gebot der Stunde. B-Typen verhalten sich in unbekannten Lebenssituationen oder gegenüber nicht bekannten Gegenständen erst einmal abwartend. Zögerliche Verhaltensreaktionen sind ihr Markenzeichen. Im Hinblick auf die anstehende Persönlichkeitsüberprüfung wollten wir wissen, ob abwartende B-Typ-Wölfe im Bowtal nicht nur die Parkstraße, parkende Fahrzeuge und Menschen mieden, sondern sich mit der Zeit an menschliche Einflüsse gewöhnten und sich den Gegebenheiten anpassten.

Um tendenziös kesse A-Typen von scheuen B-Typen unterscheiden zu können, mussten wir uns etwas einfallen lassen, um die Persönlichkeitsstruktur der Pipestones bestimmen zu können.

Als ein Novum in der Freilandforschung an wilden Wölfen kamen wir auf die Idee, zwei recht ähnliche Testverfahren zu entwickeln:
— den „Bananenschalen-Test" und den „Kamera-Test".

Leitfähe Faith beeindruckte durch ihren Tatendrang und leitete wichtige Betätigungsfelder für die gesamte Familie ein.

In beiden Tests bewerteten wir die ersten Verhaltens-reaktionen der Wölfe auf unbekannte Objekte auf einer Skala von 0 bis zehn hinsichtlich zweier Elemente: Zeit und Raum. Zeit wurde per Stoppuhr gemessen, Distanz mit einem Zollstock. Diese Unterscheidungskriterien versetzten uns später in die Lage, in unseren Test-analysebögen „scheue B-Typ-Wölfe" von „besonders scheuen B-Typ-Wölfen" zu unterscheiden, respektive „wagemutige A-Typ-Wölfe" und „besonders wagemuti-ge A-Typ-Wölfe" zu differenzieren.

Doch wozu der ganze Aufwand? Sinn und Zweck unserer Tests war es, besonders Tierpersönlichkeiten des scheuen B-Typs individuell bestimmen zu können, die gemäß ihres Grundcharakters typischerweise ganz plötzlich über eine Straße rennen und demzufolge schnell zu Verkehrsopfern werden konnten.

Ob A- oder B-Typ – Ende 2010 hatten es alle Wölfe insgesamt überraschend gut geschafft, sich den lebens-raumspezifischen Tücken und Feinheiten ihres Bowtal-Territoriums anzupassen. Die „Pipestone-Dynastie" erstrahlte in vollem Glanz. Diese Tatsache verdeutlichte sich an simplen Fakten: Weder die im öst-lichen Teil von Banff benachbarte „Fairholme-Familie", noch die im angrenzenden Kootenay Nationalpark

Jungwölfin Meadow war eine scheue B-Typ-Wölfin, die sich unbekannten Gegenständen grundsätzlich äußerst vorsichtig näherte.

lebende „Storm Mountain-Familie" wagte es, die Territoriumsgrenzen der Pipestones in Frage zu stellen. Offensichtlich beinhaltete der Aufstieg der Pipestones nach der Verdrängung der Bows auch ungehinderte Vorstöße in fremdes Terrain. Anfang 2011 kam John, der aus reinem Interesse zwischenzeitlich nach der Storm Mountain-Familie Ausschau hielt, von einem Ausflug aus Kootenay zurück und berichtete uns ganz aufgeregt, dass er Spirit, Faith und zwei Pipestone-Wölfe gesehen hätte – paradoxerweise in der Nähe des Storm Mountain. Territoriale Auseinandersetzungen zwischen den beiden im Grenzbereich zwischen Banff und Kootenay aktiven Wolfsfamilien hatte es keine gegeben.

Selbstverständlich hielten sich die Pipestones weiterhin hauptsächlich im Bowtal auf. Während sie Kilometer um Kilometer auf der Parkstraße oder auf der CP-Rail in offenem Gelände unterwegs waren, notierten wir jede Menge Verhaltensdaten und bereiteten uns in riesiger Vorfreude auf die ersten Charaktertests vor. John sagte: „Wenn uns Parkangestellte ohne Vorlage irgendwelcher Beweise alle naselang erzählen, neugierige Wölfe, die auf der Parkstraße auftauchen, könnten zwangsläufig auch Menschen gefährlich werden, müssen wir ihnen das Gegenteil beweisen." Irgendwie kam uns die ganze „Wölfe-als-Gefahr-für-Menschen-Debatte" ohnehin ziemlich spanisch vor. Die Scheindiskussion um „Menschen-habituierte Wölfe" kam uns eher wie ein Versuch vor, vom eigentlichen Problem Massentourismus abzulenken.

Blizzard war der Prototyp eines klassisch wagemutigen und erkundungsfreudigen A-Typ-Wolfes, der unbekannte Objekte immer spontan und neugierig untersuchte.

Leitfähe Faith (links) trat als
stark extrovertierte A-Typ-
Persönlichkeit auf. Leitrüde
Spirit (rechts) hingegen
hatte eine stark introvertierte
B-Typ-Persönlichkeit.

CHARAKTERTESTS UND WAS DABEI HERAUSKAM

Durchführung von Test 1

Da wir getrost davon ausgehen konnten, dass den Pipestones das Objekt „Bananenschale" eher unbekannt war, platzierten wir im Dezember 2009 und später nochmals im Dezember 2010 eine Bananenschale gut sichtbar auf der Parkstraße, bevor die Wölfe aus dem Wald kamen. Anschließend fuhren wir unseren Geländewagen rund 500 Meter rückwärts. Dann brachten wir unsere beiden Kameras in Stellung und warteten gespannt auf die Ankunft der Wölfe. So weit die ausgeklügelte Theorie. In der Praxis sieht manches jedoch ganz anders aus. Nämlich, dass kein einziger Wolf die Bananenschale beachtete und die ganze Familie die Parkstraße kreuzte, um auf der gegenüberliegenden Seite sang- und klanglos wieder im Wald zu verschwinden. „Na toll", sagte ich zu Karin, „das war ja wohl ein Schuss in den Ofen."

Nachdem wir den Standort auf eine von den Pipestones regelmäßig reflektierten Seitenstraßen verlegt hatten, klappte plötzlich alles wie am Schnürchen. Die Wölfe entdeckten die Bananenschale und wir filmten, wie lang es innerhalb einer vordefinierten Zeit von drei Minuten tatsächlich dauerte, bis sich ein Wolf dem Objekt Bananenschale annäherte. Wie viel Meter und Zentimeter dabei überbrückt wurden, maßen wir später genau nach. Wolfsindividuen, welche sich an das Objekt orientierungswitternd herantrauten und dieses oft sogar direkt inspizierten, charakterisierten wir als A-Typen. Diejenigen, die länger als drei Minuten brauchten oder sich dem Objekt überhaupt nicht näherten, charakterisierten wir als B-Typen.

In einfachen Worten ausgedrückt, versuchten wir herauszufinden, wie die wölfischen Verhaltensreaktionen auf das Testobjekt Bananenschale aussahen.

Durchführung von Test 2

Im Grunde genommen verlief der zweite Test genauso wie Test 1, nur dass wir die Bananenschale mit einer Kamera austauschten, die wir auf ein Dreibein-Stativ montiert hatten.

A-Typen näherten sich der mitten auf einer Straße platzierten Kamera recht schnell und inspizierten das Objekt mitunter hochgradig neugierig.

B-Typen beäugten Stativ und Kamera sehr skeptisch aus der Distanz. Manchmal stand oder saß ein B-Typ-Wolf erst einmal in einem respektablen Abstand zum Objekt „luft-witternd" auf dem Weg. Dann wartete er ab, was als Nächstes passieren würde. Meist näherten sich B-Typen dem Testobjekt überhaupt nicht, machten einen großen Bogen um die Kamera und standen anschließend alarm-wuffend da, bevor sie endgültig das Weite suchten.

Vor allem bei der Persönlichkeitsbestimmung von Jungwölfen, die vor der Kamera mitunter die verrücktesten Verrenkungen vollzogen, konnten wir uns den einen oder anderen Lacher nicht verkneifen.

—— *Um herauszufinden, ob die Wölfe dem A- oder B-Typ zuzuordnen sind, entwickelten wir zwei Verhaltenstests. So bekamen wir schnell Auskunft über die jeweiligen Charaktereigenschaften.*

PERSÖNLICHKEITEN AUS DEN JAHREN 2008 BIS 2010

So wie im chinesisch-philosophischen „Ying-Yang-Konzept" wunderbar beschrieben, so stuften wir auch die „Chefetage" der Pipestones als Balance zwischen den Elementen ein: Spirit als B-Typ-Persönlichkeit, Faith als A-Typ-Persönlichkeit.

Was die Zusammensetzung des Pipestone-Nachwuchses aus dem Jahr 2008 anbelangte, so konnten wir im Dezember 2009 Jährling Chesley als forschen A-Typ und dessen gleichaltrigen Bruder Rogue als scheuen B-Typ charakterisieren. Ebenfalls im Dezember 2009 ordneten wir die „Teenies" Skoki und Raven als scheue B-Typen ein, deren Schwester Blizzard als forschen A-Typ. Persönlichkeitstests im Dezember 2010 ergaben, dass es sich bei den acht Monate alten Jugendlichen Chester und Lillian um A-Typ-Charaktere handelte, deren Schwester Meadow jedoch dem B-Typ zuzuordnen war.

An dieser Stelle sei nochmals betont, dass sich anfangs scheue Wölfe mit der Zeit durchaus an die Gegebenheiten ihres speziellen Lebensraums besser anpassen können und somit im Rahmen dieses Prozesses weniger zurückhaltend agieren. Trotzdem bleibt deren Grundcharakter, der ausnahmslos nur anhand wölfischer Verhaltensreaktionen auf *unbekannte Situationen* und *unbekannte Gegenstände* überprüfbar ist, ein Leben lang gleich. Dieser Logik entsprechend kann auch kein Wolf eine Mischung aus A-Typ und B-Typ sein!

Wolfsrüde Skoki war ein ausgesprochen extrem scheuer B-Typ, der bei gemeinsamen Familienwanderungen nur sehr selten durch offenes Gelände lief.

A-TYP WÖLFIN BLIZZARD UND DAS CLEVERE KOJOTENPAAR

Im Januar 2011 schauten wir uns das Pipestone-Rendezvousgebiet noch einmal etwas genauer an. Überall konnten wir Wolfsaktivitäten nachweisen. Bald folgte Timber, der stets nur darauf wartete, aus dem Auto springen zu dürfen, für geraume Zeit einer frischen Wolfsspur. Timber war wieder voll bei der Sache. Plötzlich drehte es sich zu uns um und schaute uns etwas fragend an, als ob er sagen wollte: „Was ist los, wisst ihr allen Ernstes nicht, was hier gerade abgeht? Was seid ihr eigentlich für eine komische Spezies – benutzt doch mal eure Nase!"

So sicher wie sich Timber über die akute Präsenz von Wölfen war – wir sahen und rochen nichts. Zehn Minuten später kamen wir an eine Stelle, an der die Pipestones höchstwahrscheinlich in der letzten Nacht durchmarschiert waren. Eine Spur trennte sich ab und führte in eine andere Richtung als die übrigen Spuren. Timber folgte der Einzelspur und wir wie Wetter-

Blizzard verfolgt die Spur des frechen Kojoten, der sie zuvor verbellt hatte, kann ihn aber nicht erwischen.

Kojoten sind sehr gewitzt und werden von den Ureinwohnern Kanadas gern als „Hund Gottes" oder auch als „Schlitzohr" bezeichnet.

fähnchen hinterher. Nur wenig später sahen wir Blizzard mit einem Rehbein im Maul auf einer Anhöhe stehen. Wieder einmal hatte Timber Recht gehabt – und so trat er auch auf.

Plötzlich rannte Blizzard bergab hinter einem erwachsenen Kojoten her. Etwas abseits stand ein zweiter Kojote. Der bellte Blizzard frech an, markierte anschließend einen Busch mit Urin und kratzte dann auf dem Boden herum.

Potzblitz – dachten wir –, das ist ja mal ein selbstbewusster Kojote! Gewöhnlich rannten Kojoten so schnell wie möglich weg, nachdem sie einen Wolf erspäht hatten. A-Typ Blizzard überlegte keine Sekunde und rannte holterdipolter los, in Richtung bellendem und markierendem Kojoten. Ihre spontane und wenig durchdachte Aktion war typisch für eine extrovertierte, forsch-agierende Persönlichkeit. Während Blizzard den nun davonrasenden Kojoten verfolgte, beobachteten wir den zweiten Kojoten dabei, wie er diskret den Hügel hinauftrottete, sich das Rehbein schnappte und anschließend mit dem „Beute-Geschenk" irgendwo in den dichten Wald lief.

Fünf Minuten später kam Blizzard auf die Anhöhe zurück und stellte fest, dass das Rehbein gestohlen worden war. Der Kojote, dem sie nachgestellt hatte, war ebenfalls verschwunden. Blizzard schnüffelte hektisch umher und fand sich schließlich damit ab, das Rehbein endgültig „abhaken" zu können. Die Teamarbeit der beiden Kojoten schien sich bestens ausbezahlt zu haben.

Und ja, liebe Behaviouristen und „Canideninstinkt-Fanatiker" – wir hören euch laut und klar: Nein, die Kojoten hatten keinerlei Plan. Wie käme man nur auf so etwas? Das ganze Austricksmanöver der Kojoten um Blizzards Beutestück war ausnahmslos strikt instinktiv gesteuert. Natürlich – was könnte es auch anderes gewesen sein, nicht wahr?

KAPITEL 3

DIE GOLDENEN JAHRE DER PIPESTONES

WÖLFIN LILLIAN SAGT ADE

Wolfswelpen kommen, wie wir schon erwähnt haben, im Bowtal in Erdbauten zur Welt, die ganz in der Nähe zu Straßen und Eisenbahnschienen gelegen sind. Nachdem Spirit und Faith sowohl ihren Jungen aus dem Jahr 2009 (Blizzard, Skoki und Raven) als auch aus dem Jahr 2010 (Chester, Lillian und Meadow) beigebracht hatten, das gesamte Bowtal effektiv und kräftesparend auf der Parkstraße zu durchwandern, stand dieses lebensraumspezifische „Vergnügen" auch für die nächste Generation an. Doch noch war es nicht so weit, sondern die Familie musste erst einmal mit einem Fortgang zurechtkommen.

Ende Februar 2011 hatte sich die knapp elf Monate alte Lillian immer öfter von der Familie abgesetzt, um im benachbarten Sunshine-Tal ganz allein Schneeschuhhasen nachzustellen. Anfangs war uns überhaupt nicht klar, warum sich Lillian so eigenbrötlerisch verhielt. Spontan fiel uns eigentlich als Grund nur die Hochranz ein. Die war seit einigen Wochen im Gange. Anderseits konnten wir uns nicht vorstellen, dass Faith ihre junge Tochter Lillian als ernsthafte Fort-

pflanzungskonkurrentin ansah. Das machte keinen Sinn, weil Lillian nicht nur im Februar, sondern auch im März 2011 mal gemeinsam mit ihrer Familie unterwegs war, dann wieder allein. Um Lillian während ihrer diversen Soloaktionen zu finden, mussten wir Timber einsetzen, der damit wie erwartet keinerlei Schwierigkeiten hatte. Echte Schwierigkeiten hatten nur wir, wenn wir im Schnitt einmal die Woche stramm bergauf hinter unserem Hund herstolpern mussten, damit der uns zeigen konnte, wo Lillian abgeblieben war. „Finden müssen" kam in Timbers Vokabular ohnehin nicht vor, eher „Finden wollen".

Ab Ende März nutzte jedoch die ganze Sucherei nichts mehr – Lillian hatte sich von ihrer Familie abgesetzt. Letztlich hielten wir die frühzeitige Abwanderung der erst einjährigen „Omegawölfin" Lillian deshalb für ziemlich repräsentativ, weil sie sich „zuhause" in der Familie stets extrem unterwürfig verhalten hatte und von ihren kontrollfreudigen Geschwistern Blizzard und Chester manchmal ziemlich heftig gemobbt worden war.

Jungwölfin Lillian im Februar 2011 auf einem ihrer Solo-Jagdstreifzüge im Sunshine-Tal.

GEFÄHRLICHE WÖLFE?

Im Februar und Anfang März wurden wir Augenzeuge von zwei recht ungewöhnlichen Vorfällen. Eigentlich kamen in Banff Begegnungen zwischen Wölfen und Hunden nur sehr selten vor. Die nachfolgenden Beispiele verdeutlichen jedoch, wie dreist und unverschämt sich so mancher Nationalparkbesucher verhält und wie schnell Wölfe im Bowtal als „gefährlich" gebrandmarkt werden können. Doch was war passiert?

Beim ersten Vorfall am 25. Februar 2011 lief eine nicht angeleinte und laut kläffende Terrier-Hündin bis auf fünfzig Meter auf Wölfin Blizzard zu. Wir wollten nicht glauben, was wir da gerade sahen. Ein unkontrollierter Hund rannte im Banff Nationalpark, wo strikter Leinenzwang herrscht, auf eine frei lebende Wölfin zu, ohne dass sich dessen Besitzer in irgendeiner Weise verantwortlich fühlte.

Nach etwa einer Minute stand die Terrier-Hündin in Imponierhaltung zunächst nur stocksteif da. Blizzard fixierte sie aus einer Distanz von zirka zwanzig Metern, unternahm aber weiter nichts. Die Hündin, der das Bellen langsam aber sicher im Halse stecken blieb, musterte und prüfte Blizzards Blick noch eine ganze Weile. Von dem Hundebesitzer war nach wie vor weit und breit nichts zu sehen. Nun hatte Blizzard die Faxen dicke. So viel Dreistigkeit auf einmal – dazu noch von so einem komischen „Miniwolf" – hatte sie wohl noch nie gesehen. Blizzard startete eine in typischer Hoppelschritt-Abfolge eingeleitete Scheinattacke in Richtung Terrier-Hündin. Die schien nun endlich verstanden zu haben, mit wem sie es da auf der Parkstraße zu tun hatte. Es dauerte nur noch ein paar Sekunden, bis sie die zirka 200 Meter zurück zu ihrem Besitzer lief. Der wusste natürlich genau, dass er sein Hundeweibchen illegalerweise ohne Leine hatte herum-

laufen lassen, schnappte sie sich und warf sie schnell auf die Rückbank seines Autos. Danach besaß er noch die Frechheit, Blizzard ein „Hau ab" hinterherzubrüllen und mich als „Spinner" zu bezeichnen, weil ich ihn gebeten hatte, auf seine Hündin künftig besser aufzupassen. Blizzard drehte ab und der Spuk war vorbei.

Der zweite Zwischenfall ereignete sich nur einige Tage später in der Nähe des „Castle Mountain Village". Die wölfische Hochranz war gerade abgeklungen, als ein nicht angeleinter, unkontrollierter Border Collie-Mix tatsächlich versuchen wollte, Leitfähe Faith hinterherzulaufen. Aus Sicht des Rüden war durchaus nachvollziehbar, einer noch „gut riechenden Wolfsdame" folgen zu wollen. Doch wo war der Besitzer des Hunderüden?

Glücklicherweise verhielt sich der Hunderüde schlau genug, indem er kurze Zeit den Boden beschnüffelt hatte und seine Handlung sofort stoppte, als er aus dem Augenwinkel Leitrüde Spirit entdeckte. Wir sahen die Schlagzeilen der nächste Ausgaben sämtlicher Lokalzeitungen von Banff schon förmlich vor unseren Augen: „Aggressiver Wolf tötet Border Collie mitten im Touristengebiet."

Nur Spirit zeigte keinerlei aggressives Verhalten. Stattdessen stellte er sich völlig souverän hin, markierte danach ein nahestehendes Straßenschild mit einem kräftigen Strahl Urin – und das war es auch schon. Die Distanz zwischen Spirit und Hunderüde schätzten wir grob auf 150 Meter. Die in aller Ruhe „cool" vorgetragene Markieraktion signalisierte allerdings Spirits Intention und Ernsthaftigkeit, den fremden Vierbeiner jederzeit als direkten Konkurrenten ansehen zu können. Der Border Collie-Mix „verstand" Spirits chemische Botschaft sofort, drehte sich postwendend um und trabte zu seinem Besitzer. Der absolute Hammer war, dass dieser Hundehalter seit knapp zehn Minuten

damit beschäftigt war, den Kofferraum seines Autos aufzuräumen, ohne von der wölfischen Präsenz (Spirit und Faith) das Geringste mitbekommen zu haben.

Anmerkung zu diesen verblüffenden Erlebnissen: Was wäre eigentlich passiert, wenn einer der Pipestone-Wölfe aus gutem Grund einen der unbeaufsichtigten Hunde gebissen hätte, obwohl deren Besitzer sie per Nationalpark-Gesetz jederzeit hätten ausnahmslos an der Leine führen müssen?

Da sich die Antwort auf diese Frage jeder lebhaft vorstellen kann, nimmt uns hoffentlich keiner übel, darauf verzichtet zu haben, unsere Beobachtungen irgendwelchen Wildtiermanagern zu melden. Das wäre ja wohl noch schöner.

CHESTER UND DIE RABEN

Chester war wegen seines unübersehbaren Brustflecks schon von Weitem einfach zu identifizieren. Während Spirit und Faith hauptsächlich mit Werbeverhalten, einschließlich langen Parallelläufen und einigen Paarungsakten beschäftigt waren, lungerten Blizzard und die beiden Teenager Lillian und Meadow etwas gelangweilt um unsere Autos herum. Am 31. Januar 2011 blickten wir zum x-ten Mal dem fortpflanzungsfreudigen Leitpaar hinterher, als es sich hinter einem Hügel wieder einmal in Luft auflöste. Am späten Nachmittag tauchte Chester an den Resten eines Elchkadavers auf und fing auch gleich an zu fressen. Nur ganze drei Meter über seinem Kopf flog eine große Horde Raben und landete dann direkt neben Chester. Den schien das alles nicht im Geringsten zu interessieren, schließlich stand ihm allein u.a. der riesige, unberührte Hinterlauf eines toten Elchs zur Verfügung. Was für

Jungrüde Chester liebte
Raben und arrangierte
sich mit ihnen völlig
problemlos.

ein Festschmaus für einen Wolf, der sein „Abendessen"
mit keinem anderen Familienmitglied teilen musste.

Chester kaute noch genüsslich an besagtem Elch-
bein herum, als einer der Raben damit begann, nur
25 Zentimeter neben dessen Gesicht auf und ab zu
hopsen. Doch nichts geschah. Töten Wölfe denn nun
Raben, wie oft behauptet wird, oder nicht?

Eine pauschale Antwort wäre nicht seriös. Aber, in
seltenen Fällen kann das vorkommen. Es gibt Wolfsindividuen, die Raben regelrecht zu hassen scheinen.
Andere Wölfe wie zum Beispiel Chester sind extrem
tolerant und gehen regelrechte Bindungsbeziehungen
mit speziellen Raben ein. Einige dieser Beziehungen
sind zeitlimitiert, andere langzeitlich angelegt. Evolu-
tionsbiologisch betrachtet, verbindet Wolf und Rabe
eine lange Geschichte, die uns eigentlich bestens vertraut sein müsste.

Nachdem wir damals über eine Stunde hinweg
mehrere Dutzend Interaktionen zwischen Chester und
den Raben aufgezeichnet hatten, fiel uns einer der
schwarzen Vögel ganz besonders ins Auge, der dem
Wolfsrüden näher kam als alle anderen Raben. Hier
begegneten sich in der Tat ein wagemutiger A-Typ-Rabe
und ein A-Typ-Wolf. Fasziniert von deren spezies-
übergreifender Kommunikation und dem gegenseitigen
Interesse dieser unterschiedlichen Tiere, schauten wir
ziemlich dumm aus der Wäsche, als der Rabe ganz
gezielt auf Chesters Rücken landete. Genau dort blieb
der Rabe anschließend fast eine Minute lang sitzen!

Wer jetzt irgendeine Abwehrhandlung von Chester
erwartet hatte, wurde bald eines Besseren belehrt.
Chester reagierte überhaupt nicht. Er schüttelte sich
noch nicht einmal, blieb einfach ruhig stehen und verhielt sich total „chilled out". Auch der Rabe fand das
alles ganz normal. Auch er fühlte sich in keiner Weise
beunruhigt oder gar fehl am Platz.

Viele Ureinwohner Kanadas bezeichnen Raben auch heute
noch als „die Augen der Wölfe", weil sie die großen Beutegreifer
über spezielle Warnlaute frühzeitig vor Gefahren warnen.

——— In der nordischen Mythologie wurde Kriegsgott Odin stets von seinen beiden Wölfen, Geri und Freki, begleitet, aber gleichzeitig auch von den beiden Raben Hugin und Munin.

Für uns bedeutete diese „Wunder-Szene", die aus einem Märchenbuch hätte stammen können, eines der verblüffendsten Erlebnisse unserer gesamten Forschungszeit. Es ist schon erstaunlich, wie weit individuelle Begegnungen zwischen Tieren gehen können.

Nach einiger Zeit trabte Chester einfach kommentarlos von dannen. Der Rabe stieg auf und flog direkt über Chesters Kopf. Die frohe Kunde, die sich in unser Hirn für immer und ewig einbrannte, war, dass Vertreter dieser beiden so unterschiedlichen Spezies manchmal so ungewöhnlich eng miteinander verflochten sind, wie wir Menschen es uns einfach nicht vorstellen können. In manchen abendfüllenden Gesprächen mit Paul Paquet, Shelley Alexander, Mike Gibeau oder anderen befreundeten Wissenschaftlern haben wir uns gefragt, ob man die so spezielle Langzeitsymbiose Wolf-Rabe nicht als eine der wichtigsten und wertvollsten Mischgruppen der Tierwelt ansehen sollte?

Ein junger Weißkopf-Seeadler und eine ihn begleitende Kleingruppe Raben ziehen ihre Kreise in der Nähe eines Huftierkadavers.

UNERWARTETER UMZUG IM BOWTAL

In den letzten Märztagen 2011 schien bei den Pipestones ein großer Umbruch anzustehen. Zu unserer großen Überraschung fanden wir zum ersten Mal heraus, dass sie ihren alten Höhlenstandort im westlichen Bowtal (siehe Nr. 2 in Karte Seite 13) aufgegeben hatten. Das war schon irgendwie seltsam, denn Wolfsmütter verhalten sich normalerweise sehr standorttreu.

Die hochträchtige Faith kontrollierte nicht, wie gewohnt, die alte Höhle im westlichen Bowtal, sondern buddelte stattdessen an völlig anderer Stelle jene Erdbauten weiter aus, die bis 2009 die Bowtal-Wolfsfamilie in Beschlag genommen hatte (siehe Nr. 3 in Karte Seite 13). Mit diesem „Schachzug" der Wölfe hatten wir überhaupt nicht gerechnet: Wollte Faith etwa in Delindas alter Höhle ihre Welpen gebären?

Die alte Höhle der Bows war allerdings innerhalb des Bowtals nicht nur strategisch günstig gelegen, sondern auch abseits von Wanderwegen und somit potentiellen Störungen durch Menschen. Ob sich Mama Faith deswegen für einen kompletten Umzug innerhalb des Bowtals entschieden hatte?

Am 7. April 2011 versammelten sich die Pipestones inmitten ihres neuen Zentralreviers um einen am Rande der CP-Rail zuvor erschnüffelten Kadaver. Während Faith den in der Nähe zur Eisenbahnschiene gelegenen Erdbau noch ein wenig ausbaute, rissen Chester und Meadow einige Fleischbrocken aus dem toten Huftier heraus. Ein näherer Blick durchs Fernglas offenbarte, dass es sich um einen Elch handelte.

Schrecklich, aber wahr: Nur einen Tag danach wurde Meadow, hundert Meter von dem toten Elch entfernt, von einer der Zugkolonnen erfasst und regelrecht in Stücke gerissen. Ab sofort waren die Pipestones nur noch zu viert: Spirit, Faith, Blizzard und Chester.

Bevor ich wegen des Todes von Meadow vor lauter Wut in die Luft gegangen wäre, und irgendwelche Manager der CP-Rail-Geschäftsstelle telefonisch beschimpft hätte, konnte mich Karin, ihres Zeichens B-Typ, gerade noch beruhigen. Viele Außenstehende können sich nicht ausmalen, wie miserabel man sich als Freilandforscher bisweilen fühlt und was man „der guten Sache wegen" so alles hinunterschlucken muss.

Wie schon vermutet, verabschiedete sich Faith am 13. April nun tatsächlich in Richtung Delindas Höhle. Ab sofort übernahm Spirit das Kommando. Faith konnte sich darauf verlassen, von ihrem Partner mit Nahrung versorgt zu werden. In den darauffolgenden Tagen sahen wir vornehmlich Spirit und Blizzard, die sich mit gefüllten Mägen gemeinsam am Höhlenstandort versammelten, um Faith zu unterstützen – und das in der Regel sogar zweimal täglich.

HÖLLENMASCHINE EISENBAHN

Ab Mitte April machte uns Timber fast jeden Morgen darauf aufmerksam, dass neben Spirit auch Blizzard und Chester auf den Bahngleisen zu finden waren. Zuvor hatte Timber uns gedrängt, weiterzusuchen, nachdem wir auf der CP-Rail ein in hundert Stücke zerfetztes Reh gefunden hatten. Doch das schien laut Timber nicht alles gewesen zu sein. Auch anhand von

Scharen aus opportunistisch handelnden Raben und Elstern dämmerte es auch John und mir so langsam, dass neben dem Reh, nur zwei Kilometer entfernt, außerdem die Überreste eines jungen Hirschbullen lagen.

Timber hatte ihn sofort gefunden. Wir brauchten uns nur seiner Führung anvertrauen. Wieder einmal wurde uns schonungslos offenbart, wie schlecht unsere Sinnesleistungen, insbesondere der Geruchssinn, im Vergleich zu denen unserer Hunde sind.

Während Spirit, Blizzard und Chester auf dem Eisenbahngleis irgendwelche Reste von toten Rehen aufsammelten, kam uns der Gedanke, anhand der seit Ende 2008 stapelweise in einem Aktenordner abgehefteten Zeitungsberichte und eigener Protokollnotizen zu überprüfen, wie viele getötete Tiere ausnahmslos auf das Konto der „CP-Eisenbahngesellschaft" gingen. Die errechneten Zahlen waren der blanke Horror. Zwischen dem 15. Oktober 2008 und dem 15. April 2011 waren allein im Bowtal 46 verschiedene große Säugetiere im Eisenbahnverkehr zu Tode gekommen. Eine Schande, wenn man bedachte, wie frohlockend positiv sich das Management der CP-Rail und das von Parks Canada in Zeitungsartikeln zur „historischen Zusammenarbeit für eine deutliche Reduktion von Tiertötungen" äußerten.

In der Realität war von deutlicher Reduktion nichts zu sehen. Wieder schrieben wir einen Brief an die Verantwortlichen, wieder wiesen wir auf die Möglichkeit der freiwilligen Geschwindigkeitsbeschränkung für Züge hin und wieder wurden wir mit der immer gleichen Antwort abgespeist: „Wir werden Versäumnisse erkennen und alles nur Erdenkliche tun …".

Blizzard bekaut ein
Rehbein, das sie auf der
CP-Rail gefunden hat.

Paul Paquet, der sich auch regelmäßig über die „Höllenmaschine Eisenbahn" aufregte und beschwerte, traf den Nagel auf den Kopf, als er mich in einem Telefongespräch fragte: „Wo ist im oberen Management von Banff und von CP-Rail bloß der moralische Kompass geblieben, an der unhaltbaren Situation ernsthaft irgendetwas Entscheidendes verändern zu wollen?"

Nachfolgend möchten wir einige Zahlen und Fakten präsentieren, die das erschreckende Ausmaß der in einem der berühmtesten Nationalparks der Welt auf unnatürliche Weise zu Tode gekommenen, großen Säugetiere bewusst macht.

Das Diagramm zeigt eine Auflistung verschiedener Spezies und die Anzahl der Tiere (%), die im Bowtal von Banff auf der CP-Rail in den Jahren 2008 – 2011 ihr Leben lassen mussten.

Auf der CP-Rail registrierte Huftiere
und Beutegreifer (n = 46)

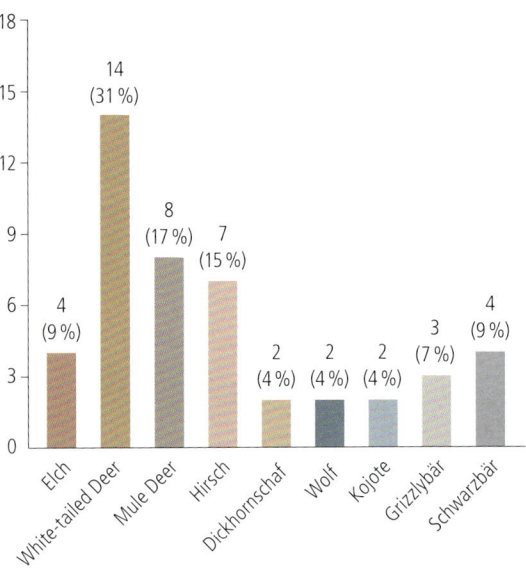

EIN SOMMER, DER ES IN SICH HATTE

Ein kurzer Einsatz von Timber und schon waren auch die letzten Zweifel ausgeräumt, wo die Pipestones nach ihrem Umzug vom westlichen Bowtal ins 25 Kilometer weiter östlich gelegene Gebiet der „Moose Meadows" ihr neues Lieblingsrendezvousgebiet eingerichtet hatten (siehe Nr. 4 in Karte Seite 13).

Timber, ein A-Typ, die sich ja bekanntermaßen stets als extreme „Kontrollettis" hervortun, hatte uns bis Mitte Mai die Schlafmulden sämtlicher Pipestone-Wölfe angezeigt. Noch aber hielten sich Faith und die neue Welpenschar, die wir einige Male kurz heulen hörten, im nahegelegenen Höhlenkomplex auf. Ein wenig rätselten wir immer noch darüber, warum die Pipestones ihr altes Zuhause aufgegeben hatten. Irgendwie schienen sie sich jedenfalls hier recht wohl zu fühlen.

Am 31. Mai 2011 sahen wir die ersten Welpen der neuen Generation. Ein wunderbares Gefühl. In tiefer Ehrfurcht miterleben zu dürfen, wie eine Horde wilder Wolfswelpen sich wie Sumo-Ringer herumbalgen, empfanden John, Karin und ich immer als Ausgleich für all die frustrierenden Dinge, die wir zu verkraften hatten.

Auch Timber, der wie wir von nun an fast jeden Morgen und nachmittags die „Live-Show" vom Auto aus verfolgte, schien von den Welpen hingerissen zu sein. Ja, wir hatten Spaß – viel Spaß.

Faith hatte es dieses Mal erfolgreich geschafft, sieben Welpen zu säugen. Zwischenzeitlich war sie längst wieder mit von der Partie, wenn es darum ging, Jagdstreifzüge zu unternehmen. Oft wanderte sie aber auch allein umher – im Juni 2011, vornehmlich in den frühen und noch kühlen Morgenstunden zwischen fünf und sechs Uhr. Derweil kümmerte sich „Tante Blizzard" wieder einmal intensiv um die 7 – 10 Wochen alten Racker.

In den ersten Julitagen konnten wir Blizzard manchmal über eine volle Stunde hinweg bewundern, wenn sie die sieben Welpen auf einen Spaziergang um die Höhle führte. Nun war auch die Zeit gekommen, die Rasselbande entlang der Parkstraße in Richtung Rendezvousplatz zu führen. Die Kleinen liebten es, mit Blizzard zusammen zu sein. Diese verhielt sich meist sehr geduldig und freundlich, selbst dann noch, wenn einer der Welpen versuchte, an ihr hochzuspringen. Blizzard schien Nerven aus Draht zu haben. Wenn die enthusiastische Welpenschar um sie herum ein Rennspiel initiierte, konnte es auch einmal etwas rauer zugehen. Bei diesen Gelegenheiten hopste Blizzard auf den dreistesten Welpen zu, drückte diesen quasi im Vorbeilaufen kurz und bündig auf den Boden – ein kurzer „Quietscher" – und weiter ging es.

—— Es ist immer wiedere ein einzigartiges Gefühl, wenn die ersten Welpen der nächsten Generation ihre Höhle verlassen und wir Freilandforscher sie zum ersten Mal zu Gesicht bekommen.

In den zurückliegenden Wochen schafften wir es vor lauter Filmen und Fotografieren des „wölfischen Kindergartens" kaum noch, mit dem Aufschreiben der ganzen Ereignisse einigermaßen Schritt zu halten. Rund 35 % der frühsommerlichen Beobachtungszeit verhielten sich Spirit, Faith, Blizzard und Chester tagaktiv. In erster Linie waren es Blizzard und gelegentlich auch Spirit, die am helllichten Tag mit dem Nachwuchs bevorzugt auf einem kleinen Parkplatz herumalberten. Hinzu kamen noch einmal rund 20 % an Beobachtungen auf der Parkstraße, in denen wir alle möglichen

Aktivitäten der Pipestone-Wölfe sowohl morgens als auch nachmittags registrierten. Wie Vertreter der Jägerschaft und etlicher Behörden darauf kommen, jegliche Tagesaktivitäten frei lebender Wölfe als „nicht normal" einzustufen, war und wird für uns Freilandforscher, die exakt das Gegenteil erleben, immer ein Rätsel bleiben. Wie sollen Wölfe, die in einer Menschenwelt heimisch sind, nimmersatte Welpen versorgen, ohne tagaktiv zu sein und über Stunden hinweg nach Futter zu suchen?

SCHUTZMASSNAHMEN, DIE EIGENTLICH KEINE WAREN

Vorweg gilt es, in aller Deutlichkeit zu unterstreichen, dass seit Beginn unserer Freilandstudie im Jahre 1992 bis zum Frühsommer 2011 kein einziger Welpe im Autoverkehr auf der Parkstraße getotet worden war. Trotzdem erachtete es die Managementabteilung von Banff im Juni 2011 plötzlich für zwingend erforderlich, Warnschilder inmitten des Höhlen- und Rendezvouskomplexes der Pipestones aufzustellen, mit der Aufschrift: „Warden Service: Area Closed."

Natürlich war es sehr vernünftig, das eigentliche Höhlengebiet für jeglichen Publikumsverkehr zu sperren. Doch musste man gleich „das Kind mit dem Bade ausschütten", indem man diese Warnschilder im gesamten Kernrevier der Pipestones alle paar Hundert Meter mitten auf der Parkstraße postierte?

John meinte: „Lächerlich, erst machen sie (Parks Canada) gar nichts, und dann verraten sie jedem Parkbesucher den genauen Höhlenstandort. Daraus soll noch einer schlau werden."

Karin und mein Eindruck war: Gut gemeint ist mitunter schlecht gemacht. Waren die sieben Welpen anfangs noch von Touristen unbemerkt auf der Parkstraße aufgetaucht, so schienen sich nach Aufstellung der

Links: Sechs der sieben Pipestone-Welpen aus dem Jahr 2011 bei einem ihrer frühzeitigen Ausflüge mit Gewöhnung an menschliche Infrastruktur.

Oben: Ein sich der „Hauptbabysitterin" Blizzard annähernder Welpe signalisiert aktive Unterwerfungsbekundungen.

Unten: Weiteres Beispiel für eine altersbedingt „automatisiert" dargebotene Unterordnungsbekundung, wobei Blizzard die aktive Handlung des Welpen einfach ignoriert.

Einer der Welpen läuft unbeirrt an einem auf der Parkstraße postierten Warnschilder vorbei.

Eines der unsäglichen Hinweisschilder am Rande des Höhlenkomplexes.

Warnschilder unsere schlimmsten Befürchtungen zu bestätigen. Die „dämlichen Hinweisschilder" wirkten wie ein Magnet auf bis dahin ahnungslose Parkbesucher und Fotografen. Diese rollten ab sofort wie eine Lawine über die Pipestones hinweg. Auto an Auto hielt neben uns an und wir wurden gefragt: „Wisst ihr, wo die Wolfswelpen sind?" Natürlich wussten wir das. Verraten wollten wir das trotzdem niemandem. Zum Glück schafften es Spirit, Faith und Blizzard, die Welpenschar schon frühmorgens zum Rendezvousplatz zu bringen. Da die allermeisten Touristen erst ab 9 Uhr auf der Parkstraße aktiv wurden, ließ sich das Alltagsleben der Pipestones Anfang Juli 2011 im Großen und Ganzen noch verheimlichen.

Mitte Juli 2011 tauchten auf der Parkstraße immer mehr „Wolfsenthusiasten" auf. Die meisten von ihnen wussten jedoch nichts über den genauen Standort des Pipestone-Rendezvousgebiets (siehe Nr. 4 in Karte Seite 13). Wo dieser war, wussten Dank Timber nur John, Karin und ich. Glück im Unglück – unser Geländewagen

war mit stark getönten Scheiben ausgestattet, was natürlich half, unsere Verhaltensbeobachtungen größtenteils diskret und unbemerkt durchzuführen.

188 Verhaltensprotokollierungen und Videoaufzeichnungen kamen so zum Interaktionsverhalten der Welpen untereinander und zu deren sozialem Beziehungsaufbau mit Spirit, Faith und Blizzard zusammen. Eigentlich konnten wir noch ganz zufrieden sein mit der Ausbeute. Trotz aller Störungen war es uns gelungen, wichtige Detailinformationen zur Frage zu erhalten, wann, wie oft und wie lang sich jeder der erwachsenen Pipestone-Wölfe im Höhlenkomplex aufgehalten hatte, bzw. diesen wieder verließ, .

Außerdem lernten wir noch jenes „hauseigene" Rabenpaar näher kennen, das am Rande des Pipestone-Rendezvousplatzes, nur 500 Meter Luftlinie vom Höhlenkomplex-Erdbau entfernt, seine Jungen aufzog und in eiliger Hektik mit größeren Insekten wie Grashüpfern, Mäusen und allem möglichen „Unidentifizierbarem" versorgte.

Am 4. Juli 2011 verließ die gesamte Pipestone-Familie ihren geliebten Rendezvousplatz. Unser Eindruck war, dass sie sich um 7:16 Uhr in Richtung eines ungefähr drei Kilometer weiter entfernten Platzes aufgemacht hatten, weil durch das alte Rendezvousgebiet mehrfach hintereinander eine Wandergruppe lief. Spirit und Faith, die die Touristen schon von Weitem hatten auf sich zukommen sehen, brachten die Welpen jedes Mal in den Wald. Verrückt: Keiner der bis zu fünf Wanderer hatte eine Ahnung davon, dass jeder einzelner ihrer Schritte in nur dreihundert Metern Entfernung von einer kompletten Wolfsfamilie genau im Auge behalten wurde. A-Typ Blizzard kontrollierte vom Waldrand aus die Touristenaufmärsche immer solange, bis auch der letzte Wanderer außer Sicht war. Überraschenderweise war auch Chester wieder da. Auch er konnte es als A-Typ-Kontrolletti einfach nicht lassen, die ihm hochgradig suspekt erscheinenden Wandergruppen, aufmerksam beobachtend, im Blick zu behalten. Faul wie er war, legte er sich dabei hin.

Blizzard und ein schwarzer Welpe heulen zusammen im Rendezvousgebiet, was der Einübung und späteren Wiedererkennung individueller Frequenzen jeden Mitglieds einer Wolfsfamilie dient.

Im neuen Rendezvousgebiet angekommen, blieb einer der Welpen an einer Waldlichtung wie angewurzelt stehen und fing an zu heulen. Es dauerte nur wenige Sekunden, bis nacheinander alle Pipestones, ob groß oder klein, in ein weithin hörbares Chorheulen eingestimmt hatten. Ein tolles Erlebnis!

Einen Tag später ergab sich endlich eine gute Gelegenheit, die sieben Welpen präzise auseinanderzuhalten. Das Ergebnis: vier schwarz-gefärbte Rüden, zwei schwarze Weibchen und ein grau-braunes Weibchen. Insgesamt schien der ganze Nachwuchs in exzellenter Verfassung zu sein. Das war erfreulich.

Am Nachmittag desselben Tages sahen wir Blizzard, als sie fünf Kilometer vom Rendezvousgebiet entfernt, achtlos an einem Kojoten vorbeitrottete, der in einem Abstand von 200 Metern zu ihr Mäuse fing. Blizzard interessierte das nicht im Geringsten. Hier an Ort und Stelle sahen wir nochmals unsere Vermutung bestätigt, dass Wölfe eben nicht generell Kojoten töten, sondern ihre wesentlich kleineren und leichteren Verwandten situativ verscheuchen oder aber tolerieren.

UNTERBRECHUNGEN WÖLFI-SCHER JAGDBEMÜHUNGEN

Im Haupttreisemonat Juli hatte die Touristenwelle eine gefährliche Dynamik angenommen. Die stetig zuneh-mende Problematik wölfischer Jagdunterbrechungen empfanden wir als besonders schlimm. Sobald irgendein Autofahrer einen oder mehrere Wölfe hinter einem Reh herlaufen sah, fuhr er nicht, wie wir, zur Seite und stellte den Motor ab, sondern flog förmlich aus seinem Auto heraus. Irgendwie war es ja verständlich, dass Lai-en, die eine solch selten beobachtbare Jagdszene sahen, nicht wussten, dass Wolfsbeobachtungen aus einem Fahrzeug heraus wesentlich vielversprechender ablaufen, als zu Fuß hinter den Tieren her zu rennen. Doch wo waren die Parkangestellten, die ihnen das erklärten?

Unglaublich, aber wahr: An manchen Tagen im Juli 2011 standen innerhalb weniger Minuten bis zu zehn verwaiste Autos mit laufenden Motoren und offenen Türen ungesichert und unbewacht mitten auf der Parkstraße. Die dazugehörigen Fahrer und Fahrerinnen, die nicht selten ein komplettes Verkehrschaos anrichte-ten, rannten zum Teil Hunderte Meter von ihren Autos entfernt, überall verstreut, im Bowtal herum. Logisch, dass selbst forsche A-Typ-Wölfe wie seinerzeit Blizzard und Chester, augenblicklich Fersengeld gaben und, so schnell sie konnten, im Wald verschwanden.

Jeder, der mich kennt, kann sich lebhaft vorstellen, wie sehr ich angesichts dieser menschlichen Ignoranz und Respektlosigkeit gegenüber Wildtieren „schimpfte wie ein Rohrspatz". Einige Minuten später taten mir dieselben Parkbesucher, über die ich mich unnützer-weise so sehr aufgeregt hatte, wieder leid. Schließlich trugen nicht sie, die womöglich das Wolfserlebnis ihres Lebens gehabt hatten, die Hauptschuld an der Misere, sondern das Management von Banff.

Statt „habituierte" Tiere ab und zu völlig dilettan-tisch mit aversiven Konditionierungsutensilien zu be-schießen, wären permanente Präsenz und sachlich-fachliche Aufklärungsarbeit auf der Parkstraße hilfreich gewesen.

Wie dramatisch die Einflüsse des Massentourismus auf der Parkstraße wirklich waren, zeigt unsere Analyse aus insgesamt 17 Vorkommnissen aus nur sechs Wochen, in denen Touristen oder lokale Fotografen entweder Spirit, Faith oder Blizzard so massiv störten, dass diese ihre Jagdbemühungen abbrechen mussten.

Die einzig gute Nachricht in all dem sommerlichen Chaos war, dass Touristen keinerlei Ausdauer zu haben scheinen. Waren die Wölfe verschwunden, verschwan-den auch ihre menschlichen Verfolger.

Ob ein Wolf trotz der ständigen Störungen tatsächlich ein Beutetier weiter verfolgt und ggf. sogar getötet hatte, wussten wir „system-vertrauten" Beobach-ter erst später – „Abwarten und Tee trinken".

Natürlich sahen wir es als ein Privileg an, jederzeit gemütlich über Stunden im Geländewagen sitzen und abwarten zu können, bis beispielsweise eine Horde Raben auftauchte. War den Pipestones allen widrigen Umständen zum Trotz Jagdglück beschieden, landete die opportunistische Rabenschar natürlich genau dort, wo die Wölfe zugeschlagen hatten. Sobald einer von ihnen die dicke Haut eines großen Beutetieres aufge-rissen hatte, eröffnete dies den Raben, die das ohne Hilfe der Beutegreifer allein nicht konnten, die Mög-lichkeit zu einem endlosen Festmahl.

Der „Rabenpapst", Prof. Bernd Heinrich, beschreibt den Wolf in seinen Büchern oft als „Wächter des Raben". In der Tat konnten auch wir, wie Bernd auch, in Banff immer wieder bestätigen, dass sich Raben an Beute-tierkadavern ohne die Präsenz von Wölfen äußerst unwohl fühlen. Sehr aufschlussreich war in diesem Zusammenhang auch die Tatsache, dass Spirit, Faith, Blizzard und Chester sehr ernsthaft Kojoten, Füchse oder Marder von ihren Beuterissen verscheuchten, währenddessen sie dieses gegenüber Raben zumeist nur sehr halbherzig taten.

ZURÜCK ZU ALTBEWÄHRTEM IN HEKTISCHEN ZEITEN

Am 27. Juli 2011 führte Faith ihre Welpen in westliche Richtung entlang der CP-Rail. Der Berichterstattung eines Bahnangestellten zufolge wurde nachts darauf ein schwarzer Welpe auf der CP-Rail getötet. Am Mor-gen danach saßen wir mit offenem Mund da, als wir um 6:25 Uhr Faith, Blizzard und die verbliebenen sechs Welpen in der Nähe des alten Pipestone-Höhlenkom-plexes wiederfanden (siehe Nr. 2 in Karte Seite 13).

Wir wussten nicht, wie wir das einschätzen sollten. Nicht nur, dass die Distanz zur Geburtsstätte des dies-jährigen Nachwuchses geschätzte 15 Kilometer betrug. Wir fragten uns, warum Faith ihren zu jenem Zeitpunkt erst knapp 3 ½ Monate alten Welpen solche Strapazen zugemutet hatte?

Anzahl (%) und Wolf, dessen Jagdbemühung entweder durch Autoverkehr oder herumrennende Touristen zwischen Mitte Juni und Ende Juli 2011 auf der Parkstraße unterbrochen wurde (n = 17)

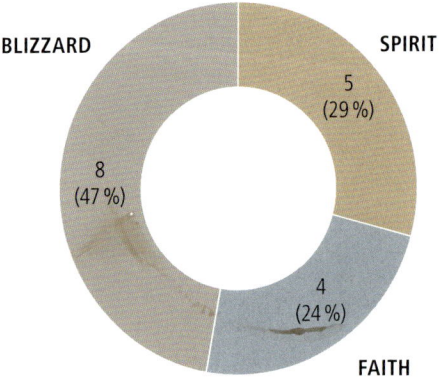

BLIZZARD

SPIRIT

5
(29 %)

8
(47 %)

4
(24 %)

FAITH

Spirit wird durch Autoverkehr aktiv daran gehindert,
seine Jagdbemühungen
entlang der Parkstraße weiter
fortführen zu können.

Warum waren die Pipestones nach ihrem ersten Umzug im Frühjahr nun in einer wahren Nacht- und Nebelaktion wieder in ihre alte Heimat zurückgekehrt?

Außer irgendwelcher Spekulationen fiel es uns schwer, eine zufriedenstellende Antwort zu finden. Ehrlich gesagt, konnten wir uns keinen Reim darauf machen, warum die Pipestones nach der Geburt ihrer Welpen im östlichen Hillsdale-Gebiet auf einmal wieder ihren alten Höhlenkomplex bevorzugten.

Auf Nachfrage bei unseren Fachberatern Paul Paquet und Mike Gibeau bekamen wir zur Antwort: „Die Welt der Wölfe ist unergründlich." Die unkonventionelle Art, wie diese beiden bekannten Wissenschaftler uns stets auf unnachahmliche Weise berieten, erteilte uns eine nachdenkenswerte Lektion:

Keinem Wolfsbeobachter fällt ein Zacken aus der Krone, wenn er unumwunden zugibt, etwas nicht zu wissen!

Nach unserem Eindruck schien die Welt für die Pipestones am altbekannten Geburtsort von Blizzard, Skoki und Raven wieder in Ordnung zu sein. Hier konnten die neuen Welpen endlich unbeschwert herumtoben. Kein Mensch hatte etwas von der ungewöhnlichen Umzugsaktion der Wölfe mitbekommen.

Ehrlich gesagt genossen auch wir es, nach Wochen der Hektik hier unsere Ruhe zu haben. Endlich konnten Karin und ich ungestört filmen und John ohne Störungen seine Bilder machen. Am 31. Juli 2011 kehrte Faith um 16:11 Uhr nachmittags erfolgreich von einer Jagd ins Rendezvousgebiet zurück. Sogleich wurde sie begeistert von allen sechs Welpen begrüßt. Deren aktives Schnauzenstoßen und Maulwinkellecken stimulierte Faith, einen riesigen Berg Futterbrei hervorzuwürgen, den

die Welpen in Sekundenschnelle auffraßen. Auch Papa Spirit lag häufig satt und zufrieden irgendwo auf einer Anhöhe. Wenn er nicht vor sich hin döste, schaute er dem bunten Treiben seiner großen Tochter Blizzard mit den Welpen zu.

ERSTE BEGEGNUNGEN MIT BÄR UND HIRSCH

Am frühen Morgen des 4. Augusts 2011 spielten die Welpen auf einem kleinen Seitenweg ohne direkte Bewachung durch einen Erwachsenen „Nachlaufen". Zehn Minuten darauf sprintete der komplette Pulk in ein angrenzendes Wäldchen. Timber schaute durch das Rückfenster unseres Autos und fing an, fürchterlich zu bellen. Das war ungewöhnlich, aber nachvollziehbar, denn einen Meter hinter unserem Auto kreuzte eine zimtfarbene Schwarzbärin mit ihrem ebenfalls zimtfarbenen Jungen einen Waldweg. Timber war das nicht entgangen. Die Bärin schaute im Vorbeilaufen zu unserem Hund herüber, wechselte die Gangart und ging einen Schritt schneller in Richtung Wald.

Doch wo waren die erwachsenen Wölfe? Niemand von ihnen tauchte auf, der die Bärin herausgefordert hätte. Die stapfte stattdessen „luft-witternd" durch die Landschaft und schaffte es, ohne großes Aufsehen zu erregen, ihr Kleines unbehelligt in den Wald zu führen. Nur zwei Minuten später entschlossen sich drei der Welpen, von einer ungefähr 100 Meter entfernten Lichtung aus, im Kollektiv „alarmwuffend" langsam aber sicher in Richtung der Bärenmutter zu gehen. Die wurde nun nervös. Ein kurzer Warnlaut und schon kletterte ihr

Zimtfarbene Schwarzbären kommen in den Rocky Mountains selten vor.

Junges eine nahestehende Kiefer hinauf. Im oberen Teil angekommen, verharrte es hoch oben im Baum. Nachdem sich ihr Junges endgültig in sicheren Gefilden aufhielt, setzte sich Mama Bär hin und musterte die nun abwechselnd kläglich wuffenden und bellenden Wolfswelpen. Nach ein paar Minuten hatten sich alle Beteiligten beruhigt, und die Welpen verkrümelten sich in ihr Rendezvousgebiet. Trotzdem schien der Bärin die ganze Sache noch nicht so richtig geheuer zu sein. Es dauerte eine geschlagene Viertelstunde, während der sie zwischendurch immer einmal auf dem Boden liegend einnickte, bis sie ihre Schutzbemühungen beendete und ihrem Kleinen erlaubte, Schritt für Schritt den Baumstamm der Kiefer herunterzusteigen.

Über eine Stunde nach diesem spektakulären Ereignis kamen Spirit und Blizzard gelassen und unaufgeregt aus dem Wald – von Kampfesstimmung keine Spur. Etwas später erschien auch Faith, ebenfalls tiefenentspannt. Es dauerte keine Minute und schon hatten sich die drei (wie sie es in ruhigen Zeiten regelmäßig taten) ganz selbstverständlich um unser Auto versammelt. Dann legten sie sich hin und nahmen sich eine wohlverdiente Auszeit von den „Kids". Von dem Schauspiel mit der Bärin hatten die Alttiere aufgrund ungünstiger Witterungsverhältnisse im wahrsten Sinne des Wortes „keinen Wind bekommen".

Nur einen Tag darauf waren wir dann völlig aus dem Häuschen, als Spirit und Blizzard versuchten, nur 50 Meter vor unseren Augen einen jungen Hirschbullen aus der Reserve zu locken. So etwas mitverfolgen zu können, ist im weitestgehend dicht bewaldeten Bowtal relativ selten. Spirit und Blizzard taten alles, um den Hirschbullen in Panik zu versetzen. Leider ging dieser Plan ganz und gar nicht auf. Blizzard wechselte die Strategie und lief seitlich an dem Hirsch vorbei, um ihn ggf. umzingeln zu können. Doch der Hirsch stellte sich so dicht an eine Gruppe Weidenbüsche, dass Blizzard keine Chance bekam, eine überraschende Attacke aus dem Hinterhalt zu starten. Spirit versuchte es frontal mit einem blitzschnellen Vorstoß. Doch der war zu halbherzig, um den Wapitibullen zu beeindrucken. Stattdessen signalisierte dieser den beiden Wölfen mit eindeutiger Gestik und Mimik, dass er fit und jederzeit verteidigungsbereit war.

Als sich die wölfische Testphase dem Ende neigte, kam Faith um die Ecke. Einige Meter hinter ihr rasten alle sechs Welpen um eine Buschgruppe herum. Karin und ich waren uns nicht darüber einig, ob Faith mehr zufällig gekommen war oder aber geplant hatte, dem nunmehr fast vier Monate alten Nachwuchs ein wenig Anschauungsunterricht zu erteilen. Egal, welche Variante auch letztlich wahrscheinlicher schien – „die Hirsch-Überrumpelungsaktion" endete erfolglos. Irgendwie löste sich dann alles in Luft auf. Spirit und Blizzard hatten genug gesehen. Warum einen kerngesunden Hirsch attackieren und dabei womöglich noch Verletzungen riskieren, wenn die Erfolgsaussicht so gering war?

Faith ging von vornherein gar nicht näher an den Hirsch heran, dessen aggressive Verhaltensabfolgen sie genau einzuschätzen wusste. Die Jungwölfe standen für einige Zeit mit weit aufgerissenen Augen da, tiefbeeindruckt von dem Riesenhirsch, der eigentlich so riesig gar nicht war. Dann drehte Spirit ab, trabte taleinwärts davon und alle anderen Wölfe, einschließlich der Welpen, folgten ihm.

Einer der schwarzen Welpen schaut eher verunsichert, nachdem er miterlebt hat, wie selbstsicher ein gesunder Hirsch auftreten kann.

ABENTEUERREISE
INS HOCHGEBIRGE

Am 21. August unternahm die ganze Familie einen mehrtägigen Ausflug. Erst sah alles nach einer Runde um den Rendezvousplatz aus. Seit Längerem war auch Chester wieder mit von der Partie. Gemeinsam ging die Reise zum nahegelegenen Bahngleis. Hierhin flog auch ein Rabe nach dem anderen. Scheinbar hatten sich dieses Mal die Wölfe an den Raben orientiert und nicht umgekehrt. An der CP-Rail angekommen, stießen die Pipestones auf die eher kläglichen Überreste eines toten Rehs und sammelten alles Fressbare auf, was ihnen noch geeignet erschien. Viel war das jedoch nicht. Da sich in der gesamten Gegend ansonsten wenig potentielle Beutetiere aufhielten, leitete Faith den gesamten Familientross nach Südosten in Richtung Bowfluss. Laut Timbers Spurenanalyse mussten die Wölfe irgendwann in der Nacht vom 23. auf den 24. August den Fluss überquert haben.

Am nächsten Morgen fanden wir die Pipestones um 6:41 Uhr im Sunshine-Tal wieder (siehe Nr. 5 in Karte Seite 13). Faith hatte die Familie über 25 Kilometer in

Blizzard und Faith auf der Sunshine-Straße im August 2011.

völlig neue Gefilde geführt. Auf ihrer langen Wanderung schien einer der Welpen verlorengegangen zu sein. Wir zählten jedenfalls nur noch fünf Welpen und fragten uns, ob der sechste im Bowfluss ertrunken war?

Auch Chester war wieder verschwunden. Zunächst diskutierten wir etwas skeptisch, warum Faith (oder Wolfseltern generell) ihre Jungen überhaupt animierte, das Risiko einzugehen, durch einen strömungsstarken Fluss zu schwimmen. Zudem hatten sich Spirit und Faith in der Vergangenheit immer als umsichtige Eltern erwiesen, die ihren Nachwuchs niemals ohne triftigen Grund in Gefahr gebracht hatten. Ganz im Gegenteil: Was das Thema Flussdurchquerung anging, so konnten wir mittels GPS-Technik genau berechnen, dass das Elternpaar seinen Nachwuchs seit 2009 immer zielgenau zu ganz bestimmten Uferstellen geführt hatte. Die Pipestones durchquerten den Bowfluss somit nicht irgendwo. Nein, die maximale Abweichung der von Spirit und Faith „traditionell" genutzten Flussüberquerungsstellen betrug nur anderthalb Meter!

Nahrungsknappheit im Bowtal war der Grund, warum Spirit, Faith und Blizzard ihre 4 ½ Monate alten Jungen in das weit abgelegene Sunshine-Tal gebracht hatten. Die Alten wussten aus Erfahrungen aus dem letzten Winter, dass dort eine recht hohe Verbreitungsdichte an Rehen, Dickhornschafen und Schneeziegen vorzufinden war.

Am 25. August um 7 Uhr schauten wir gebannt zu, als der gesamte Pipestone-Tross, erneute angeführt von Faith, einen recht steilen Berghang hinauflief. Hoch oben „glotzte" eine Gruppe Wildschafe, von einem Felsvorsprung aus, die sich langsam nähernde Wolfskarawane an. Nach einer halben Stunde endete das gewagte Unterfangen, auf steinigem Terrain etwas näher an die Schafe heranzukommen, in der Flucht der Schafe. Diese rannten einfach nur schnell bergauf und das war's.

Am 27. August spielten die fünf Welpen unter Aufsicht von Blizzard den ganzen Morgen lang auf der Sunshine-Straße. Hier, abseits des Touristenrummels, konnten die Pipestones uns demonstrierten, wie wölfisch-adaptives Familienleben inmitten menschlicher Infrastruktur aussehen kann, wenn man tun kann, was man will. Nun wagten sich die Pipestones sogar bis auf wenige Meter an das große Sunshine-Gebäude heran, nebst stillstehender Seilbahn. Warum auch nicht, denn im Sommer war der komplette Skibetrieb eingestellt, sogar der kleine Souvenirladen war geschlossen.

Während A-Typ-Wölfin Blizzard kess den Eingang zum Gondelgebäude erkundete, rollten sich Spirit und Faith am Rand des riesigen Parkplatzes in Schlafposition ein. Die Welpen fanden den ganzen Komplex, einschließlich aller technischen Errungenschaften des Menschen, wie etwa zwei Autowracks und ein herumstehendes Mähfahrzeug, super spannend. Zwar dauerte es fast zehn Minuten, bis auch die scheuen B-Typen ihren Spaß an dem riesigen Abenteuerspielplatz fanden, aber dann tobten auch diese ungeniert um einen alten, halbverrosteten Bagger herum. Es war wie im Paradies: Fünf Tage hintereinander konnten wir die Pipestone-Familie ununterbrochen von morgens bis abends bei ihren Aktivitäten und Ruhephasen vom Auto aus beobachten, ohne dass irgendeine Menschenseele die traumhafte Idylle gestört hätte.

Dann zogen die Wölfe weiter, bergauf in Richtung eines nahegelegenen Bergpasses (siehe Nr. 6 in Karte Seite 13), wo sie Horden an Wildschafen und Schneeziegen auskundschafteten. Der aufwendige Umzug in die Bergwelt hatte sich allein deshalb schon bezahlt gemacht, weil Spirit, Faith und Blizzard hier, weit abseits menschlicher Störungen, hochkonzentriert jagen konnten.

Die neue Philosophie und Strategie der Pipestones, ihren Nachwuchs zum Healy Pass zu bringen, dorthin, wo genügend Beute vorhanden war, schien größtenteils aufgegangen zu sein. Ein cleverer „Schachzug". Anfang Herbst, als in den höheren Bergregionen zumindest vorübergehend der erste signifikante Schneefall einsetzte, wanderten die Pipestones wieder bergab ins Sunshine-Tal. Am 25. September 2011 kamen Spirit, Faith, Blizzard und vier Jungwölfe morgens um 9:25 Uhr wieder im übervölkerten Bowtal an. Ein weiteres Jungtier blieb vermisst. Was diesem zwischenzeitlich zugestoßen war, wussten wir nicht. Um 10:23 Uhr kreuzten die Pipestones die Parkstraße und wurden dabei – welch Überraschung – gleich von fünf verschiedenen Autofahrern gesehen, die natürlich sofort auf sie zurasten.

—— *Die Bergwelt des Sunshine-Gebiets bot den Pipestones über den Sommer hinweg ein reichhaltiges Nahrungsangebot.*

FAMILIENZUSAMMENSETZUNG IM HERBST 2011

Chester wanderte Ende September 2011 endgültig ab. Zeit also, um eine Bestandsaufnahme zu machen. Neben den Elterntieren Spirit und Faith war nur noch Blizzard als erwachsenes Vollmitglied der Familie übriggeblieben. Ende der zweiten Oktoberwoche wurde es richtig kalt. Das Thermometer zeigte Minus 20° C. Auf der Parkstraße herrschte zumindest bis um 9 Uhr Ruhe. Optimale Voraussetzungen, um Bananenschalen auszulegen und die Basischaraktere des 2011-er Nachwuchses auszutesten. Nach Abschluss der Tests kannten wir jeden der sechs Monate alten Jungen gut genug, um sie nahezu perfekt charakterisieren zu können und ihnen Namen zu geben. Am auffälligsten war eine klassisch extrovertierte, schwarze A-Typ-Wölfin, die wir fortan Yuma nannten. Bei den übrigen Schnöseln handelte es sich ausnahmslos um mehr oder weniger introvertierte B-Typen. Einer schlanken, schwarzen Wölfin mit einem kleinen, weißen Brustfleck gab unsere Wolfspatin Helga Drogies etwas später den Namen Kimi. Diese Wölfin war die mit Abstand scheueste des gesamten Nachwuchses. Blieben noch ein etwas zurückhaltender, schwarz-brauner Rüde, den wir Djingo tauften und dessen golden-graubraun gefärbte Schwester, mit einer ockergelben Gesichtsmaske. Diese besonders hübsche B-Typ-Wölfin nannten wir Jenny.

Mitte Oktober 2011 fiel auch im Bowtal der erste Schnee. Zuvor hatten wir die Wölfe unabhängig ihres langen Aufenthalts in den Bergen mit Timbers Hilfe sowohl auf der Parkstraße als auch auf der Sunshine-Straße gesucht und gefunden. Ein Schwerpunktthema, das wir seit Jahren ausführlich bearbeiten wollten, war die Frage nach dem wölfischen Führungsverhalten. Was uns im Sommer und Frühherbst 2011 ganz besonders interessierte, war, ob sich Wolfswelpen vor Beendigung ihres fünften Lebensmonats an den Laufvorgaben der

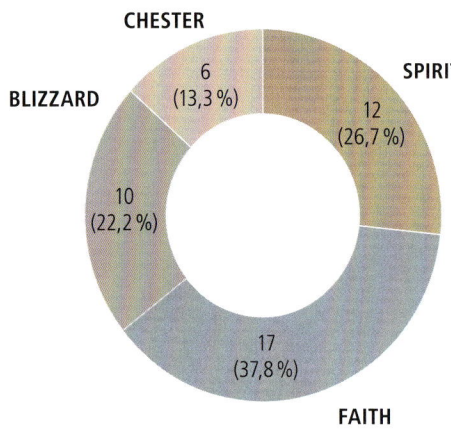

Führung der Welpen durch Alttiere der Pipestones im Sommer 2011 (n = 45)

CHESTER 6 (13,3 %)
SPIRIT 12 (26,7 %)
BLIZZARD 10 (22,2 %)
FAITH 17 (37,8 %)

Alttiere orientieren oder selbstinitiativ, zumindest momentan, sehr frühzeitig in der Gruppenspitze zu finden sind. Die vorweggenommene Antwort lautet: Nein!

Das Diagramm gibt Aufschluss darüber, wer von den vier erwachsenen Pipestone-Wölfen die Welpenschar auf der Parkstraße bzw. Sunshine-Straße wie häufig anführte. Direktbeobachtungen im Zeitraum Anfang/Mitte Juli bis Ende September.

EINE UNVERGESSENE JAGDBEOBACHTUNG

Die nachfolgende Anekdote ereignete sich am 22. Juli 2011. An einem nebeligen Morgen sahen wir Spirit um exakt 9:33 Uhr an einem Berghang inmitten einer tiefhängenden Wolke verschwinden. Nur eine Minute später legten sich Faith und Blizzard ungefähr 300 Meter tiefer am selben Bergabhang hinter ein Weidengebüsch. Eigentlich gingen wir davon aus, es stünde als Nächstes eine Ruhepause an. Doch da dachten wir falsch! Zum ersten Mal überhaupt hatten wir das unglaubliche

Blizzard leitet vier, etwa zehn Wochen alte
Welpen gut abgesichert über die Parkstraße.

Glück, als stumme Zeitzeugen einer wölfischen „Anpirsch-Jagdstrategie" auf Dickhornschafe von Anfang bis Ende beizuwohnen. Wie Wölfe Schafe genau erbeuten, das war in Banff absolut unbekannt. Was für eine Ehre, eine solch spektakuläre „Spezialjagd" in aller Bequemlichkeit vom Auto aus beobachten zu können.

Irgendwie musste Spirit es geschafft haben, ein weibliches Wildschaf ungesehen weitläufig zu umrunden. Von einer Sekunde auf die andere stand „der große Meister" ziemlich unerwartet auf einer Hügelspitze, direkt oberhalb der anvisierten Beute. Spirit pirschte sich im Fixiergang heran. Das Dickhornschafweibchen schien von alldem nichts mitzubekommen und graste friedlich vor sich hin. Dann ging es los, und „Action" war angesagt. Dafür, dass Spirit schon über sechs Jahre alt war, verhielt er sich noch bemerkenswert dynamisch. Die Windrichtung war perfekt, denn Faith wusste auf die Zehntelsekunde genau, wann Spirit seine Hetzphase eingeleitet hatte. Der schoss bergab, seine Beute fest im Visier. Staub wirbelte auf.

Das Schaf reagierte auf Spirits Attacke total panisch und versuchte, so schnell es konnte, bergab zu entkommen, befand sich jedoch nach ein paar Hundert Metern im gestreckten Galopp im absoluten Dilemma: Faith und Blizzard sprangen aus ihrer Deckung hinter dem Gebüsch hervor. Der Fluchtweg war komplett blockiert. Eine halbe Minute später rauschte Spirit von oben heran. Er fackelte nicht lange und packte das Beuteopfer am Nacken. Derweil packten Faith und Blizzard von vorn zu. Wir verfolgten sprachlos die ganze Szene. Für kurze Zeit sah es so aus, als ob die drei Wölfe das Schaf getötet hatten, noch bevor es den Boden berührte.

Als ob uns die Teenager eine Erste-Hand-Demonstration zum typischen Unterschied zwischen Typ A- und Typ B-Charakteren geben wollten, rannte die forsche Yuma sofort los und stürzte sich ohne jegliches Halten auf den Beuteriss. Yumas beherztes Zupacken,

inklusive Beuteschütteln, sah schon ziemlich gut für ein knapp vier Monate altes Jungtier aus. Anschließend lag unser Blick auf den beiden B-Typen Kimi und Jenny. Es war einfach unglaublich, mitanzusehen, wie die beiden persönlichkeitsbedingt zögerten und zauderten. Statt sich an dem Festmahl zu beteiligen, saßen sie noch über eine Minute herum, bis sie sich vorsichtig und bedächtig dem toten Schaf näherten. Und wie verhielt sich Bruder Djingo? Der saß da und guckte und guckte …

Eigentlich wäre es ganz einfach, wenn man als Wolfsbeobachter immer zur richtigen Zeit am richtigen Ort sein könnte, um eine dieser einmalig koordinierten Jagden des Öfteren beiwohnen zu dürfen. Wenn das Wörtchen wenn nicht wär …

Nichtsdestotrotz: Freilandforschung beschert einem bisweilen ein tolles Lebensgefühl und einzigartige Glücksmomente, wahre „Dopamin-Kicks", die ganz gewiss ihresgleichen suchen.

DIE SCHÖNEN UND DAS BIEST

Am 26. Oktober 2011 konnten wir nicht glauben, was wir sahen, als um 9:23 Uhr ein Geländewagen mit fett-grüner Aufschrift „Parks Canada" sich dafür verantwortlich zeichnete, die Pipestone-Familie auseinanderzutreiben. Ohne zu bremsen, war dieser Parkbedienstete offensichtlich der irrigen Überzeugung gewesen, mit seinem Auto als Rammbock auf der Parkstraße „aktive Verhaltensmodifikation" betreiben zu müssen. Um ein Haar hätte er dabei Blizzard angefahren. Die konnte gerade noch zur Seite springen. Das Schlimmste an dem rüpelhaften Vorgehen dieses Wildtiermanagers war, dass nachfolgende Autofahrer damals live demonstriert bekamen, sich genauso zu verhalten – was für ein „Vorbild"!

Blizzard mit GPS-Peilsender am Waldrand stehend im Oktober 2011.

Am 3. November 2011 waren wir damit beschäftigt, einen wahrlich majestätischen Elchbullen zu filmen, als Timber die Anwesenheit von Wölfen signalisierte. Kurze Zeit später trat Blizzard aus dem Wald. Als sie den Elch sah, pirschte sie sich in einiger Entfernung heran. Natürlich hatte der Elch Blizzard längst gesichtet und beantwortete deren Annäherung sofort mit einem selbstsicheren Ausdrucksverhalten, als Demonstration seiner Stärke. Von der gegenüberliegenden Seite schlich Faith heran, wurde aber zu deren Überraschung von dem massigen Elchbullen frontal angegriffen. Faith rannte, ohne zu zögern, in extrem dichtes Unterholz, in der Hoffnung, dass sich ihr Verfolger dort verheddern würde. Nachdem sich der Elch von ihr abgewandt hatte, fokussierte er sich auf Blizzard, indem er ihr wutschnaubend entgegenrannte. Nun wurde es richtig gefährlich. Blizzard wusste sich nicht mehr anders zu helfen, als in Windeseile zu flüchten. Statt als „Beutegreifer" glänzen zu können, waren die beiden Wölfinnen nun die Gejagten. Wenn hier einer momentane Dominanz demonstrierte, dann war es der Elchbulle. Weder Faith noch Blizzard trauten sich aus ihrer Deckung hervor.

Elchbullen nehmen ungern eine Opferrolle ein und können gegenüber Wölfen richtig „ungemütlich" werden. Ein schwerer Schock zum Ende eines nervenaufreibenden Forschungsjahres.

Keiner der Wölfinnen kam auch nur im Entferntesten auf die Idee, den Teufel in Person dieses riesigen Geweihträgers auf einen Moment der Schwäche austesten zu wollen. Davonrennen und den Wölfen ein gewünschtes Beuteschema zu demonstrieren – das schien für den Elch während der gesamten Begegnung mit Faith und Blizzard keinerlei Option zu sein. Dessen Alternativstrategie, die ja auch bestens aufgegangen war, hieß schlicht und einfach: „Agieren statt Reagieren."

Wir saßen im Auto und quasselten unser Diktiergerät voll. Timber wusste vor lauter Aufregung nicht, ob er sich setzen oder hinlegen sollte. Dann schauten wir auf die Uhr. Faith und Blizzard waren tatsächlich über eine halbe Stunde im dichten Unterholz geblieben, bevor sie erstmalig ihre Nasen sehr zögerlich aus der schützenden Deckung streckten. Orientierungsverhalten hin oder her – zu diesem Zeitpunkt befand sich der Elchbulle schon längst wer weiß wo. Am Nachmittag desselben Tages lief es besser für die Wölfe, als sie eine kleine Rehgruppe vor sich hertrieben. Aber auch diese Jagdaktion verlief erfolglos, weil der Versuch, einen Rehbock über die Parkstraße zu hetzen, gleich von mehreren Autos unterbrochen wurde. „Ein weiterer Tag im Paradies."

Ab November 2011 kam es uns so vor, als ob Faith die Familienstruktur grundlegend neu ausrichten wollte. Zuerst waren wir ganz erschrocken, als die sonst so coole Chefin damit begann, ihre 2 ½ Jahre alte Tochter Blizzard aktiv unterzubuttern und mehrmals hintereinander körperbetont wegzuscheuchen. Eigentlich hatten die Beiden bis dahin eine intakte Bindungsbeziehung unterhalten. Blizzard hatte Faith jeden Morgen freundlich begrüßt, hohen Respekt gezollt und regelmäßig aktives Beschwichtigungsverhalten bekundet. Doch obwohl Blizzard kein einziges Mal als Fortpflanzungskonkurrentin auftrat und auch enge soziale Bindungsbeziehungen zu ihren sieben Monate

alten Schwestern Yuma, Kimi und Jenny unterhielt, wollte Faith sie augenscheinlich so schnell wie möglich loswerden. Vor allem Kimi und Jenny hatten bislang enorm von Blizzard profitiert, indem sie ihr beim professionellen Mäusefangen über die Schulter geschaut hatten. Auch Djingo schien immer zu seiner „Tante" aufzuschauen.

Die Ironie der Geschichte war, dass Blizzard die vier Jugendlichen in den letzten Wochen nicht nur mit wichtigen Territorium-Details vertraut gemacht hatte, sondern die Youngsters in Abwesenheit von Spirit und Faith erfahrungsgemäß immer wieder zu irgendwelchen weit verstreuten Rehkadavern auf die CP-Rail führte. Blizzard jetzt „rauszuschmeißen", war daher mit einigen Risiken und Nebenwirkungen verbunden. Insgesamt konnten wir uns keinen Reim darauf machen, warum Faith allein in der dritten Dezemberwoche dreimal hintereinander Blizzard in so einer aggressiven Grundstimmung anging, dass diese laut schreiend davonlief. Aber wer sind wir Beobachter schon, die Faith Aktionen in aller Gänze korrekt beurteilen wollen?

Nachdem Blizzard mehrfach zurückgekehrt war, musste sie erkennen, von Faith mit hoher Wahrscheinlichkeit nicht mehr als integraler Teil der Familie akzeptiert zu werden. Am frühen Nachmittag des 20. Dezembers 2011 nahm sie die große Herausforderung an und verließ die Pipestones auf Nimmerwiedersehen. An Heiligabend lief sie am östlichen Eingang zum Banff Nationalpark vorbei. Wenig später passierte sie die Kleinstadt Canmore. Auf ihrer endlos erscheinenden Reise, weit weg von Zuhause, hatte Blizzard innerhalb von 48 Stunden über 90 Kilometer zurückgelegt. Zu unser aller Schock wurde sie in der Nacht vom 29. auf den 30. Dezember 2011 auf der Trans-Kanada-Autobahn 1 in der Nähe des Dorfes Lac des Arcs von einem LKW überfahren.

—— *Immer wieder stehen wir machtlos vor den Geschehnissen und müssen hinnehmen, was nicht zu ändern ist und uns die Natur vorgibt.*

Dieses Drama mussten John, Karin und ich erst einmal verarbeiten. Auch Wolfsforscher sind schließlich keine Roboter. Blizzard, unsere Lieblingswölfin, die uns so viel gelehrt hatte über soziale Fähigkeiten, über Vorbildfunktion, über außergewöhnliches Individualverhalten und über tierische Fröhlichkeit, war tot.

Nach einer mehrtägigen Leidensphase stellte John mir die professionelle Frage: „War es aus rein biologischer Sicht nicht normal, dass eine Wolfsmutter ihre reproduktionsfähige Tochter aus der Familie vertrieben hat? "„Ja" antwortete ich, „als Traumtänzer würde ich dies am liebsten kategorisch verneinen, aber natürlich könnte Konkurrenzdenken der ausschlaggebende Grund gewesen sein. Sozio-funktionale Wolfsfamilienstrukturen können von inneren *und* äußeren Faktoren positiv und negativ beeinflusst werden. Vielleicht spielte ja auch die im Bowtal vorherrschende Nahrungsknappheit eine Rolle."

Irgendwie fühlte ich mich nach Blizzards Tod gestresst und ich war immer noch sauer – auf alles und jeden.

Faith (vorne) und Blizzard im November 2011. Nichts deutete zu diesem Zeitpunkt auf eine Trennung hin.

Blizzard am 29. November 2011 (2. von rechts mit
Radiohalsband) inmitten der Pipestone-Familie.

INDIVIDUELLE VERHALTENSANTWORTEN

Mit Beginn des neuen Jahres spürten wir wieder genug Rückenwind, um den aktuellen Ist-Zustand im Bowtal anzugehen. Die Winter-Skisaison war in vollem Gang. Mitunter erinnerte uns das rücksichtslose Verhalten der meisten Touristen, die auf der Parkstraße in „Wild-West-Manier" schlichtweg machten, was sie wollten, eher an einen Freizeitpark als an einen Nationalpark. Jeder kochte ungestraft „sein eigenes Süppchen". Dennoch schien die Pipestone-Familie

den ganzen Alltagsrummel und Straßenverkehr auch ohne Blizzard ganz gut zu verarbeiten. Forsche A-Typ-Persönlichkeiten wie zum Beispiel Faith und Yuma, stellten sich manchmal mitten auf die Parkstraße und ignorierten Autos einfach. Scheue B-Typ-Charaktere wie Kimi, Jenny und Djingo entwickelten eine andere Lösung. Deren Hauptstrategie bestand darin, Autos vorbeifahren zu lassen und erst hinter diesen über die Straße zu laufen.

In solchen Lebenslagen gaben die Eltern praktischen Anschauungsunterricht, indem sie die ganze „Abteilung Jugend" an einen Waldrand mit Blick auf die Parkstraße führten und erst einmal minutenlang den Autoverkehr genau beobachteten. So lernten die Jungen, unabhängig ihres Grundcharakters, mehr oder weniger auf die Sekunde genau, wann die richtige Zeit gekommen war, die Deckung zu verlassen und zügig die Straße zu überqueren. Timing ist alles, auch im Wolfsleben. Eine wichtige Lektion, an die sich die Jungwölfe ebenfalls per Nachahmungslernen gewöhnen mussten, war, wie man sich gegenüber geparkten Autos zu verhalten hat. Nach einiger Zeit hatten Djingo, Yuma, Jenny und Kimi sehr wohl verstanden, dass man möglichst von hinten an ein Fahrzeug herantreten muss, bevor man es vorsichtig beschnüffelt, gleichzeitig jedoch die Autotüren im Auge behalten muss, weil dort jederzeit ein Mensch herausspringen konnte.

Insgesamt schien der gleichsam nervige wie spannende Prozess, wie der wölfische Nachwuchs nach dem Tod von Blizzard in einer Menschenwelt lernt, zurechtzukommen, nun weitestgehend von Spirits Geschicklichkeit abzuhängen. Denn der stellte sich oft schützend vor den gesamten Nachwuchs und gab erst „grünes Licht", wenn die Straße frei war.

Auch B-Typen wie Djingo schafften es, sich nach einer Phase des besonnenen Abwartens und trotz scheuen Grundcharakters, an menschliche Verhaltensgepflogenheiten anzupassen.

DAS DREISTUFEN-RANGORDNUNGSMODELL

Im Februar 2012 schien bei den Pipestones eine gewisse Aufbruchsstimmung zu herrschen. Spirit und Faith hatten sich mehrfach gepaart, und Faith bezog zu unserem Erstaunen Anfang der zweiten Aprilwoche wieder die gleiche Höhle wie 2011. In der Nacht vom 11. auf den 12. April kamen die Welpen zur Welt. Ausgestattet mit Diktiergerät, Filmkamera und speziell vorbereiteten Protokollbögen hatten wir uns für dieses Frühjahr nochmals vorgenommen, unser Augenmerk möglichst auf die Beobachtung der sozialen Organisation von Welpen und deren kunstvoll gebautes Sozialnetz zu richten. So parkten wir unseren Geländewagen ab Mitte Mai 2012 an der üblichen Stelle und hofften, mit einem gewissen Zweckoptimismus, die anvisierte Arbeit ohne große Störungen konzentriert durchführen zu können.

Alles lief nach Plan. Das frühe Aufstehen morgens um kurz vor 4 Uhr trug allein schon deshalb reiche Früchte, weil sich noch nicht herumgesprochen hatte, dass die neuen Pipestone-Welpen bereits aktiv waren. Anfangs kam Spirit an unserem Auto vorbei, genau wie Yuma und Djingo, um Faith, die sich weiterhin beharrlich am Höhlenstandort aufhielt, etwas zu fressen zu bringen. Ab 4. Juni 2012 war wieder „Show-Time": Sechs Welpen sprangen exakt um 5:07 Uhr plötzlich auf die Parkstraße. Auch Djingo und Jenny waren anwesend. Mit vereinten Kräften versuchten die beiden Jährlinge, so gut es ging, die Welpenhorde, die einer wilden Horde Hornissen gleich, leicht chaotisch durch die Gegend wuselte, im Auge zu behalten. Von nun an sahen wir den prächtigen 2012-er Nachwuchs jeden

Morgen. Nacheinander zählten wir sechs flauschige Fellbündel: drei schwarze Männchen, zwei schwarze Weibchen und einen grau-braunen Rüden. Letzterer war ein besonders hübscher Wolfsjunge.

Nun stand richtig Arbeit an. Der mehrwöchige Prozess, um zu überprüfen, ob die ganze Rasselbande wieder nach dem uns schon grundsätzlich bekannten „Dreistufenmodell" strukturiert war, erschien uns somit das Spannendste zu sein, was man so erleben kann. Wilde Wolfswelpen, die nichts als dummes Zeug im Hirn haben, beobachten zu dürfen, ist einfach nur geil.

Da wir sämtliche Details des Rangordnungsmodells bereits in unserem Buch „Affe trifft Wolf" beschrieben haben, wollen wir hier nur unsere wichtigsten Erkenntnisse zusammenfassen. Spätestens im Alter von 10 Wochen kann man anhand des Komfortverhaltens, des Spielverhaltens als auch anhand der individuellen Erkundungsfreudigkeit von Welpen gut erkennen, wer welche Rangordnungsposition bekleidet. Ranghohe Individuen, die wir als „Kopftypen" bezeichnen, setzen sich schon frühzeitig durch, verhalten sich willensstark und etwas eigenbrötlerisch und beteiligen sich kaum am gemeinsamen Kontaktliegen im Pulk. Solche „Führungstypen" spielen nur selten mit ihren Geschwistern, erkunden ihre Umgebung oft ganz allein sehr frühzeitig und weitläufig.

Rangniedrige Individuen, die wir als „Seelchen" bezeichnen, sind mental schwach. Solche „Mitläufer-Typen" treten stets wie ewige Bedenkenträger auf, werden von ihren spielenden Geschwistern oft gemieden

und sind während gemeinsamer Inaktivphasen meist etwas abseits zu finden. Vom schutzbietenden Erdbau entfernen sie sich nur äußerst ungern. Am auffälligsten waren auch im Frühjahr 2012 erneut jene Individuen, die wir als „Gesellige Typen" bezeichnen. Solche „Sozialwunder" scheinen keinen festen Rang zu bekleiden. Stattdessen probieren sie ständig aus, welchem Sozialstatus sie zugehörig sind. Gesellige Wolfswelpen lieben es, mit ihren Geschwistern während gemeinsamer Inaktivphasen eng ineinander verschlungen zusammenzuliegen, spielen viel und ausgiebig und erkunden ihre Umgebung fast ausnahmslos gemeinsam.

Generell gilt: Alle drei Wolfspersönlichkeiten der von uns entdeckten „Dreiklassengesellschaft" können sowohl extrovertierte A-Typen als auch introvertierte B-Typen sein. Diese Tatsache macht die ganze Sache mitunter ein wenig kompliziert. Genaues Hinsehen ist somit alternativlos. Im Juni 2012 stand nach Dutzenden Direktbeobachtungen jedenfalls fest, dass die Existenz eines Dreistufen-Rangordnungsmodells abermals bestätigen konnten.

Was uns bei der Beobachtung der sechs diesjährigen Welpen nochmals besonders ins Auge fiel, war deren ausgeprägte Präferenz für Kampfspiele. Waren hingegen Jährlinge wie Djingo, Yuma, Jenny und/oder Kimi zugegen, überwogen Rennspiele und ganz gezielte Einübungen kommunikativer Rituale, die die Ethologin Dorit Feddersen-Petersen in ihrem Buch „Hundepsychologie" einst so wunderbar zusammenfasste als „ritualisierte Direkt-Konfrontationen".

Ein Wurf Welpen ist typischerweise geprägt von einem hochsozialen „Dreiklassen-Rangordnungsmodell". Dieses besteht (sehr stark vereinfacht) aus sogenannten kopfstarken, geselligen und mental schwachen Individuen.

Links: Jenny, Vertreterin des „geselligen Wolfs-
typs", läuft im Juni 2012, während eines plötzlich
hereinbrechenden Schneesturms, direkt an
unserem Auto vorbei.

Rechts: Die Sozialstruktur von Wolfsfamilien
setzt sich in freier Wildbahn aus drei Hauptper-
sönlichkeiten zusammen: Kopftypen, gesellige
Typen und Mitläufer-Typen.

WENN EIN B-TYP AUF SIEG SETZT …

Am 11. Juni 2012 lag Jenny früh morgens um 6:30 Uhr weit abseits des Höhlenstandorts zusammengerollt am Rande der Parkstraße. Obwohl um sie herum ein Schneesturm tobte, schlief sie zunächst einfach weiter. Vielleicht musste Jenny auch nur wieder etwas zu Kräften kommen, nachdem sie mit den Welpen herumgetobt hatte. Von den übrigen Pipestone-Wölfen war weit und breit nichts zu sehen. Nach einer halben Stunde der Langeweile und des endlos erscheinenden Kaffeetrinkens schoss Timber aus dem Schlaf hoch, schaute durch die Rückscheibe unseres Autos und meldete etwas „Verdächtiges". Selbst noch in Schlafhaltung hatte Timber mitbekommen, was wir in wachem Zustand nicht gesehen hatten: Ein Kojote schlich entlang der Parkstraße auf eine Stelle zu, wo eine dicke fette Wühlmaus vor einem Tunneleingang im Schnee saß, um einen trockenen Grashalm zu fressen. Von dem Kojoten, der im Begriff war, sich von hinten heranzuschleichen, schien die Maus nichts mitbekommen zu haben. Dann war es auch schon vorbei: Eins – zwei – Sprung – Zack!

Das Konzept des Kojoten-Männchens, einen Umweg zu nehmen und sich auf leisen Pfoten rücklings der kauernden Maus zu nähern, war aufgegangen. Nun würgte er genüsslich seine Beute hinunter. Was er allerdings nicht gesehen hatte, war Jenny, die durch den angrenzenden Wald ebenfalls von hinten herangetrottet kam. Es dauerte keine Minute und Jenny war 20 Meter hinter dem Kojoten angekommen. Ich öffnete das Fahrerfenster und brachte die Videokamera in Stellung. „Wunderbar", sagte ich leise zu Karin, „ich wäre

dann startklar. Das Spektakel muss jeden Moment losgehen." Doch anstatt den Kojoten zu attackieren, legte sich Jenny auf den Boden und wartete. Doch worauf? Schließlich war diese Wölfin mittlerweile vierzehn Monate alt und eigentlich erfahren genug, um zu wissen, wie schnell sich Kojoten aus einer Gefahrenzone bringen können.

Doch Jenny lag, den Kojoten fixierend, da und wartete nach wie vor ab, was dieser als Nächstes tun würde. Nach weiteren zwei Minuten ohne irgendeine Initiative seitens Jennys, trabte der Kojoten-Rüde so langsam in die entgegengesetzte Richtung von dannen.

Ausgerechnet dann, als er nochmals stehen blieb und die immer noch auf dem Boden liegende Wölfin ein letztes Mal völlig unaufgeregt musterte, fiel Jenny „spontan" ein, auf den Kojoten loszurasen und sich in wilder Hatz an dessen Fersen zu heften. Wie zu erwarten war, schlug der behände Rüde ein paar Haken, schaltete seinen „Turbogang" ein und rannte in den Wald. Jenny stoppte. Dann schaute sie völlig konsterniert in Richtung Waldrand. Das Einzige, was mir zu dieser Geschichte noch einfiel, war: „Typisch B-Typ" – sie kommen einfach nicht rechtzeitig in die Gänge!"

UNVERANTWORTLICHE HÖHLENWERBUNG

Ab Ende Juni 2012 war es mit der beschaulichen Datenaufnahme am Höhlenkomplex vorbei. „Wolfsfreunde" allerorten. Es war zum Haareraufen. Beschwerden im Nationalparkbüro verhallten im Nichts.

Wir fragten uns, warum von jetzt auf gleich in den frühen Morgenstunden so viele Autos auftauchten? Auf dem Nachhauseweg sahen wir dann, dass Parkangestellte neben den üblichen Hinweisen zur Geschwindigkeitsbegrenzung entlang des Höhlenstandorts riesige Zusatzschilder mit einem Bild von Wölfin Lillian aufgestellt hatten. Auffälliger ging es nicht mehr. Innerhalb weniger Tage wusste jeder Bescheid, wo die Wölfe waren. Ständige Belästigungen der Pipestone-Welpen gehörten ab sofort zum Alltag. John, Karin und ich konnten uns des Eindrucks nicht erwehren, dass manche Besucher einen Nationalpark mit einem Zoo zu verwechseln schienen. Die einzig gute Nachricht bestand darin, dass die Welpen mittlerweile physisch in der Lage waren, schnell davonzurennen und sich irgendwo zu verstecken, wenn sie am Horizont irgendeinen unvernünftig handelnden Parkbesucher erspähten. Spirit und Faith schienen sich primär auf die Jagd zu konzentrieren. Derweil übernahm die gesellige und mittlerweile fast 1 ¼ Jahre alte Yuma den Job der „Kinderbetreuerin".

Am Nachmittag des 22. Juni 2012 knabberte einer der forschen A-Typ-Welpen eines der gegenüber der Höhle aufgestellten Hinweisschilder an. Natürlich hatte er schnell die Lacher auf seiner Seite. Ohne ein Schreckgespenst in den Vordergrund stellen zu müssen, stellten wir erfreut fest, dass die Welpen, allen stressigen Lebensumständen zum Trotz, voller Enthusiasmus miteinander spielten. Andernfalls wäre es definitiv alarmierend gewesen, wie uns die Buchautorin Mechtild Käufer zu Recht erinnert: „Tiere, die … in ihrer Jugend nur sehr wenig Möglichkeiten zum Spiel haben, leiden an einer permanenten Reduktion ihres Dopamin-

Der Kojoten-Rüde blickt aus
der Distanz hinüber zu Jenny,
bevor er die Flucht ergreift.

Links oben: Ein schwarzes Weibchen, ein introvertiertes „Seelchen", beobachtet die Szenerie aus der sicheren Deckung heraus.

Rechts oben: Ein schwarzer, männlicher Welpe, ein extrovertierter „Kopftyp", läuft zwei Kilometer vom Erdbau entfernt allein auf der Parkstraße herum.

Rechts unten: Zwei schwarze und ein grau-brauner Welpe, allesamt gesellige Persönlichkeitstypen, erkunden gemeinsam den Parkplatz.

Wolfsmama Faith führt ihren Nachwuchs Ende 2012 über die Parkstraße in Richtung Rendezvousplatz der Pipestone-Familie.

Levels, des Noradrenalins und Serotonins" (Mechthild Käufer, Canine Play Behaviour: The Science of Dogs at Play, Dogwise Publishing, 2004, 207).

Am 31. Juni 2012 initiierte Leitfähe Faith eine halbe Stunde vor Eintreten der Abenddämmerung am Straßenrand in Höhlennähe ein „mütterliches Kontakt-heulen". Kurze Zeit später rannten die Welpen herbei, woraufhin Faith sie zu einem kleinen Ausflug animierte. Nach einer kurzen Begrüßungsszene in typisch sozio-freundlicher Manier, drehte Faith sich um und trabte souverän kommentarlos einfach los. Daraufhin setzte sich der übliche Automatismus in Gang – Führung Live –, in dessen Verlauf ein Welpe nach dem anderen, wie Perlen auf einer Schnur aufgereiht, Faith folgte. Nach über einem Kilometer auf der Parkstraße trabte Faith, wie selbstverständlich gefolgt von ihren Jungen, in den Wald. Und was war nun das Besondere an dieser ansonsten repräsentativen „Leittier-Gefolgschaftsge-schichte"? Die Beobachtung, die immerhin eine halbe Stunde am Stück andauerte, blieb ausnahmsweise komplett störungsfrei! Es ließen sich keine Touristen auf der Parkstraße blicken.

BEGEGNUNG MIT EINER AUSSERGEWÖHNLICHEN FÜCHSIN

Die gesamte zweite Junihälfte 2012 fiel uns, fast morgendlich zur gleichen Zeit, eine Rotfüchsin auf, die in der Nähe der Pipestone-Höhle sehr gewitzt auf der Parkstraße herumlief. Foxy blieb zunächst immer einige Minuten luftwitternd am Waldrand stehen. Dieses Orientierungsverhalten galt wie bei Wölfen und Hunden der Überprüfung, welchen Gefahren man ggf. ausgesetzt sein könnte. Foxy wollte natürlich wissen, ob und wo einer der erwachsenen Wölfe zugegen war. Konnte sie einen wittern, drehte sie sich um und war weg. War „die Luft rein", lief sie schnurstracks auf Futterreste wie kleine Fleischstückchen mit Fellresten zu. Mitunter schnappte sie sich auch schnell einen Knochen, den die Wolfswelpen irgendwo hatten herumliegen lassen. Ob die Welpen anwesend waren, schien

Foxy recht wenig zu interessieren, denn diese wussten überhaupt nicht, wie sie mit der gewieften Fuchsmama umgehen sollten. Foxy schien mit allen Wassern gewaschen zu sein. Wann immer sie die Wolfskinder wieder einmal ausgetrickst hatte, verließ sie das Terrain samt Beutestück in der Schnauze, in einer auffällig triumphierenden Körperhaltung. Das eigentlich Verblüffende war, mit welcher Routine und Abgeklärtheit die Rotfüchsin Tag für Tag ihr „Klau-Manöver" durchzog, ohne ein einziges Mal von Spirit, Faith & Co erwischt zu werden.

Da wir den ganzen Juni 2012 keinen erwachsenen Fuchsrüden ausmachen konnten, musste es sich bei Foxy um eine alleinerziehende Mutter handeln. Am 30. Juni sahen wir endlich auch ihre beiden Welpen, als diese, grob geschätzte achthundert Meter von der Wolfshöhle entfernt, ihrer Mutter durch ein kleines Espenwäldchen entgegenliefen. Foxy trug irgendeinen leicht zerknautschten Vogel heran, den sie höchstwahrscheinlich wieder einmal den Wolfswelpen „geklaut" hatte.

Am 2. Juli beobachteten wir Foxy bei der Jagd, als sie an einem sonnigen Nachmittag, in typischer Kanidenmanier, einen Mäusesprung in die Luft nach dem anderen ansetzte. Wenig später erschienen auch die beiden uns bekannten Rabeneltern Gap und Ngap, die ganz in der Nähe ihre Jungen versorgten und offensichtlich darauf spekulierten, in Foxys Jagdrevier eine Maus abstauben zu können. Während die Raben die Szene genau im Auge behielten, fing Foxy gerade eine Maus, verspeiste sie aber sofort.

Was dann jedoch geschah, ließ uns ziemlich dumm aus der Wäsche gucken : Wölfin Yuma trabte heran und sah intensiv zu der Füchsin hinüber. Die Distanz zwischen den Beiden betrug gerade einmal 150 Meter. Nun war Foxy in großen Schwierigkeiten – so dachten wir jedenfalls. Doch zu unserer Überraschung (und Freude) fing nun auch Yuma an, ganz in der Nähe von Foxy, Mäuse zu jagen! Keine Aggression seitens Yuma, keine Drohung, kein starres Fixieren oder Anpirschverhalten in Richtung der Füchsin – nichts dergleichen! Und das, obwohl die Pipestone-Wölfe mehr oder weniger nebenan sechs nimmersatte Welpen zu füttern hatten.

Yuma setzte ihre Jagdbemühungen fort, ohne Foxy weiter zu beachten. Nach zehn Minuten trottete die Füchsin langsam Richtung Wald. Auch sie schienen Yumas Mäusefangaktionen nicht sonderlich zu interessieren. Mittendrin im Geschehen hüpfte auch noch das Rabenpaar auf und ab, ebenfalls völlig unbehelligt. Überall um uns herum herrschte gegenseitige Toleranz – ein Traum für jeden Verhaltensbeobachter! Ist es möglich, dass der von allen Tierseiten zu diesem Zeitpunkt akzeptierte „Waffenstillstand" irgendetwas anderes zu bedeuten hatte? Möglich, aber was? Ehrlich gesagt, haben wir bis heute keine Erklärung. Aber ist es nicht einfach wunderbar, wenn Tiere uns Freilandforscher gelegentlich sprachlos zurücklassen?

Oben: Foxy hat Beute gemacht und läuft in Richtung Wald, um dort ihre Welpen zu versorgen.

Links: Die Füchsin läuft in der Nähe des Pipestone-Höhlenkomplexes auf der Parkstraße entlang, um sich nach Nahrungsresten umzuschauen.

TIMBERWÖLFE UND RABEN

Ende Juni 2012 hatten die Pipestones ihren Höhlen-standort endgültig verlassen. Nun saßen wir bis zur dritten Juliwoche (wie in den Jahren zuvor) in einem am Rand des Pipestone-Rendezvousgebiets kunstvoll zusammengezimmerten Versteck. Von hier aus, wo wir ab sofort in dichtem Buschwerk unter einer Tanne u. a. noch mehr Informationen über das Verhältnis zwischen Wolf und Rabe erfahren wollten, genossen wir einen guten Rundumblick. Yuma, die auf die sechs Jungen aufpasste, wenn Spirit und Faith unterwegs waren, döste oft ein wenig vor sich hin, während die Welpen die nähere Umgebung erkundeten und alle möglichen Gegenstände erforschten. Üblicherweise war auch dasselbe Rabenpaar anwesend, das meist eng neben-einander auf einem dicken Ast einer stattlichen Birke saß. Die beiden Raben ließen sich problemlos ausein-anderhalten. Der linke Flügel des Weibchens wies eine gut sichtbare Federlücke auf. Deshalb nannten wir Herrn und Frau Kolkrabe auch Gap = Lücke und Ngap = Nichtlücke. Es war spannend und aufschlussreich zugleich, wie häufig sich Raben und Wolfswelpen mit-einander beschäftigten. Das kannten wir schon aus der Vergangenheit. Komisch ist, dass manche Wolfs-familien und Raben enge symbiotische Bande pflegen, andere überhaupt nicht. Manche Wolfsindividuen interagieren mit Raben grundsätzlich sehr freundlich gestimmt, andere Wölfe sehen Raben als lästige Nerven-sägen an, die es zu verscheuchen gilt.

Einer der drei Jungtiere des Pipestone-
Rabenpaares Anfang Juni 2012.

Die Frage, nach welchen Auswahlkriterien enge Bindungsbeziehungen entstehen, können wir bis heute nicht beantworten. Oft standen wir da und fragten uns, warum mancher Wolf selbst noch jeden hundert Meter entfernten Raben verscheucht?

Im Sommer 2012 mussten wir jedenfalls auf Live-Begegnungen mit einer extrem toleranten Wölfin gestoßen sein. Yuma mochte Raben und verscheuchte sie kein einziges Mal. Nachdem wir diese extrem ungleichen Tierarten über drei Wochen hinweg regelrecht interagieren sahen, scheuen wir uns nicht, in dem beobachteten Kontext von einem „Sozialisierungsprozess" zu sprechen. Nicht alle Wolfswelpen „spielen" mit Raben – diese sechs Welpen schon. Deren Beziehungsaufbau nahmen wir im Juli 2012 etwas genauer unter die Lupe.

Im Rahmen unserer Ethogramm-Erstellung (einer methodischen Auflistung von beobachtetem Verhalten) katalogisierten und bestimmten wir vier verschiedene Interaktionsgeschehen, die besagtes Rabenpaar in Richtung Wolfswelpen oder deren Babysitterin Yuma mitunter mehrmals am Tag aktiv einleiteten: Annäherung, Schwanz-Ziehen, Fell-Zwicken oder ein Rennspiel.

Die Tabelle zeigt eine Auflistung aller durch die Raben Gap oder Ngap im Pipestone-Rendezvousgebiet

zwischen dem 29. Juni und 17. Juli 2012 initiierten Aktivitäten in Richtung eines oder mehrerer Wolfswelpen oder Tante Yuma.

SCHRECKGESPENST AUTOBAHN

Trotz aller auf der Parkstraße postierten Verbotsschilder, den Höhlenstandort der Pipestones nicht zu betreten, trampelten einige Fotografen ungeniert hinter jedem Wolf her, der sich irgendwo in offenem Gelände blicken ließ. „Wo kein Kläger, da kein Richter." Irgendwann hatte Faith genug. Die ganzen Störungen konnte sie nicht mehr, wie zuvor lange Zeit, ungerührt an sich abperlen lassen. Am 19. Juli 2012 geleitete sie ihre Welpen zusammen mit Yuma aus dem Innenrevier heraus in Richtung Bowfluss. Es war 5:59 Uhr morgens, als sich auch Spirit dort einfand. Eine Stunde später waren die Wölfe auf der gegenüberliegenden Seite angekommen. Doch außer Spirit, Faith, Yuma und den Welpen konnten wir keine weiteren Wölfe entdecken. Wo waren Djingo, Jenny und Kimi geblieben?

INTERAKTIONEN ZWISCHEN ZWEI RABEN UND WÖLFEN IM SOMMER 2012 (N = 50)

INTERAKTIONEN	ANNÄHERUNG	SCHWANZ-ZIEHEN	FELL-ZWICKEN	RENNSPIEL
Gab > Welpe(n)	7	3	6	2
Ngap > Welpe(n)	10	5	5	1
Gap > Yuma	3	1	1	0
Ngap > Yuma	5	0	1	0
Total	**25**	**9**	**13**	**3**

Das Symbol > bedeutet: „in Richtung".

Die verspielte Sunshine Ende Juni 2012
auf einem Parkplatz ganz in der Nähe des
Pipestone-Höhlenkomplexes.

Ein Auto nähert sich auf der Parkstraße,
während Yuma aktiv versucht, zwei der Welpen
rechtzeitig in sichere Gefilde zu führen.

Noch am selben Tag erreichte uns spät abends ein guter Freund, der uns schockierende Nachrichten übermittelte. Ein Bekannter aus dem Warden-Büro in Banff hatte unserem Freund „vertraulich mitgeteilt", innerhalb der letzten Wochen hätten gleich drei Wölfe den Tod gefunden. Es dauerte noch mehrere Tage, bis wir mit Gewissheit bestätigen konnten, dass auf der Autobahn 93 Süd nacheinander erst Djingo, wenig später Kimi und dann auch noch Jenny auf der Trans-Kanada-Autobahn 1 getötet worden waren. Sie alle waren gerade einmal 14 Monate alt geworden!

Ohne lange nach irgendwelchen diplomatischen Floskeln zu suchen, ergriff ich das Telefon, ließ mir einen der Parksprecher geben und fragte diesen ohne Umschweife: „Warum sprechen Sie sich seitens der Parkverwaltung gegen eine drastische Geschwindigkeitsbegrenzung für Autobahnen und die CP-Rail aus?" „Wie lange meinen Sie, ist die Pipestone-Familie noch in der Lage, die ständigen Verluste auffangen zu können?" Auf die erste Frage erhielt ich überhaupt keine Antwort. Die zweite Antwort von Bill Hunt, dessen Namen und Zitat wir an dieser Stelle bewusst wiedergeben, verschlug Karin und mir endgültig die Sprache: „Noch ist nicht aller Tage Abend." Wollte Hunt uns Kritiker mit dieser Aussage etwa mundtot machen?

Für uns kam der Verlust von Djingo, Jenny und Kimi einer emotionalen Achterbahn gleich. Der Tod von drei erwachsenen Pipestone-Wölfen innerhalb kürzester Zeit war sicher einer der Tiefpunkte unserer gesamten Forschungszeit. Von nun an lag die ganze Last auf Yumas Schultern, den vielen Gefahren ausgesetzten Welpen beizustehen, während Spirit und Faith irgendwo hoch oben in den Bergen auf Beutefang gingen. Eine Woche später liefen vor unserem Auto nur noch vier Welpen über eine kleine Seitenstraße, die das Bowtal mit der Sunshine-Straße verband. Das Schicksal der beiden anderen Welpen blieb für immer ein Rätsel.

Ohne Paul Paquet und andere gute Freunde, die uns Ende Juli 2012 in langen Gesprächen mehrmals hintereinander aufmuntern mussten und uns gegenüber immer wieder den Wert der Langzeitbeobachtungsarbeit positiv herausstellten, hätten wir zu jener Zeit mit ziemlicher Sicherheit „das Handtuch geworfen".

SEELENFRIEDEN IM SUNSHINE-TAL

Am 26. Juli 2012 geleiteten Faith und Yuma die verbliebenen vier Welpen bergauf. Kilometer um Kilometer ging es immer weiter die Sunshine-Straße hinauf. So langsam aber sicher entpuppte sich die Bergregion um den Healy Pass zum beliebten „Sommer-Camp" der Pipestones. Die Lebensqualität schien hier, weit abseits des Touristenstroms, besonders hoch zu sein.

Unerkannt von all den selbst ernannten „Wolfsfans", die einfach nicht begreifen wollten, dass ihre zu aufdringliche Art der Pipestone-Familie mehr schadete als nutzte, marschierte Faith Ende Juli 2012 wieder am Sunshine-Gondel-Gebäude vorbei in Richtung Healy Pass. Alles lief mehr oder weniger gleich ab wie im

Sommer des Vorjahres. Spirit folgte Faith, dann folgten Yuma und die vier Welpen, die insgesamt ziemlich fit zu sein schienen. Nun galt es für uns, die Gunst der Stunde zu nutzen und mit den knapp vier Monate alten Jungtieren die üblichen Charaktertests durchzuführen.

Nach Abschluss der beiden Testverfahren nannten wir das einzige Weibchen des 2012-er Welpenwurfs bezeichnenderweise Sunshine. Das äußerst aktive pechschwarze Weibchen war ohne Zweifel dem geselligen A-Persönlichkeitstyp zuzuordnen. Die drei Brüder dieser fröhlichen Jungwölfin, die in der Tat wie ein unerschütterlicher Sonnenschein auftrat, tauften wir Trickster, Golden Boy und Big Foot. Bei Trickster handelte es sich um einen schwarzen, zurückhaltenden Kopftyp, bei Golden Boy (kurz G. B.) um einen eher draufgängerischen A-Typ von geselliger Natur. Dieser kompakte, wunderschöne Rüde mit gold-braunem Fell hatte eine ockerfarbene Gesichtsmaske wie aus einem Gemälde. Big Foot, ein ebenfalls geselliger, extrovertierter A-Persönlichkeitstyp „latschte" auf den größten Pfoten daher, die wir jemals bei einem 3 ½ Monate alten Wolfswelpen gesehen hatten.

In den Monaten August und September 2012 standen Spirit, Faith und Yuma eine exzellente Beutetierdichte zur Verfügung. Eine rekordverdächtige Zählung kam allein an einem großen Berghang vor dem eigentlichen Bergpass auf bis zu 22 Bergziegen. Wie wir wenig später herausfanden, wurden nicht nur wilde Ziegen von einer mineralienreichen Felswand angelockt, sondern auch mehrere recht umfangreiche Gruppen Dickhornschafe. Eines Morgens zählten wir knapp 30 Tiere. Kein Wunder, dass es den Wölfen hier oben in den Bergen richtig gut ging.

YUMA — DIE TAPFERE VERTEIDIGERIN DER TEENIES

Mitte September 2012 wurden wir mit einer ganzen Serie an außergewöhnlichen Beobachtungen und Begegnungen belohnt, die wir so schnell nicht wieder vergessen werden. Die schlechten Zeiten schienen wie weggeblasen zu sein. Keine Menschenseele – totale Aufbruchstimmung.

Die ganze Freude über unsere Arbeit abseits von Autobahnen und CP-Rail fing am 4. August 2012 gleich mit einem Paukenschlag an. Yuma und alle vier Welpen hatten sich um einen Rehkadaver versammelt und fingen an, zu fressen. Spirit und Faith waren nicht anwesend. Es dauerte keine Viertelstunde, bis ein junger Grizzly-Bär erschien, den Beuteriss roch und sich diesem nähern wollte. Trickster, G.B., Big Foot und Sunshine, allesamt knapp 4 Monate alt, hätten sich im Fall der Fälle nicht gegen eine Bärenattacke zur Wehr setzen können. Aber da war ja noch A-Typin Yuma, die den Grizzly, ohne nur eine Sekunde darüber nachzudenken, offensiv angriff. Das Bärenmännchen war von so viel Konfrontationswillen und Bestimmtheit dermaßen überrascht, dass es instinktiv zu wissen schien, schleunigst den Rückzug anzutreten. Als letzte gesichtswahrende Handlung stieß er zwar noch einige weithin vernehmbare Protestlaute aus, konnte aber ansonsten nicht viel unternehmen. Nachdem Bär und Yuma noch rasch einige unmissverständliche Kommunikationssignale ausgetauscht hatten, lief der Grizzly nur noch bergab, um so schnell wie möglich außer Sicht zu gelangen.

Yuma, die in Siegerpose auf einem kleinen Seitenhügel stand, schien mächtig stolz auf sich zu sein. Ihr komplettes Ausdrucksverhalten strotzte nur so vor Selbstbewusstsein. Soeben hatte sie doch ihre jüngeren Brüder und kleine Schwester erfolgreich verteidigt. Yumas kraftvolle Initiative, sich ohne jegliche Hilfe durch die Leittiere Spirit und Faith einem Grizzly-Bären entgegenzustellen, war für uns einer der beachtenswertesten Fälle für altersbedingte Risikobereitschaft, die wir je gesehen hatten. Schließlich hätte das ganze Geschehen auch in einem Fiasko enden können. Man stelle sich nur vor, „Mr. Grizzly" wäre deutlich älter, erfahrener und im Umgang mit Wölfen wesentlich kampferprobter gewesen!?

Nachdem der Bär in der Talsohle angekommen war, fühlten sich nun plötzlich auch die vier Jungwölfe irgendwie unverwundbar. Angetrieben von einer hohen Motivation, gemeinsam als Sieger dazustehen, rasten erst G.B. und Big Foot los, dicht gefolgt von Trickster und zum Schluss Sunshine. In einem Abstand von hundert Metern zum Bär blieben die vier Youngsters letztlich dann doch lieber stehen und begannen, gemeinsam zu heulen.

Letztlich hatten wir einem ganz speziellen Ereignis beiwohnen dürfen, welches uns wunderbare Live-Beispiele für Geschwisterbindung, enge familiäre Beziehungen, aber vor allem Verhaltenscharakteristika wie Entschlossenheit und Mut bereitgehalten hatte.

Unerfahrene Grizzlys können bei Direktbegegnungen mit beherzt handelnden Wölfen durchaus einmal den Kürzeren ziehen.

WEITERER VERLUST
IM HERBST 2012

Am 27. September 2012 kehrten die Pipestones zurück ins Bowtal. Leider, denn es dauerte nur einen einzigen Tag, bis einer von ihnen auf der CP-Rail sein Leben lassen musste. Wieder einmal war ein Zug viel zu schnell gefahren, wieder einmal hörten wir seitens der Nationalparkverwaltung, außer der üblich armseligen Erbsenzählerei zum Thema „zu habituierte" Wölfe, die üblichen Ausreden.

Es nutzte nichts: Big Foot war tot. Somit ging das Jahr in die Geschichtsbücher ein als das Verheerendste, das eine Wolfsfamilie jemals im Bowtal durchlebt hatte. Am 30. September führte Spirit die Familie auf der Parkstraße entlang, als uns ein Auto in rasender Geschwindigkeit überholte und einen Moment später auch schon eine junge Frau ausstieg, um ansatzlos Yuma hinterherzustapfen. Ein Foto bekam sie nicht.

Wir fragten die Dame, ob sie es richtig fände, wie sie sich gegenüber den Tieren verhielt. Die Antwort kam postwendend: „Haltet die Klappe, dieses ist ein freies Land!" Bedauerlich, dass dies nur für Menschen galt, nicht aber für eine andauernd in Stress versetzte Tierwelt. Nachdem wir uns die Zeit genommen hatten, besagter Dame die Familien-Saga in zusammengefasster Form zu erzählen, stand sie mit Tränen in den Augen auf der Parkstraße und wusste nicht mehr, was sie sagen sollte, außer: „Danke, ich werde Tiere ab heute nur noch aus dem Auto heraus fotografieren."

Was für ein Armutszeugnis für die Verantwortlichen von Parks Canada, deren Aufgabe es gewesen wäre, die Leute auf der Parkstraße aufzuklären und zur Einsicht zu bringen.

Am 1. Oktober 2012 um 6 Uhr war noch niemand zu sehen, als Faith, Trickster, Yuma, Spirit, Sunshine und G.B. (wiederum in dieser Reihenfolge) zirka acht Kilometer die Parkstraße hinaufliefen. Danach führten sie ihre Revierwanderung auf der Eisenbahnschiene fort. Yuma sprang zwischendurch immer wieder hoch in die Luft, landete irgendwo in der Böschung, um anschließend zufrieden auf einer frisch gefangenen Maus herumzukauen. Trickster versuchte hellauf begeistert, seine große Schwester nachzuahmen, allerdings mit mäßigem Erfolg.

BEWUSST INITIIERTE AUSWEICHSTRATEGIE ODER ZUFALL?

Wie nicht anders zu erwarten, setzte sich sowohl der intensive Straßenverkehr als auch das größtenteils unkontrollierte Verfolgen aller möglichen Tiere durch Parkbesucher im Herbst 2012 ungebrochen fort. „Indian Summer" war und ist eine beliebte Reisezeit. Im goldenen Monat Oktober umgingen die Pipestones den zunehmenden Straßenverkehr, so gut es eben ging. Manchmal schienen Spirit und Faith regelrecht frustriert zu sein, nachdem sie vergeblich versucht hatten, die Parkstraße zu überqueren. Für diesen Herbst hatten wir uns vorgenommen, nochmals aktuelle Daten zum Thema „saisonbedingtes Führungsverhalten auf der Parkstraße" zu sammeln. Das Ergebnis dieses speziellen Forschungsauftrags wurde etwas später im Rahmen eines Fachartikels veröffentlicht. Auch wenn es bitter und zynisch klingen mag, so lernten wir über Führer-

schaft gerade dann eine Menge, wenn das Leitpaar Spirit und Faith in kritischen und gefahrenträchtigen Lebenssituationen inmitten menschlicher Aktivitäten Verantwortung für die ganze Familie übernehmen mussten.

Im Herbst 2012 führten Spirit und Faith in über zwei Drittel der Zeit ihren Nachwuchs durch die Irrungen und Wirrungen des saisonal stark ansteigenden Autoverkehrs. Wenngleich sich über die nun folgende Verhaltensinterpretation wahrlich endlos streiten lässt, so sah es nach unserer Auffassung so aus, als ob Spirit oder Faith ihre Jungen Trickster, G. B. und Sunshine ganz bewusst und taktisch klug immer dann hinter Büsche führen würde, wenn sich ein Auto auf gleicher Höhe befand. Auffällig war zudem, dass Spirit oder Faith immer dann dichtes Buschwerk ansteuerten, wenn irgendein Auto neben ihnen auf der Straße anhielt. Alles nur Zufall? Vielleicht, vielleicht auch nicht. Da die Wölfe auch ohne Stopp in Richtung Wald hätten flüchten können, sahen wir in Spirits oder Faiths Initiativverhalten eine gewisse Systematik begründet.

Oben: Tante Yuma, neben den Elterntieren einzige Ansprechpartnerin für die neuen Welpen, Anfang September 2012.

Links: Trickster im Alter von rund drei Monaten auf der Sunshine-Straße.

Selbst wenn das, was wir beobachteten, nur eine instinktive Verhaltenskette gewesen war, schienen die Pipestones jedenfalls einen relativ effektiven Weg gefunden zu haben, sich allzu neugierigen Blicken zu entziehen. Eigentlich war es sehr bedauerlich, dass es zum Anpassungsverhalten von Wölfen, die immerhin seit Jahren auf Straßen umherwanderten und sich daher schon seit geraumer Zeit auf menschliche Präsenz flexibel einstellen mussten, keine methodisch zusammengetragenen Feldnotizen gab. Demzufolge diskutierten John und ich in regelmäßigen Abständen, nach welchen Kriterien Wildtiermanager eigentlich habituierte Wolfs- und Bärenindividuen von „zu" habituierten, die sie ständig mit Gummigeschossen traktierten, voneinander unterscheiden wollten?

Das Diagramm zeigt, wie oft die Alttiere Spirit, Faith oder Yuma die jugendlichen Familienmitglieder Trickster, G. B. und Sunshine bei Störungen durch Autos von Ende September bis Ende Oktober 2012 initiativ von der Parkstraße in Sicherheit brachten.

Führungsverhalten von Alttieren in
Gefahrensituationen (n = 29)

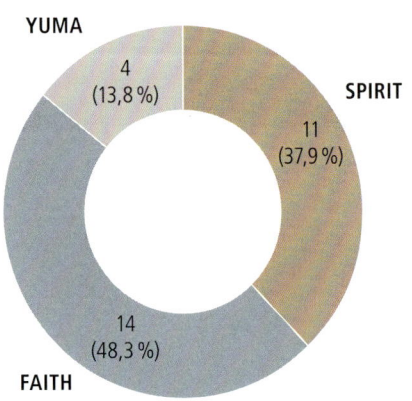

CHARAKTERBEDINGTE TOLERANZ GEGENÜBER FAHRZEUGEN

Die ganzen hitzigen Debatten, ob scheue Wölfe der Norm entsprechen oder nicht, konnten uns nicht zufrieden stimmen. Eigentlich waren sie vollkommen überflüssig. In Nationalparks und Kulturlandschaften, wo sie keiner massiven Verfolgung ausgesetzt sind, verhalten sich dort heimische Wölfe eher tendenziell erkundungsfreudig als pauschal scheu. Alles andere wäre auch höchst verwunderlich.

Der Biologe Douglas Smith, Leiter des Freiland-Wolfsprojekts im Yellowstone Nationalpark, schrieb schon 2003 zu Recht: „Wölfe, die in fragmentierten Lebensräumen oder Gebieten mit regelmäßiger Menschenpräsenz leben, zeigen eine generell hohe Toleranz gegenüber menschlichen Aktivitäten, aber dennoch aktives Meideverhalten bei direkten Begegnungen. Wolfsaktivitäten, einschließlich der Nutzung von Straßen und Wanderkorridoren, sind als normales Wolfsverhalten zu identifizieren, weil diese Verhaltensweisen die natürliche Anpassung des Wolfes an diese Umgebung reflektieren" (Management of Habituated Wolves in Yellowstone National Park, YNP, WY: National Park Service, 2013, 11).

Exakt die gleichen Adaptationsmuster, die Douglas Smith in Yellowstone dokumentiert hatte, beobachteten wir auch in Banff. Wölfe im verkehrsreichen und betriebsamen Bowtal am helllichten Tag anzutreffen, war und ist weder eine beunruhigende Nachricht, noch eine Seltenheit. Es sei denn, man wollte aus reiner Sensationsgier „aus jeder Mücke einen Elefanten machen". Was uns aber umso mehr interessierte, war die Beantwortung der Frage, ob jeder Jungwolf gegenüber

Trickster, Spirit, Faith und Yuma (von links nach rechts)
Ende Oktober 2012 auf der Parkstraße bei der Beobachtung von
herankommenden Fahrzeugen.

Fahrzeugen gleichermaßen tolerant war, nur weil er diese von Welpenalter an kannte. Hat ein Selektionsprozess unter wilden Wölfen, die in einer menschen-dominierten Welt leben, bereits Tiere hervorgebracht, die ihre „natürliche Vorsicht und Skepsis" vor Autos und sonstigen Fahrzeugen gänzlich verloren haben? Zeigen solche Wölfe tatsächlich eine „generell hohe Toleranz"? Den ganzen Monat Oktober 2012 nahmen wir zusammen mit zwei Freunden das Projekt „Habitua-tionsverhalten" in Angriff. Gezielt filmten wir mit mehreren Kameras aus unterschiedlichen Fenstern die Verhaltensreaktionen der Pipestone-Wölfe auf geparkte Autos. Innerhalb sieben Wochen kamen so 68 Film-sequenzen zusammen. Nach deren Analyse war klar, dass es einen direkten Zusammenhang zwischen dem Grundcharakter eines Wolfes und dessen Gewöhnung an Autos gab. Yuma war nun 18 Monate alt, die drei Jugendlichen 6 Monate.

Sunshine und G. B., die beiden forschen A-Typen unter den Jungwölfen, verhielten sich wenig beeindruckt. Sie hopsten, sprangen und spielten fast täglich um geparkte Fahrzeuge herum, als wenn es das Selbstverständlichste der Welt wäre.

Im Gegensatz dazu verhielt sich deren Bruder Trickster überhaupt nicht generell tolerant. Er, der B-Typ, handelte niemals spontan. Stattdessen machte er selbst um unseren Geländewagen, der ihm sehr wohl vertraut war, stets einen Umweg von mindestens zehn Metern. Oftmals saß er in einigem Abstand zum Auto am Straßenrand und überlegte erst einmal, wie er sich als Nächstes verhalten wollte.

Nebenbei erwähnt, fanden wir ganz allgemein heraus, dass es junge A-Typ-Wölfe wie Sunshine oder G.B. eindeutig vorzogen, eher die Aktionen von erwachsenen A-Typen wie Faith oder Yuma nachzuahmen, währenddessen B-Typ Trickster signifikant häufiger den Initiativen seines introvertierten Vaters Spirit folgte. Wenn das nicht bemerkenswert ist ...

Nach Auswertung aller unserer charakterbedingten Verhaltensbeschreibungen fiel uns auf, dass A-Typen viel öfter in offenen Landschaften ruhen und nächtigen als B-Typen. Frühmorgens begegneten wir Faith, Yuma, G.B. und Sunshine in irgendwelchen Schlafmulden in direkter Nähe zur Parkstraße, wo sie gemütlich eingebettet lagen. Spirit und Trickster sahen wir hingegen erst auf den zweiten Blick, weil sie sich, verborgen abseits am Waldrand, zusammengerollt hatten.

Die nachfolgende Auflistung zeigt die unterschiedlichen Verhaltensreaktionen der A-Typen Yuma, G.B. und Sunshine im Vergleich zu B-Typ Trickster auf geparkte Autos, nachdem sie ohne Anwesenheit von Spirit oder Faith aus dem Wald gekommen waren.

Das Diagramm gibt Auskunft über die Häufigkeit, wie oft Yuma oder einer der drei Jungwölfe sich einem Auto in einer Distanz von unter 10 Metern (<), oder über 10 Metern (>) näherten.
Dunkelbraun = unter 10 Meter
Hellbraun = über 10 Meter

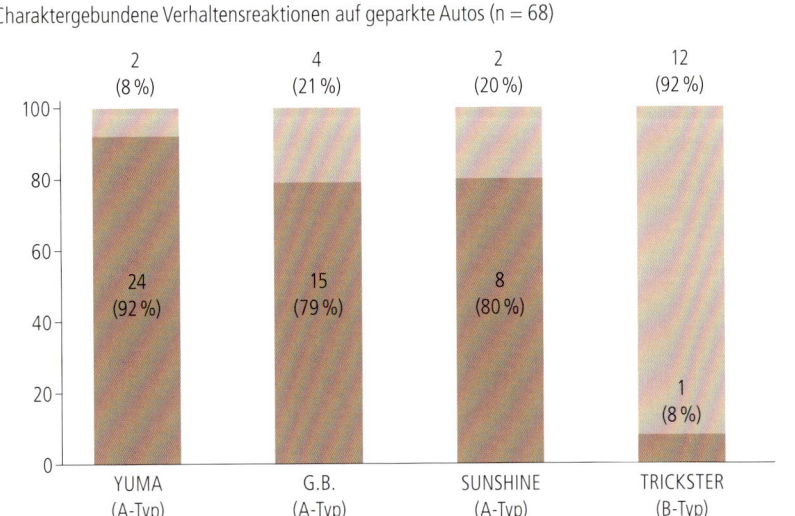

Charaktergebundene Verhaltensreaktionen auf geparkte Autos (n = 68)

	YUMA (A-Typ)	G.B. (A-Typ)	SUNSHINE (A-Typ)	TRICKSTER (B-Typ)
über 10 Meter	2 (8 %)	4 (21 %)	2 (20 %)	12 (92 %)
unter 10 Meter	24 (92 %)	15 (79 %)	8 (80 %)	1 (8 %)

Trickster bei einer seiner charaktertypisch distanzierten Überprüfungen von Johns Geländewagen.

DIE ERSTAUNLICHE GESCHICHTE VON SUNSHINE

Es gibt durchaus Wissenschaftler, die Wölfen gern die Fähigkeit absprechen, koordiniert zusammenarbeiten zu können. Außerdem sehen sie nicht das geringste Indiz dafür, Wölfe als emphatisch handelnde Kreaturen anzusehen. Wir teilen diese Auffassung nicht. Daher möchten wir die Hoffnung zum Ausdruck bringen, die nachfolgende Geschichte von Sunshine mit der gebotenen Sorgfalt zu lesen. Vielleicht schaffen wir es ja, dem einen oder anderen die Augen zu öffnen. Diese Beobachtung war aber kein Einzelfall. Ähnlich organisierte Kooperationsabläufe und fürsorgliche Empathiebekundungen haben wir in den letzten beiden Jahrzehnten insgesamt neun Mal miterlebt, quasi mittendrin statt nur dabei.

In der ersten Novemberwoche 2012 war die 6 ½ Monate alte Jungwölfin Sunshine nahe des familiären Rendezvousgebiets von einem Zug erfasst worden. Dabei wurde sie so schwer verletzt, dass sie sich mit letzter Kraft nur noch wenige Meter vorwärtsbewegen konnte. Letztlich fand sie in einer dichten Tannengruppe Deckung. Keiner setzte mehr einen Pfifferling auf Sunshine. Doch in den nächsten Monaten lehrten uns die Wölfe (erneut), zu was sie fähig sein können. Um jede Pauschalaussage von vornherein zu vermeiden, sei erwähnt, dass sich längst nicht alle Wölfe in sämtlichen Lebenslagen kooperativ verhalten. Wölfe sind keine auf Mutter Erde umherwandelnden „dauerempathischen "Wundertiere". Es wäre töricht, so etwas zu behaupten. Es entspräche definitiv auch nicht der realen Welt, in der wilde Wölfe als opportunistische Beutegreifer durchaus knallhart territorial auftreten *können*.

Gleichwohl sollte man auch andere, anekdotische Live-Erlebnisse zur Kenntnis nehmen. Zwischen November 2012 und Januar 2013 gelang es jedenfalls Spirit, Faith und insbesondere Yuma etliche Male, uns ignoranten und bisweilen selbstherrlichen Menschen eine Lektion fürs Leben zu erteilen. Ja, wir haben es persönlich gesehen, als die Pipestone-Eltern ihrer gehandicapten Tochter Futtergaben brachten. Ja, wir haben dokumentiert, wie Yuma ihrer verletzten Schwester mehrere Tage hintereinander soziale Unterstützung signalisierte, in dem sie sich im Körperkontakt neben sie legte. Und ja, wir haben genauso erlebt, wie G. B. zur gleichen Zeit unsicher und hektisch auf der Parkstraße auf und ab lief, weil er nicht wusste, was er tun sollte. Dazu war er höchstwahrscheinlich noch zu jung. Trickster schien ebenfalls mit der ganzen Situation sichtlich überfordert zu sein.

Während Sunshine weiterhin schwer verletzt im Kernrevier der Pipestones blieb, organisierten Spirit, Faith und Yuma dorthin regelmäßige Nahrungstransporte. Alles lief so ab, als ob Sunshine noch ein kleiner Welpe gewesen wäre, den es zu umsorgen galt. Am Morgen des 23. Novembers 2012 trabten die drei Alttiere mit gefüllten Mägen auf der Parkstraße nicht in Richtung Rendezvousgebiet, sondern liefen zu einer ungefähr acht Kilometer entfernten Seenplatte. Dort zählten wir zu unserer Überraschung sechs Wölfe. Leider blieb es uns verwehrt, direkt zu beobachten, wie einer der Erwachsenen Sunshine etwas zu Fressen übergab. Unsere Sicht war knapp eine Minute lang durch hohes Gras verdeckt. Danach bekaute Sunshine jedoch ein großes Fleischstück. Nun konnten wir auch Faith und Yuma wieder sehen – mit leeren Mägen! Das Interessanteste an der ganzen Beobachtung war allerdings, dass Sunshine es geschafft hatte, eine Wegstrecke von acht Kilometern zwischen Rendezvousplatz und der „Backswamp-Seenplatte" zurückzulegen. Sunshine humpelte zwar noch stark – aber immerhin!

Am 13. Dezember 2012 wollten wir unseren Geländewagen gerade am Rand des „Backswamp-Gebiets" einparken, als uns die Pipestone-Wölfe um 9:17 Uhr ohne Timbers Hilfe sofort ins Auge fielen. Die ganze Familie beteiligte sich an einem ausgiebigen Rennspiel um einen großen Felsen. Die ganze Familie? Wir zählten, wie wir es immer taten, zuerst die anwesenden Wölfe durch, um danach zu überprüfen, wer von ihnen gerade was machte. Es waren sechs. Einer von ihnen schien in seinen Spielbewegungen zwischendurch ein wenig gehandicapt zu sein: Sunshine! Die blieb an Ort und Stelle noch für einige Zeit allein zurück, während die Familie gemeinsame Revierstreifzüge unternahm, kam aber gesundheitlich immer besser zurecht. Zwischendurch tauchte Yuma immer wieder bei ihr auf, um ihr etwas zu fressen zu übergeben, selbst dann, wenn sie nur eine fette Wühlmaus gefangen hatte.

Wir waren erstaunt, wie die Pipestones es schafften, trotz niedriger Beutetierverbreitung im Bowtal genug Fressbares zu finden, um auch die verletzte Sunshine in regelmäßigen Zeitabständen füttern zu können. Unseren Beobachtungen zufolge waren es hauptsächlich Spirit und Faith, die, ganz nebenbei bemerkt, für ihre Tochter sogar mit Beginn der Paarungszeit Futter heranschleppten. Am 23. Dezember 2012 fühlten auch wir uns von einer großen Last befreit, als alle sechs Wölfe, erneut vereint im Rendezvousgebiet, zusammen heulten.

Kurz darauf konzentrierten sich Spirit und Faith auf die bevorstehende Paarungszeit. Von nun an war es Yuma, die den Nahrungstransport ganz allein übernahm. An manchen Tagen marschierte sie 35 Kilometer am Stück, um auf der CP-Rail nach Kadavern oder irgendwelchen Nahrungsresten Ausschau zu halten.

—— *Die Pipestones waren in der Lage, als es darauf ankam, emphatisch zu handeln und sozio-emozionale Bande zu pflegen.*

Yuma Ende Dezember 2012 mit gefülltem Magen
auf dem Weg zu ihrer Schwester Sunshine.

Manchmal hatte sie Glück, manchmal nicht. Unabhängig davon, ob sie Futter gefunden hatte, kehrte sie abends häufig zu Sunshine zurück. Ob sie die ganze Nacht an ihrer Seite verbrachte, konnten wir leider nicht in Erfahrung bringen.

Man mag es als emotionale Übertreibung werten oder nicht: Für uns, die jeden Tag mit „unseren" Wölfen bangten und hofften, war insbesondere Yuma ein wahres „Superweib". Was hatte diese noch nicht einmal zwei Jahre alte Wölfin in den letzten Wochen nicht alles vollbracht. Ob Mensch oder Wolf – besondere Leistungen sollte man einfach einmal kommentarlos anerkennen!

Am 29. Januar 2013 stand Sunshine um 10:10 Uhr inmitten ihrer Familie auf der Parkstraße. Erleichterung allerorten. Ein leichtes Humpeln war das Einzige, was von ihrem schlimmen Unfall übriggeblieben war. G. B. und Trickster rannten um ihre Schwester herum und forderte sie zu einem gemeinsamen Spiel auf. Spirit, Faith und Yuma trotteten in gemütlicher Schrittfolge in eine Wiesenlandschaft, wo sie sich anschließend zur Ruhe legten. „Mission impossible"? Nein, die Pipestones hatten das unmöglich Erscheinende in der Tat möglich gemacht. Endlich einmal eine gute Nachricht nach den vielen Verlusten und Schwierigkeiten, die die Familie im Jahr 2012 zu verkraften hatte.

Wir geben es unumwunden zu: Paul, Mike, John, Karin und ich freuten uns nach einer langen Phase der berechtigten Ängste um Sunshine, dass die Pipestones wieder als Einheit unterwegs waren. Welch eine Genugtuung für jeden hart arbeitenden Freilandforscher, aufgrund *eigener Anschauung* von wölfischer Koordination und Zusammenarbeit berichten zu können!

Zu guter Letzt möchten wir alle Zweifler, die Sunshines Geschichte unter der Rubrik Einzelanekdote abhaken wollen, an unsere Bücher „Timberwolf Yukon & Co" sowie „Auge in Auge mit dem Wolf" erinnern, in denen wir von unseren Erlebnissen aus der Vergangenheit mit anderen Wolfsfamilien berichten, die ebenfalls verletzte Gruppenmitglieder so lange versorgten, bis diese wieder gesund wurden.

WOLFSBEOBACHTUNGEN UNTER ERSCHWERTEN BEDINGUNGEN

Eigentlich hatte das Jahr 2013 hoffnungsvoll begonnen. Für mich persönlich lief es jedoch nicht gerade optimal. Am frühen Morgen des 14. Januars 2013 warteten Timber, Karin und ich in unserem SUV auf die Ankunft der Pipestones an einer ihrer traditionell genutzten Weggabelungen. Plötzlich und vollkommen unerwartet überkam mich ein sehr merkwürdiges Gefühl. Es fühlte sich an, als ob sich Tausende von Nadeln durch meine Venen vorarbeiten würden. Kurzum: Ich hatte eine Herzattacke. Karin griff zu ihrer Handtasche, langte nach zwei Aspirin-Tabletten und zwang mich, diese sofort zu kauen. Diese beherzte Aktion meiner Frau rettete wohl mein Leben.

Letztlich kam ich am Nachmittag des 14. Januars 2013 in ein Krankenhaus im hundert Kilometer entfernten Calgary. Dort wurden mir sogleich in einer rasch anberaumten Operation mehrere Stents gesetzt.

Rückblickend werde ich wohl nie präzise genug beschreiben können, wie viel „Schiss" ich damals hatte. Ein Gutes hatte die Sache: Die Zigarette, die ich noch kurz vor meiner Herzattacke geraucht hatte, war die Letzte – für immer. Meine Nichtraucherkarriere habe ich meinem Facharzt zu verdanken, der mir damals ohne Umschweife wörtlich sagte: „Um die Kuh auf Dauer vom Eis zu kriegen, müssen Sie das Rauchen aufgeben." Dann stellte er ganz pragmatisch zwei Konsequenzen dar: „Entweder verzichten Sie auf die verdammte Qualmerei, oder wie sehen uns in drei Monaten hier wieder."

Nach einer kurzen Genesungszeit, in der Karin mit Timber die ganze Forschungsarbeit allein fortführte, war auch ich bald wieder zurück im „Beobachtungsgeschäft". Was war ich froh, die Pipestones wiederzusehen. Gleich der erste „rauchfreie" Wolfstag am 10. Februar 2013 begann mit einem tollen „Dopamin-Kick": Spirit und Faith paarten sich direkt vor unserem Auto! Klasse, so nah – das hatten wir noch nie erlebt.

Nur einen Tag später scheuchten Yuma, G.B., Trickster und Sunshine gemeinschaftlich „im Geschwader" zwei Hirschweibchen über die Eisenbahntrasse. Tags darauf standen die vier erfolgreichen Jäger mit prall gefüllten Bäuchen um 9 Uhr morgens auf der Parkstraße. Demzufolge musste die gestrige Hatz optimal geklappt haben. Die Wölfe erkannten unser Auto sofort. Selbst der ansonsten „diskrete" Trickster lief ohne große Umschweife in entspannter Körperhaltung direkt an unserem Geländewagen vorbei. Was für eine Ehre.

Die trächtige Faith, gefolgt von Sunshine und Spirit, führt die Familie im März 2013 in Richtung Höhlenkomplex.

Zwei der wenigen Wapiti-Hirsche bei ihrem
letztlich erfolglosen Versuch, vor den Wölfen
über die Eisenbahntrasse zu flüchten.

AUFSCHLUSSREICHE BERECHNUNGEN IM WINTER 2012 – 2013

Nachdem Sunshine wieder fit genug war, auch an längeren Familienausflügen aktiv teilzuhaben, wollten wir herausfinden, wie viele Kilometer die Pipestones pro Tag zurücklegten. Außerdem waren wir neugierig, nachzumessen, wie schnell sie das gesamte Bowtal durchwanderten. Messdaten aus insgesamt 212 GPS- Koordinaten zugrundelegend, stellte sich heraus, dass die Familiengruppe an manchen Tagen innerhalb von zwölf Beobachtungsstunden bis zu sechzig Kilometer überbrücken konnte. Wann immer sie bis auf wenige Unterbrechungen ununterbrochen auf der Parkstraße durch das Bowtal trabten, errechneten wir eine Durchschnittsgeschwindigkeit von 8,6 km/h. Führten Spirit und Faith ihren Nachwuchs im Rahmen von Jagdstreifzügen durchs Revier, erhöhte sich deren durchschnittliche Laufgeschwindigkeit sogar auf 10,4 km/h.

Am 29. Februar entdeckten wir morgens um 6 Uhr die komplette Familie schlafend mitten auf der Parkstraße. A-Typen und B-Typen lagen zusammen. Das war wahrlich eine Ausnahme. Der Grund, warum wir fast immer als Erste lange vor Sonnenaufgang vor Ort Untersuchungen durchführten, war, dass wir schon seit einigen Jahren u.a. in Mike Gibeaus „Large Carnivore Monitoring Project" mitarbeiteten. Mike hatte dieses Projekt 2010 ins Leben gerufen, um unter Zuhilfenahme von über hundert Fotofallen endlich einmal abseits der üblichen Gerüchtewelt verlässliche Daten zu den alltäglichen Verhaltensgewohnheiten von Wolf, Bär, Kojote, Puma und Luchs zu bekommen. Unsere Aufgabe bestand darin, Erkenntnisse aus direkten Langzeitbeobachtungen beizutragen. Danach brachten wir in diversen Zeitungsinterviews gemeinsam zum Ausdruck, wie wichtig es ist, in Nationalparks die Belange sämtlicher Wildtiere zu respektieren.

Die Pipestones im Januar 2011 auf Revierpatrouille auf der mittig durch ihr Familienrevier führenden Parkstraße.

Zurück zum 29. Februar. Um 7:33 Uhr stand Spirit auf, wackelte noch etwas schlaftrunken zu einer nahegelegenen Schneebank und markierte diese gezielt mit Urin. Als Nächste rappelten sich in etwa zeitgleich G. B. und Sunshine auf. Sie streckten sich, gähnten und trabten einige Meter eher gelangweilt die Parkstraße entlang. Nun wollte auch Trickster den Anschluss nicht verpassen und rannte seinen Geschwistern hinterher. Faith und Yuma lagen nach wie vor zusammengerollt am Rand der Straße. Um 7:49 Uhr schaute Faith zunächst zu Spirit hinüber, um zu überprüfen, ob dessen Aufbruch ernst gemeint war, danach Yuma. Insgesamt dauerte es über eine Viertelstunde, bis sich die ganze Familie in Gang gesetzt hatte. Noch waren keine Menschen in Sicht. Doch mit der Ruhe und ungestörten Wanderung auf der Parkstraße war es um 8:33 Uhr vorbei. Ein Auto raste heran, verscheuchte die Pipestones, die sich wie gewohnt als Erstreaktion, zumindest vorübergehend, hinter einer großen Gruppe von Weidenbüschen „versteckten".

Mitte April 2013 analysierten wir für Mikes Projekt, zu welchen Tageszeiten sich die Pipestones in den zurückliegenden beiden Jahren wo genau aufgehalten hatten. Dieser Auswertung lag die Annahme zugrunde, dass wölfische Adaptation an menschliche Infrastruktur „ihren Preis hat". In Abgrenzung zu irgendwelchen Theorien, mit zum Teil abstrusen Schlussfolgerungen, war es uns ein besonderes Anliegen, genau hinzuschauen, zu welchen Tageszeiten Wölfe tatsächlich aktiv waren und in welchen Landschaftsabschnitten sie sich insgesamt häufiger oder weniger oft aufhielten.

Diagramm 1 gibt Aufschluss, zu welchen Tageszeiten wir die Pipestones zwischen Anfang Januar 2009 und Ende März 2013 während gemeinsamer Aktivphasen beobachten konnten (n = 922). Diagramm 2 zeigt, in welchen Landschaftsabschnitten, einschließlich Straßen und Eisenbahnschienen, wir die Pipestones zwischen Anfang Januar 2009 und April 2013 während gemeinsamer Aktiv- und Inaktivphasen beobachten konnten (n = 1 361).

Diagramm 1: Einfache Häufigkeitszählung (%) zum tagaktiven Verhalten der Pipestone-Wolfsfamilie zwischen Morgengrauen und Abenddämmerung (n = 922)

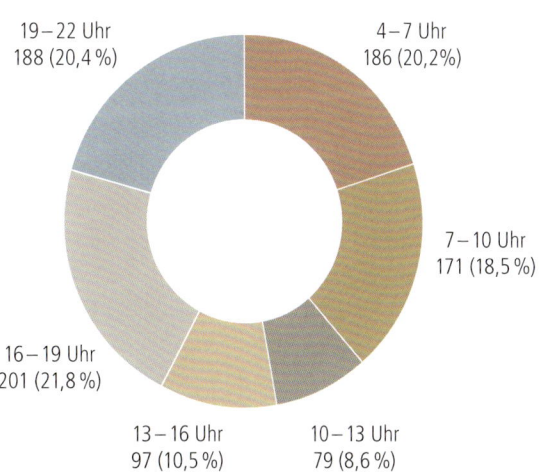

19–22 Uhr
188 (20,4 %)

4–7 Uhr
186 (20,2%)

7–10 Uhr
171 (18,5 %)

16–19 Uhr
201 (21,8%)

13–16 Uhr
97 (10,5 %)

10–13 Uhr
79 (8,6 %)

Diagramm 2: Einfache Häufigkeitszählung (%) zur ganzjährigen Lebensraumnutzung der Pipestone-Wolfsfamilie, einschließlich menschlicher Infrastruktur (n = 1 361)

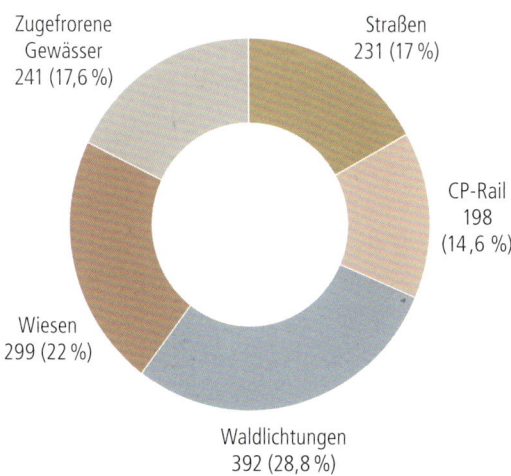

Zugefrorene Gewässer
241 (17,6 %)

Straßen
231 (17 %)

CP-Rail
198
(14,6 %)

Wiesen
299 (22 %)

Waldlichtungen
392 (28,8 %)

KAPITEL 4

DER UNAUFHALTSAME FALL DER PIPESTONES

NAHRUNGSKNAPPHEIT IM BOWTAL

Ende März 2013 sah es zunächst richtig gut aus. Die hochträchtige Faith war in einer sehr guten Verfassung. Gleiches galt für ihren Lebenspartner Spirit. Dennoch kamen wir um einige Fakten nicht herum. Spirit steuerte mit acht Jahren das „wölfische Rentenalter" an. Faith feierte im April ihren siebten Geburtstag. Beide Leittiere waren langsamer geworden und auch das Gebiss von beiden erschien nicht gerade in einem guten Zustand. John hielt es sogar für absolut gerechtfertigt, Spirit zu unterstellen, er würde „schon auf den Felgen kauen". Die zwei Jahre alte Yuma und ihre ein Jahr alten Geschwister G. B., Trickster und Sunshine sprühten nur so vor Tatendrang.

Ganz persönlich hatte auch ich die Auswirkungen meiner Herzattacke gut überstanden. Zum Glück fehlten jegliche Hinweise auf irgendwelche Probleme. Andernfalls hätten Karin und Timber in die Bresche springen müssen.

Spirit und Faith schienen nach Beendigung der Hochranz besonders intensiv damit beschäftigt zu sein, das Kernrevier um den Höhlenstandort mit Urin zu markieren und überzumarkieren. Obwohl die Jungen zu properen Jährlingen herangewachsen waren, verhielten sie sich gegenüber ihren weiterhin formal dominant agierenden Eltern aktiv unterwürfig. Auch die längst erwachsene Yuma ordnete sich Spirit und Faith unter. Alle diese Beobachtungen lieferten einen erneuten Beleg dafür, dass sozialer Rang unter Wölfen in freier Wildbahn keineswegs strikt linear zum Ausdruck kommt, sondern primär in altersbedingter Beziehung steht. Das Kriterium eines nachweislich funktionalen Eltern-Nach-

wuchs-Dominanzsystems ist insgesamt dann erfüllt, wenn Töchter gegenüber ihrem Vater und Söhne gegenüber ihrer Mutter in regelmäßigen Zeitabfolgen geschlechtsunabhängigen Beschwichtigungswillen signalisieren, freundliches Begrüßungsverhalten inklusive.

FAMILIÄRE ROUTINEABLÄUFE

Bevor Faith sich Anfang der zweiten Aprilwoche 2013 wieder turnusgemäß in Richtung Hillsdale-Erdbau verabschiedete (siehe Nr. 3 in Karte Seite 13), filmten wir noch einige familientypische Zusammenkünfte. Timber schienen es die Rituale des Chorheulens besonders angetan zu haben. Manchmal stimmte auch er heulend in den Wolfsgesang ein. Nur unsere kaukasische Owtscharka-Hündin Raissa, die wie Timber täglich mit uns im Bowtal-Revier unterwegs war, zeigte Null Interesse an den Pipestones. Raissa nahm stets die Ladefläche unseres Geländewagens in Beschlag und schlief dort gemeinhin „den Schlaf der Gerechten".

Wie sich etwas später herausstellte, hatte Faith, wie in den Jahren zuvor um den 13. April herum, pünktlich und routiniert wieder einen Wurf Welpen in der alten „Delinda-Höhle" zur Welt gebracht. Etwas Sorge bereitete uns, wie der diesjährige Nachwuchs versorgt werden konnte?

Mit zunehmender Aufenthaltsdauer wurde es immer offensichtlicher, dass im östlichen Teil des Bowtals zwischen „Five-Mile-Bridge" und Lake Louise mittler-

Eine Aufnahme mit zunehmendem Seltenheitswert: eine kleine Gruppe Dickhornschaf-Widder am Rand der Parkstraße im Frühjahr 2013.

Ein junges Fotografenpaar verzichtete darauf, zu Fuß hinter Wolfswelpen her zu rennen und schoss die Fotos stattdessen in aller Ruhe aus dem geöffneten Schiebedach ihres Jeeps.

weile nur noch ein bis zwei Dutzend Hirsche herumliefen. Außerdem schien der Rehbestand mit Frühlingsbeginn dramatisch niedrig zu sein. Selbst die früher so zahlreichen Erdhörnchen-Kolonien befanden sich auf einem Allzeit-Tief. Obgleich wir uns ständig gegen Bestrebungen jeglicher „Schwarzmalerei" zur Wehr setzten, musste die schlechte Nahrungssituation für die Wölfe mit etlichen Nachteilen verbunden sein. Trotzdem versuchten wir, uns auf das Positive zu konzentrieren. Erfreulicherweise erschien selbst in den eher Tourismus-freundlichen Lokalzeitungen der ein oder andere kritische Artikel. Mit Genugtuung lasen wir morgens am Frühstückstisch Titelaufmacher wie „Erschreckende Todesraten von Huftieren" oder „Banffs Autobahnen und Eisenbahngleise bringen mehr Elchen den Tod als je zuvor".

Ungeachtet dessen genehmigte Parks Canada noch mehr Radrennen, Marathons und andere touristische Großereignisse, die das gesamte Bowtal bisweilen in ein Tollhaus verwandelten.

Die zunehmende Nahrungsknappheit wirkte sich leider ganz konkret auf die diesjährige Welpenfürsorge

aus. Im Schnitt mussten Spirit und die anderen Pipestone-Wölfe ab Mitte April 2013 zwecks Nahrungssuche annähernd die doppelte Kilometerzahl pro Tag zurücklegen als in den Vergleichsjahren 2009 – 2012. Zu allem Übel hatte es Mitte April noch einmal kräftig geschneit. Spirit lief am 19. April 2013 stark humpelnd auf unseren Geländewagen zu. Ein weiterer Aspekt, der uns skeptisch in die Zukunft blicken ließ. Nur wenige Stunden später erfuhren wir über John vom Tod eines Wolfes auf der CP-Rail.

Es war Golden Boy, den es auf der Bahntrasse erwischt hatte. Nähere Umstände wurden uns auf Nachfrage von der Parkverwaltung nicht mitgeteilt. Was wir zu hören bekamen, war nichts außer Lippenbekenntnissen: „Parks Canada ist in enger Zusammenarbeit mit CP-Railway bemüht, alles Menschenmögliche zu unternehmen, um den Tod von Wildtieren auf der Schiene zu reduzieren." Vom Erkennen von Versäumnissen war nie die Rede.

Am 29. April 2013 beobachteten wir Yuma, Sunshine und Trickster bei der gemeinsamen Mäusejagd. Auch Faith war kurzfristig mit von der Partie. Dann

Lange Wanderungen durch das heimatliche Revier wurden immer wieder durch Spiel und status- bedingte Kommunikationsrituale unterbrochen.

kam Spirit um die Ecke. Er hinkte immer noch. Als er anschließend achtzehn Kilometer entfernt zu einer Waldlichtung laufen musste, um nach dieser Mammut- strecke endlich das erste Reh aufscheuchen zu können, wurde uns schlagartig bewusst, wie es in diesem Sommer um die Welpenfürsorge bestellt sein würde.

Lichtblicke gab es selbstverständlich auch. Ende Mai flogen Gap und Ngap zum Bowfluss hinunter. Ein kurzer Blick durchs Fernglas verriet uns den Grund, warum sich die beiden Raben dort versammelt hatten. Faith riss gerade ein Riesenstück Fleisch aus einem toten Rehbock. Gute Nachrichten für die an der Höhle

wartenden Welpen. Am nächsten Morgen trug Spirit ein gänzlich intaktes Rehbein zum Erdbau. Auch Yuma und Sunshine hatten längst einen regen Nahrungs- transport zu den Welpen organisiert, was wiederum zwei lokalen Fotografen aufgefallen war. John sprach die bei- den direkt an und konnte so erreichen, dass sie in ihren Autos blieben, sich den Wölfen gegenüber kein bisschen aufdringlich verhielten und eine ganze Serie an Top- Fotos schießen konnten. Am Ende verabschiedete sich das junge Fotografenpaar dankend, mit einem Lächeln im Gesicht! Auch wir bedankten uns bei den Fotografen ausdrücklich für deren löbliches Verhalten!

SPIEL ALS SCHLÜSSEL FÜR SOZIALE STABILITÄT

Mit dem Tod von G. B. stand den Pipestone-Welpen des Jahres 2013 zunächst einmal ein Babysitter weniger zur Verfügung. Das war bedauerlich. Je mehr Jährlinge und Alttiere sich um einen Wurf Welpen kümmern können, desto besser. Eine andere Gleichung lautet: Je weniger sozialem und räumlichem Stress Wolfswelpen ausgesetzt sind, desto mehr spielen sie. Intensives Sozialspiel, Kampf-, Renn- und Objektspiel sind wiederum die Voraussetzung dafür, gegenseitig mehr über individuelle Verhaltensmuster, Intentionen und momentane Launen lernen zu können. Wolfskinder brauchen, um so oft wie möglich in Spiellaune zu kommen, sowohl im sozialen wie im räumlichen Sinn eine lockere Atmosphäre.

Je komplexer das soziale Gruppenverhalten einer Tierart ist, desto länger wird auch dessen frühkindliche Entwicklungsphase von Spielinitiativen dominiert. Dies trifft mit Sicherheit auch auf wilde Wölfe zu.

Vor allem Welpen und Jugendliche lieben es von ganzem Herzen, viel zu spielen. Und das, obwohl sie dafür viel Zeit und Energie aufwenden müssen.

Kein Freilandforscher weiß, wie viel Spiel „genug Spiel" ist. Gleichwohl haben wir uns niemals von der Grundidee abbringen lassen, dass wölfisches Sozialleben ohne Spiel undenkbar erscheint. Dieser Überlegung liegt wiederum die Annahme zugrunde, Spiel sinnbildlich als eine Art „Klebstoff" anzusehen, der eine Wolfsfamilie funktionsfähig macht. Diesen Aspekt müssen wir immer zugrunde legen, bevor wir ein wölfisches Familiengefüge als interaktiv bezeichnen.

Trickster im Solitärspiel

Links oben: Beutespiel mit Maus und Sunshine als interessierte Zuschauerin

Rechts oben: Initiative zum Rennspiel

Unten: Spiel birgt u. a. auch ein gewisses Risiko, das in aggressiv-gestimmten Momenten deutlich signal-betont zum Ausdruck kommen kann.

EIN SCHWARZBÄR ERLEBT
SEIN BLAUES WUNDER

Am 8. Juni 2013 war es endlich wieder so weit. Auf diesen Moment hatten wir sehnsüchtig gewartet. Direkt neben unserem Geländewagen erschienen sechs Welpen: drei schwarze Rüden, zwei schwarze Weibchen und ein grau-braunes Weibchen. Spirit, der sich ganz in der Nähe aufhielt, humpelte leider immer noch. Dennoch brach er um 5:44 Uhr allein zur Jagd auf.

Ab Mitte Juni 2013 bereiteten wir ein umfangreiches Soziogramm vor (eine grafische Darstellung sämtlicher sozialer Beziehungen aller Pipestone-Familienmitglieder). Außerdem wollten wir unser recht stattliches Ethogramm (Katalog aller beobachteten Verhaltensweisen) noch weiter verfeinern.

Trickster musste irgendwo unterwegs sein. Wir hatten ihn schon seit fünf Tagen aus den Augen verloren. „Chefin" Faith blieb eine ganze Zeit lang „zu Hause" und bewachte die sechs Welpen zusammen mit ihren beiden Töchtern Yuma und Sunshine. Das war auch gut so, denn am 17. Juni wanderte um 6:25 Uhr ein gesundaussehender Schwarzbär direkt auf das Höhlengebiet der Pipestones zu.

Angelockt worden war er von einem der vielen gelb leuchtenden Löwenzahnfelder. Bären sind ganz verrückt nach Löwenzahn. So auch dieses Schwarzbär-Männchen, das sich die vegetarische Kost gleich kiloweise einverleibte. Erst auf den zweiten Blick fiel uns eine offene Wunde an dessen linker Schulter auf.

Nachdem die Wölfe den Bären vermutlich bereits schon aus der Distanz gerochen hatten, vergingen keine zwei Minuten und schon stand Faith in fixierender Pirschhaltung fünfzig Meter hinter dem Eindringling. Yuma und Sunshine kamen mit aufgestellten Nackehaaren und Ruten aus der entgegengesetzten Richtung amarschiert. Yuma attackierte ohne großes Federlesen.

Dann stoppte sie allerdings ziemlich abrupt. Ihre Scheinattacke endete – begleitet von einem wahren „Bellanfall" – in einer Fünfmeterdistanz zum Bären. Von dem ganzen Alarmgehabe aufgeschreckt, schaute die sechsköpfige Welpenschar zunächst kurz zu ihren großen Schwestern hinüber. Doch dann verließ sie der Mut, nachdem sie den Bären entdeckt hatten. Weg waren sie wieder.

Faith reichte es jetzt. Sie griff den potentiellen Feind ihrer Kinder kurzerhand frontal an. An ihrem ganzen Ausdrucksverhalten konnten wir leicht ablesen, dass sie zu allem entschlossen war.

Der Bär blickte in Richtung der weiterhin alarmbellenden Yuma und der ebenfalls fürchterlich laut bellenden Sunshine. Diese Zehntelsekunde der Unaufmerksamkeit nutzte Faith sofort aus und verbiss sich in des Bären Hinterteil. Anschließend riss sie beuteschüttelnd ein ganzes Fellstück heraus. Der Bär protestierte lautstark. Faiths mutiger Offensivangriff war augenscheinlich genug, um den potentiellen Feind zu überzeugen, schnellstens das Weite zu suchen. Die drei Wölfinnen verfolgten den Bären noch mehrere hundert Meter, bevor sie ihn endgültig in Ruhe ließen. Ihr forsches Auftreten verdiente größten Respekt.

Zum guten Schluss kehrten Faith, Yuma und Sunshine an jenen Ort zurück, an dem sie den Schwarzbär gestellt hatten, und schnüffelten dort minutenlang auf dem Boden herum. Nach der ausgiebig durchgeführten Gemeinschaftsaktion setzten Faith und Yuma noch mehrere Urinmarkierungen ab. Abschließend kratzte und scharrte Faith allein an Ort und Stelle, in selbstbewusster Körperhaltung. „Frauen-Power" pur!

SCHWEIGEN IST GOLD

Ende Juni 2013 hatte sich das allmorgendlich routine-
mäßige Auftreten der Pipestones am Rand ihres Höhlenstandorts wie ein Lauffeuer herumgesprochen. Allseits
bekannt war auch, dass die Wölfe am liebsten den Tag
im benachbarten Rendezvousgebiet verbrachten. Spirit,
der nach jedem seiner energieraubenden Jagdstreifzüge
eine längere Ruhephase brauchte, schien beim Anblick
menschlicher Gafferhorden besonders genervt zu sein.
Meist zog er sich schon frühmorgens humpelnd in Richtung Wald zurück, um wenigstens dort ungestört seine
Verletzung auskurieren zu können. Aber auch Faith,
Yuma und Sunshine hatten von dem ganzen Rummel
genug. Wann immer machbar, führten sie die Welpen
außer Sicht. Am 30. Juni lief die Familie durch offenes
Gelände. Der neue Nachwuchs war zusammengeschrumpft. Zwei Welpen hatten – aus welchen Gründen
auch immer – wohl nicht überlebt.

*—— Ohne die tatkräftige Hilfe unseres Hundes hätten wir nie
mitbekommen, dass es den Wölfen im Schutz der Dunkelheit
gelungen war, sich aus dem Staub zu machen.*

Am 5. Juli 2013 begegneten wir den Pipestones schon in
aller Frühe, um 4:44 Uhr morgens. Timber hatte uns
auf Yuma aufmerksam gemacht. Diese blieb neben unserem Auto stehen und tauschte mit Timber einige
Blickkontakte aus. Dann führte sie, gefolgt von Faith,
Spirit und Sunshine, die vier Welpen zehn Kilometer
von der Höhle entfernt, in ein Waldstück. Trickster, den
wir ohnehin schon seit einigen Wochen nicht gesehen
hatten, war auch an diesem Morgen nicht mit dabei.

Wie wir später von John erfuhren, standen am selben
Morgen schon um 9 Uhr ein Dutzend Fotografen am
Rand des Rendezvousgebietes. Gut, dass die Pipestones
längst über alle Berge waren. Von deren perfektem
Timing, zur rechten Zeit diskret zu verschwinden, hatte
niemand Wind bekommen. John, Karin und ich schweigen wie ein Grab. Manchmal kamen wir uns richtig schä-
big vor. Auf der anderen Seite bestärkte uns Paul in unserem Bemühen, die Klappe zu halten: „Das, was man
als Eigennutz interpretieren könnte, solltet ihr als einen
aktiven Beitrag zur Stressminimierung für die Wölfe
verstehen." Pauls Meinung ging natürlich runter wie Öl!
Doch noch war nicht alles „in trockenen Tüchern", da
die Pipestones sich immer noch im Bowtal aufhielten.

VERHALTENSKOPIE DER
LETZTEN BEIDEN SOMMER

Mitte Juli konnten wir endlich Entwarnung geben. Fast
schon erwartungsgemäß nahmen Faith, Yuma, Spirit,
Sunshine und die vier Welpen Kurs in Richtung Sunshine-Tal. Am 16. Juli 2013 gab sich auch Trickster die
Ehre. Nach einer Phase des alleinigen Umherstreifens
war auch er wieder „in den Schoß der Familie" zurückgekehrt. Am 21. Juli trafen wir die Pipestones im oberen
Drittel des Tales an. Wie sich die Bilder doch glichen:
Spirit verfolgte gerade ein junges Dickhornschaf, das
zuvor auf der Straße Mineralien aufgeleckt hatte.

Offensichtlich nutzten die Pipestones die komplette
Bergregion unterhalb des Healy Passes und dessen reich-
haltigeres Beutetierangebot erneut als Kontrast-
programm zu der stressigen Hektik, die im Bowtal vor-
herrschte. Nun, Ende Juli 2013, konnten auch wir uns
erneut abseits jeglicher öffentlichen Wahrnehmung ganz
in Ruhe mit der letzten Vorbereitungsphase auf die
anstehenden „wölfischen Charaktertests" beschäftigen.

Noch ehe wir die ersten Bananenschalen ausgelegt hatten, stürzte einer der Jungwölfe, ein zu forsch agierender A-Typ-Rüde, bei seiner wenig durchdachten Verfolgung eines fliehenden Murmeltieres eine steile Felswand hinunter. Er war auf der Stelle tot. Ein Tag des Schreckens und eine der wenigen Ausnahmesituationen, in denen wir sahen, wie ein Wolf auf natürliche Art und Weise ums Leben kommen kann. Natürlich wussten wir von vornherein, dass Freilandforschung kein Zuckerschlecken werden würde.

Spirit ließ sich nur gelegentlich blicken. Sein vordringlichster Job bestand darin, lebensraumspezifisches Wissen zu nutzen. Trotzdem war er nicht mehr der Jüngste. Im vorgerückten Alter von 8 ¼ Jahren in zum

Teil steilem Berggelände Dickhornschafe zu überlisten, fiel ihm sichtlich schwer, zumal er nach wie vor leicht humpelnd durch die Landschaft lief. Umso beeindruckender empfanden wir seinen unbändigen Willen. Ein echter „Alphawolf " wie Spirit hielt sich nicht mit Nebensächlichkeiten auf, sondern übernahm Verantwortung für die Familie. Tatkräftige Unterstützung erhielt er allerdings auch von seiner Lebensgefährtin Faith, die ihn oft in die bevorzugten Aufenthaltsregionen einer großen Dickhorngruppe begleitete.

Über den ganzen Monat Juli hinweg kam Spirit regelmäßig erfolgreich mit prall gefülltem Magen und/ oder einem Dickhornschafbein im Maul in die Talsohle zurück. Dort warteten die drei hungrigen Welpen und

Eine über die ganze Berglandschaft verstreute Horde Schneeziegen in der Nähe des Healy Passes.

sprangen an ihrem Vater hoch, um ihn in höchster Verzückung futterbettelnd zu begrüßen. Fast immer funkte Faith kräftig dazwischen, um sämtliche Nahrung unter den Welpen nach ihren Vorstellungen aufzuteilen. In solchen Momenten hielt sich Spirit vornehm zurück.

Wer einmal solchen Momenten „wölfischen Familienglücks" live beigewohnt hat, kommt spätestens dann kaum noch drum herum, bekennender Wolfs-Fan zu werden.

DER PIPESTONE-NACHWUCHS 2013

In der Abgeschiedenheit, die wir im ruhigen und überschaubaren Sunshine-Tal für einige Wochen hinweg genießen durften, bestand genauso wie ein Jahr zuvor auch Mitte August 2013 wieder die große Chance, eine umsichtige Persönlichkeitsbestimmung der drei jugendlichen Familienmitglieder vorzunehmen. Am auffälligsten verhielt sich Elaine. Dieses schwarzbraune Weibchen fegte wie ein superaktiver Wirbelwind über den Parkplatz des Sunshine-Skigebiets. Elaine verhielt sich unglaublich durchsetzungswillig und konnte wegen ihres extrovertierten Grundcharakters und anhand ihrer forschen Handlungsart ohne den geringsten Zweifel rasch als A-Typ eingestuft werden. Ihre mental schwache und sehr zögerlich handelnde Schwester Kayla bestimmten wir als scheuen B-Typ. Kayla verhielt sich extrem unterwürfig und umweltsensibel. Ein kleines Geräusch und schon versuchte sie, irgendwo in Deckung zu gehen. Blieb noch Tyler. Dieser schwarze Rüde mit silbernen Fellabzeichen war ein außergewöhnlich großer und für sein Alter von gerade einmal vier Monaten kompakter Jungwolf, der sich vornehmlich total verspielt und jederzeit gesellig verhielt.

Yuma und Sunshine, die sich seit dem schlimmen Unfall fast schon wie eineiige Zwillinge verhielten,

spielten mit Abstand am häufigsten mit den drei Teenies. Besonders eifrig spielten auch Trickster und sein junger Bruder Tyler miteinander. Die beiden schienen sich gesucht und gefunden zu haben.

Als gutes Omen werteten wir, dass Papa Spirit trotz seines hohen Alters und allem Hinken zum Trotz zwischenzeitlich immer wieder aktive Spielbereitschaft in Richtung der drei Jugendlichen signalisierte. Faith spielte prozentual am wenigsten. Aber auch sie konnten wir immerhin zweimal filmen, als sie gegenüber allen drei Youngstern über eine Vorderkörpertiefstellung unmissverständlich ihre momentane Spielgestimmtheit signalisierte. Anscheinend hatten primär die Elterntiere im entlegenen Sunshine-Tal bis zum September 2013 genügend Kräfte gesammelt, um mit ihren Jungen freudig und beschwingt familiäres Ritualverhalten einzuüben.

Das Diagramm gibt Aufschluss, welcher erwachsene Pipestone-Wolf zwischen Ende Juli und Ende September 2013 eine aktive Spieleröffnung in Richtung der drei Jugendlichen Elaine, Kayla und Tyler initiierte.

Einfache Häufigkeitszählung (%) aller Spielinitiative von Alttieren gegenüber Jungwölfen (n = 49)

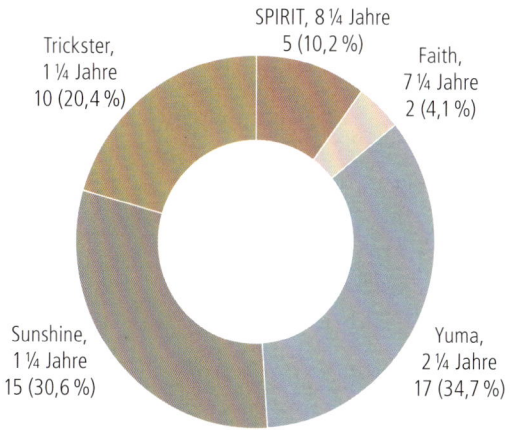

Trickster, 1 ¼ Jahre 10 (20,4 %)

SPIRIT, 8 ¼ Jahre 5 (10,2 %)

Faith, 7 ¼ Jahre 2 (4,1 %)

Sunshine, 1 ¼ Jahre 15 (30,6 %)

Yuma, 2 ¼ Jahre 17 (34,7 %)

DAS ENDE ALLER GLÜCKSELIGKEIT

Bis Ende September 2013 war es uns tatsächlich gelungen, geheim halten zu können, wo sich die Pipestones bis dahin aufgehalten hatten. Nur unser Freund Hendrik Bösch, der in unserer Abwesenheit für uns wertvolle Informationen sammelte, war eingeweiht.

Doch dann veränderte sich unser Traum vom Sommermärchen zum Albtraumherbst. In der ersten Oktoberwoche hielten es Spirit und Faith für angebracht, ihre Familie zu unserem großen Bedauern wieder ins Bowtal hinabzuführen.

Am frühen Morgen des 10. Oktobers 2013 gelang es den Pipestones, einen Hirschbullen gegen den Zaun der Trans-Kanada-Autobahn 1 zu hetzen und anschließend zu töten. Der riesige Beuteriss lag bestens platziert auf einem Hügel. Dies kam uns sehr gelegen. Fortan war es uns möglich, aus einem bewusst gewählten Respektabstand von über 300 Metern ganz entspannt vom Auto aus sämtliche Wolfsaktivitäten filmen zu können. Fast eine ganze Woche lang tauchten die Pipestones mehrmals am Tag an dem Beuteriss auf. Tolle

Gelegenheiten, umfangreiche Dokumentarfilmsequenzen zum wölfischen Fressverhalten anlegen zu können. Die nannten wir scherzhaft: „Tierfernsehen Live – ohne Werbunterbrechungen".

Da die Wölfe weit weg von ihrem jedermann bekannten Kernrevier „zugeschlagen" hatten, blieb unsere Observationsarbeit erfreulicherweise weitestgehend unentdeckt. Doch das sollte sich bald ändern.

Am 19. Oktober, um 17 Uhr, wanderten die Pipestones zunächst über mehrere Kilometer hinweg unbehelligt auf der Parkstraße entlang. Doch dieses Vergnügen hielt nur eine knappe halbe Stunde. Dann ging der Albtraum wieder von vorn los. Zwei Autos fuhren auf Spirit und Faith zu, die die Gruppenspitze bildeten. Faith zeigte augenblicklich erste stressbedingte Indikatoren wie Maul-Aufreißen und Gähnen.

Spirit schien offensichtlich nicht minder gestresst zu sein, was anhand seiner hektischen „Licking Intensions" zum Ausdruck kam. Yuma, die direkt hinter ihren Eltern am Straßenrand lief, konnte ihre innere Aufgewühltheit ebenfalls nicht verbergen. Ihr andauerndes Lefzen-Lecken und zwischenzeitliches „Einfrieren" sprachen eine deutliche Sprache. Ein lokaler Fotograf ließ seinen Mietwagen mit laufendem Motor und offenstehender Fahrertür mitten auf der Straße stehen. Wir schafften es gerade noch, unser Auto so querzustellen, dass der Störenfried die flüchtenden Wölfe nicht direkt verfolgen konnte. „Fuck you", war noch mit das Freundlichste, was wir daraufhin zu hören bekamen. Eigentlich wäre es seitens des illegal handelnden Fotografen, der laut Gesetz unerlaubt Wildtiere scheuchte, angebracht gewesen, „etwas kleinere Brötchen zu backen".

Oben: Yuma schaut nach erfolgreicher Flucht fassungslos in Richtung Autoverkehr auf der Parkstraße, währenddessen Leitrüde Spirit (mittig) hinter einem Baum außer Sicht verschwindet.

Rechts: Trittsiegel im Matsch – gefunden, geprüft und vermeldet von „Wolfsbegleithund" Timber.

TYLER UND DIE „FLOTTE" KOJOTIN

Eine der Sternstunden des Herbstes ereignete sich am 28. Oktober 2013. Karin war im Auto geblieben. Timber führte mich um 6 Uhr in der Früh auf eine Wiese, nachdem er frische Trittsiegel eines Wolfes gefunden hatte. Dreihundert Meter entfernt lag eine halb aufgefressene Elchkuh. Doch außer Raben und Elstern fiel mir nichts weiter auf. Ich beschloss, unter einer Fichte einen halbwegs diskreten Beobachtungsstand einzurichten und am Nachmittag dort Posten zu beziehen.

Zunächst passierte stundenlang so gut wie nichts. Ans Nichtstun war ich gewöhnt. Genau in dem Moment, als ich unseren Beobachtungstand mit Beginn der Abenddämmerung verlassen wollte, trat Tyler aus der bewaldeten Deckung hervor. Zielstrebig näherte er sich dem Elchkadaver. Einige Raben flogen auf, um Sekunden später laut krächzend wieder genau dort zu landen, wo sie zuvor abgehoben hatten. Tyler, der sofort anfing zu fressen, schien allein gekommen zu sein.

Timber, der mit mir im Beobachtungsversteck saß, zeigte eine aus westlicher Richtung kommende ältere Kojoten-Dame an. Die lief schnurstracks auf den Kadaver zu. Als sie Tyler sah, setzte sie ohne zu zögern eine Urinmarkierung ab. Anschließend stellte sie sich in Imponierhaltung vor den total verdutzten Jungwolf. Auch für Kojoten ist es zunächst „völlig legitim", kess aufzutreten und zu versuchen, einen naiven Jungwolf aus dem Konzept zu bringen.

Der 6 ½ Monate alte Tyler näherte sich der Kojotin mit einigen Hoppelschritten und versuchte, diese durch eine Scheinattacke zu beeindrucken. Doch statt die Flucht zu ergreifen, wie es eigentlich bei direkten Begegnungen zwischen Wolf und Kojote üblicherweise der Fall ist, ignorierte die Kojotin Tylers Gebärden auf ganzer Ebene.

Das Buch vom kleineren Nahrungskonkurrenten, der aus Gründen der reinen Selbsterhaltung sofort fliehen muss, um vom deutlich größeren Wolf nicht erwischt zu werden, schien die ausgebufft auftretende Kojotendame definitiv nicht gelesen zu haben. Ob sie wohl erkannt hatte, dass Tyler noch ein Teenager war?

Kaum zu glauben, aber wahr: Maximal zwei Minuten später traten Tyler und am gegenüberliegenden Ende die Kojotin in einem Abstand von nur drei Metern zueinander an den Elchkadaver heran. Kurz darauf legten sich die beiden „Nahrungskontrahenten" hin, um gemeinsam in gemütlicher Liegestellung ohne jeglichen Aus-

tausch aggressiver Kommunikationssignale weiterzufressen. Jungwolf Tyler und die flotte Kojotin hatten sich arrangiert. Was für eine Show!

Spekulative Erklärungsversuche, „wie und warum so etwas denn möglich ist", würde ich mir an dieser Stelle gern ersparen.

STRUKTURVERÄNDERUNGEN ZUM JAHRESENDE 2013

Im November 2013 kehrte auf der Parkstraße Ruhe ein. Die Nebensaison hatte begonnen. Gemessen an den vielen lebensraumbedingten Schwierigkeiten, mit denen sich die Wölfe auseinandersetzen mussten, war es den Pipestones insgesamt ganz gut gelungen, das Jahr 2013 zu überstehen. Sunshine, die sich nach ihrem Unfall bester Gesundheit erfreute, beschäftigte sich auf sozialer Ebene intensiv mit ihren drei jüngeren Geschwistern Elaine, Kayla und Tyler. Wie es aussah, übernahm sie mehr und mehr die Rolle von Yuma. Die setzte sich ab der dritten Dezemberwoche 2013 relativ häufig für ein oder zwei Tage von der Familie ab. Warum sie dies tat, hing wohl mit der unmittelbar bevorstehenden Paarungszeit und dem sich verändernden Hormonhaushalt ihrer Mutter Faith zusammen. Hinzu kam, dass Yuma in den letzten Wochen aus für uns unersichtlichen Gründen oftmals ihre kleine Schwester Kayla „zur Minna" gemacht hatte.

Das gefiel Faith ganz und gar nicht. In solchen Situationen griff Faith rigoros ein und beendete die Streitszene, indem sie Yuma unwirsch auf den Boden drückte. Danach herrschte nach außen hin zwar wieder Ruhe, doch deutete alles darauf hin, dass Faith von nun an ein besonderes Auge auf ihre erwachsene Tochter warf.

Faiths dominantes Auftreten war wohl der Anlass für Yuma, von der Pipestone-Familie endgültig Ab-

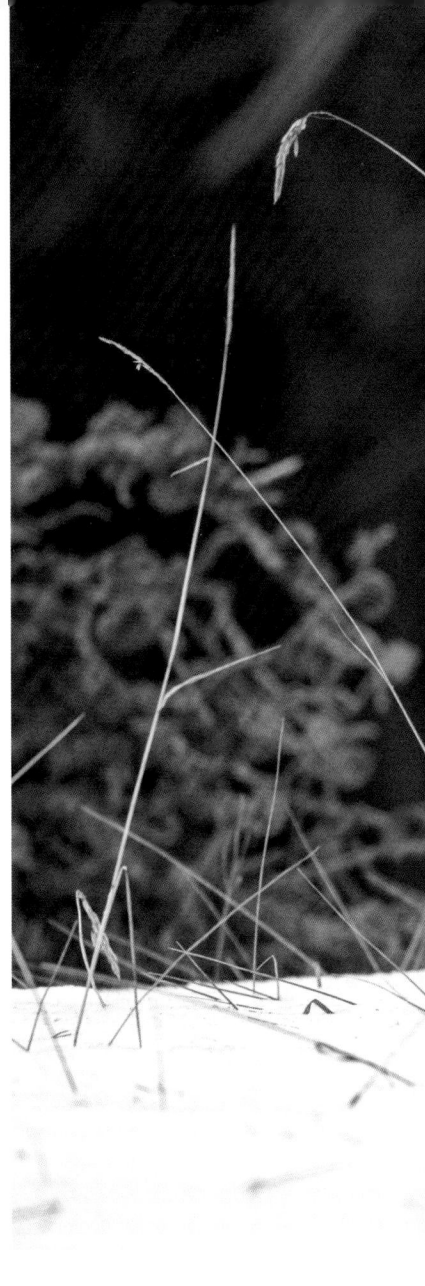

Ältere Kojoten zeigen bei Begegnungen mit einzelnen Jungwölfen oftmals kaum Respekt.

schied zu nehmen. Am 30. Dezember 2013 sahen wir sie ein letztes Mal. Mit Yumas Weggang und Ausfall als erfahrene Jägerin und soziale Helfeshelferin, kam nun auf das Leitpaar deutlich mehr Arbeit zu.

Realistisch betrachtet, lastete die Hauptverantwortung jedoch auf Faiths Schultern. Spirits Hinken hatte sich zu einer chronischen Behinderung entwickelt. Es fiel ihm sichtlich schwer, längere Wegstrecken zurückzulegen. Ab sofort übernahm Faith immer häufi-

ger die Führungsinitiative. Nachdem es John gelungen war, einige Portraitaufnahmen von den beiden Elterntieren zu machen, reichte er uns seine Kamera mit den Worten herüber: „Schaut euch das an. Spirit und Faith haben kaum noch Zähne im Maul." In der Tat blickten wir auf „Reißzähne", von denen nur noch Stumpen übriggeblieben waren. Wie wollten die beiden Wölfe Spirit und Faith damit noch Beute packen und kraftvoll zubeißen?

LETZTES RENDEZVOUS EINES IN DIE JAHRE GEKOMMENEN WOLFSPAARES

Bei aller Skepsis, wie es künftig mit den Pipestones weitergehen würde, keimte mit der Paarung von Spirit und Faith im Februar 2014 zumindest wieder etwas Hoffnung auf. Wir rätselten schon, ob wir bald neue Welpen begrüßen konnten. Sicher konnten wir uns allein schon deshalb nicht sein, weil Spirit bald 9 Jahre alt werden würde. Ein stolzes Alter für einen humpelnden Leitrüden mit kaum noch intakten Zähnen im Maul, der innerhalb eines Territoriums mit geringem Beutetierangebot gezwungen war, lange Wege zu gehen –

sehr lange Wege. Mrs. Zuverlässigkeit in Person, Faith, besetzte im Alter von acht Jahren abermals am 13. April ihren Erdbau in der berühmt-berüchtigten Hillsdale-Region. Unverständlich war, warum sich Faith nach den stressigen Erfahrungen mit all den Menschenmassen, die ihr das Leben schon in den Vorjahren schwer gemacht hatten, wieder für diesen Höhlenstandort entschieden hatte.

Aber wer kann schon in den Kopf einer Leitwölfin hineinschauen?

Das letzte Foto von Yuma, im Vordergrund stehend, bevor sie die Pipestones im Dezember 2013 auf Nimmerwiedersehen verließ.

Die beiden Jungwölfe
Elaine (links) und Kayla
im Dezember 2013.

Spirit hatte zunehmend Schwierigkeiten, einen funktionierenden Nahrungstransport zu organisieren. Daher blieb Faith nichts anderes übrig, als schon am 29. April ohne dessen Hilfe allein zur Jagd aufzubrechen. Ab Mitte Mai 2014 schien Spirit wieder einigermaßen in der Lage zu sein, in Begleitung von Sunshine auf Nahrungssuche zu gehen.

Derweil suchte Faith die nähere Umgebung nach Fressbarem ab. Leider nahm die Nahrungsknappheit im Bowtal beängstigende Formen an. Selbst auf der

CP-Rail fanden die Pipestones kaum noch einen Huftierkadaver. Die Möglichkeiten zum sehr bequemen und quantitativ auch überzeugenden Abstauben auf dem Bahngleis hatten sich im letzten Jahr deutlich verringert. Zu lange waren in der Vergangenheit viel zu viele Huftiere überfahren worden und sind auf der CP-Rail verendet, sodass die Fortpflanzungsraten von Elchen, Hirschen und Rehen mit den wahnwitzigen Todesraten auf Straßen und Bahntrassen einfach nicht mehr Schritt halten konnten.

ZERFALLSERSCHEINUNGEN IM FRÜHSOMMER 2014

Ganz allgemein tendieren alternde Wolfspaare dazu, kleinere Würfe zu produzieren. Mit diesem aus der Vergangenheit gelernten Wissen waren wir in der letzten Maiwoche 2014 auch nicht sonderlich überrascht, als wir nur drei neue Welpen sahen. Am Rand des Höhlenkomplexes lagen zwei schwarze Rüden und ein schwarzes Weibchen in der wärmenden Nachmittagssonne und dösten friedlich vor sich hin. Doch diese Idylle trog gewaltig. Auf der Parkstraße gerieten die Dinge komplett außer Kontrolle.

Mittlerweile hatte es sich auf Facebook zum „Volkssport" entwickelt, irgendwelche „Likes" für Fotos und hanebüchenen Verhaltensbeschreibungen über die Pipestone-Wölfe einzuheimsen. Jeder wusste etwas über „den Alphawolf" zu berichten, obwohl man nicht Bilder von Spirit, sondern von Jungspund Tyler auf Facebook veröffentlichte. Der ganze Wolfs-Hype war einfach nur noch lächerlich.

Zu jener Zeit reifte auch bei unserer Vertetung Hendrik Bösch der Gedanke, bald aufzuhören. John hatte schon lange die Schnauze gestrichen voll und lernte von uns Deutschen ein sehr bezeichnendes Sprichwort: „Zu viele Köche verderben den Brei."

Aber nicht nur die Pipestones und wir Beobachter kamen uns manchmal so vor, als wenn wir „im falschen Film gelandet wären". Dutzende von Touristen und Fotografen belagerten nun auch jeden Schwarzbären oder Grizzly, der irgendwo sichtbar versuchte, nach einer langen Phase der Winterruhe frisches Gras oder Löwenzahn zu fressen. Die armen Tiere taten uns nur noch leid.

Aktuellen Fernsehberichten im CTV zufolge, hatten sich Banffs Besucherzahlen von 2013 auf 2014 um stramme 9 % erhöht. Kein Wunder, dass das Bowtal

im Allgemeinen und die Parkstraße im Speziellen auf sämtlichen Social-media-Kanälen als „coole locations" gefeiert wurden.

Einer der Betroffenen des Facebook-Wahnsinns war Jungrüde Trickster, der auf die ständigen Verfolgungen durch Menschen jedes Mal extrem gestresst reagierte und in Panik das Weite suchte. Anfang Mai 2014 sahen wir Trickster zum letzten Mal. Was wir als besonders frustrierend empfanden, war die Ignoranz dieser angeblichen „Wolfsliebhaber".

Ungehalten und fassungslos wurden wir in der zweiten Maiwoche durch Hendrik Bösch gewahr, dass der zwei Jahre alte Trickster auf der Trans-Kanada-Autobahn Nr. 1 in der Nähe zur Sunshine-Straße im mörderischen Autoverkehr der Sommersaison 2014 überfahren worden war. Wieder war ein wichtiger sozialer Helfeshelfer, erfahrener Jäger und „Baustein" im sozialen Familiengefüge verloren gegangen. Auch Spirit, der sich nur noch mit letzten Mitteln vorwärtsbewegen konnte, fiel als Nahrungsbeschaffer aus.

Der unkontrollierte Massentourismus hatte Ausmaße angenommen, die wir in unseren schlimmsten Albträumen nicht für möglich gehalten hätten. Allein zwischen Ende April und Mitte Juni 2014 registrierten wir insgesamt 105 gescheiterte Direktversuche eines Pipestone-Wolfes, die Parkstraße, die

CP-Rail oder eine Seitenstraße zum Höhlenstandort zu überqueren, wenn Menschen anwesend waren.

Die Tabelle links unten verdeutlicht die Anzahl, wie oft Spirit, Faith oder Sunshine eine zuvor beabsichtigte Infrastrukturannäherung durch menschen-verursachte Störungen abbrach.

DER FINALE KOLLAPS DER PIPESTONES 2014

Diese Statistik war unsere letzte. Karin und ich entschlossen uns, die „Bow Valley Wolf Behaviour Study" endgültig einzustellen. Langzeitbeobachtungen waren nicht mehr möglich. Die enorme Stressbelastung, mit der wir es auf der Parkstraße tagtäglich zu tun hatten, war pures Gift für mein angeschlagenes Herz. Außerdem war die ganze Arbeit mental und emotional nur noch eine einzige Belastung. Nachdem auch bei Hendrik Bösch kaum noch der Wille vorhanden war, die Beobachtungen an den Pipestones weiterhin zu übernehmen, ließen wir uns alle nur noch selten auf der Parkstraße blicken.

Ende Juni 2014 gelang es mehr oder weniger zufällig, nochmals einen kurzen Hinweis auf den Zustand des Wurfs zu bekommen. Bedauerlicherweise befanden sich

AKTIVES MEIDEVERHALTEN VON ALTTIEREN AUF MENSCHENVERURSACHTE STÖRUNGEN (n = 105)

MEIDEVERHALTEN	PARKSTRASSE	CP-RAIL	SEITENSTRASSE
Spirit	7 mal	2 mal	9 mal
Faith	26 mal	15 mal	21 mal
Sunshine	5 mal	4 mal	16 mal
Total	38 mal	21 mal	46 mal

Johns letztes Foto von den Pipestones im Februar 2014. Sunshine führt die Formation an, gefolgt von Faith, Spirit, Tyler, Elaine und Kayla (liegend).

alle Drei in einem körperlich erbärmlichen Zustand. Elaine und Kayla waren nach „inoffiziell bestätigten Informationen" aus dem Warden-Büro in Banff durch Eisenbahnen getötet worden. Tylers Verschwinden blieb ungeklärt. Ausgerechnet in der Sommerzeit, in der quantitativ und qualitativ hochwertige Welpenfürsorge dringend erforderlich gewesen wäre, war der Familienumfang auf das in die Jahre gekommene Leitpaar Spirit und Faith und deren Tochter Sunshine bis zur Unkenntlichkeit zusammengeschrumpft.

Spirit, der vor lauter Humpeln kaum noch laufen konnte, und Faith, die erschreckend abgemagert war,

begegneten wir Ende Juli 2014 nur noch im Zentrum ihres Territoriums. Anstatt zumindest gelegentlich gemeinsam auf die Jagd zu gehen, versuchten sie mit aller Macht, das CP-Bahngleis nach etwas Fressbarem abzusuchen. Doch selbst dieser Verzweiflungsakt stellte sich im Nachhinein als erfolglos heraus. Wie schlimm es speziell um Spirit stand, konnten wir an dessen hoffnungslosen und gescheiterten Versuchen ablesen, wie in den Vorjahren den Sommer mit der ganzen Familie im Sunshine-Tal zu verbringen. Es war ihm schlicht und einfach nicht mehr möglich, dorthin zu laufen. Die wenigen Kurzausflüge, die er von der Höhle aus unter-

nahm, endeten spätestens am Nordufer des Bowflusses. Diesen zu durchschwimmen, stellte für den seinem baldigen Ende entgegensehenden Wolfsvater ein unüberwindbares Hindernis dar.

Faith und Sunshine initiierten zwar die ein oder andere Jagd auf Dickhornschafe, scheiterten jedoch. Es wollte sich kein Jagderfolg einstellen. Bis Ende Juli 2014 waren zwei der Welpen als unweigerliche Konsequenz des ganzen Desasters gestorben. Höchstwahrscheinlich an Unterernährung. Übrig blieb ein schwarzes, spindeldürres, kleines Weibchen, das drei Wochen später ebenfalls verhungerte.

EINE ÄRA GEHT ZU ENDE

Ende September 2014 raffte ich mich auf, zusammen mit Timber noch ein letztes Mal nach Spirit zu suchen und ihn zu finden. Die Spur, die Timber aufnahm und mir aufzeigte, führte tatsächlich zu einigen direkten Sichtungen. Es war schrecklich, mit eigenen Augen sehen zu müssen, dass Spirit nur noch als Schatten seiner selbst in Erscheinung trat. Am Abend des 30. Septembers 2014 schloss ich um 19:22 Uhr den Protokollbericht des Tages mit Tränen in den Augen ab: „Spirit = Haut und Knochen.“

—— *Das Leitpaar Spirit und Faith wird uns in ewiger Erinnerung bleiben. Sechs Jahre lang führten sie die Pipestone-Familie an.*

Der große weise Wolf, einer meiner Lieblingsleitrüden, wurde danach von niemandem mehr gesehen. Wir sind uns ziemlich sicher, dass Spirit um den 2. oder 3. Oktober 2014 an den Folgen von Unterernährung und Altersschwäche gestorben ist. Der zuletzt sehr gebrechliche Wolfsvater war trotz aller gefahrenträchtigen Lebens-

umstände im Bowtal 9 ½ Jahre alt geworden. In diesem Sinne verneigen wir uns vor der bemerkenswerten Leistung eines echten „Alphawolfs“!

Bald hielten sich nur noch Faith und Sunshine im heimischen Territorium auf. Gleichwohl stand die stolze Familiendynastie der Pipestones vor ihrem Ende. Ohne die Präsenz eines gesunden und jederzeit schutzbereiten Leitrüden, konnte man relativ zuverlässig vorhersagen, dass Faith und Sunshine die Ressourcen und Grenzen ihres 1 000 Quadratmeter umfassenden Territoriums nicht würden verteidigen können. Natürlich gaben wir die Hoffnung nie auf, dass vielleicht ein Fremdrüde zuwandern würde. Wunschdenken – bestenfalls.

Wie wir erst nach langen Recherchen herausfanden, starb Faith Ende Oktober 2014 im Straßenverkehr der Trans-Kanada-Autobahn Nr. 1, westlich von Lake Louise. Die unvergessene Leitfähe der Pipestones, Mutter von insgesamt mindestens 33 Welpen, wurde 8 ½ Jahre alt. Der Pipestone-Familie war es gelungen, ihr Territorium im Bowtal über eine Zeitspanne von sechs Jahren aufrechtzuerhalten. Schlussendlich war ausgerechnet nur noch das einstmals von ihrer Familie „gerettete Kind“ Sunshine übriggeblieben, die sich weiterhin noch bis Ende Januar 2015 im Heimatrevier aufhielt, bevor sie endgültig abwanderte.

Spirit im März 2013, kurz bevor er vor einem Parkbesucher weglief, der auf der Parkstraße aus seinem Auto ausgestiegen war.

GRÜNDE FÜR DEN ZUSAMMENBRUCH DER PIPE-STONE-FAMILIENDYNASTIE?

Diese Frage hat uns auch nach dem Tod von Spirit und Faith noch monatelang beschäftigt und manchmal sogar regelrecht gemartert. Eine einfache Antwort gibt es nicht. Ökosysteme sind komplex. In allen Details begreifen werden wir Menschen die Verhaltensökologie von Wolfsfamilien nie. Dazu fehlt es uns schlicht an geistigen Kapazitäten. Für den Zusammenbruch einer langzeitlichen Wolfsdynastie ist immer eine Kombination unterschiedlicher Faktoren verantwortlich.

In Diskussionen mit unseren wissenschaftlichen Beratern Paul Paquet und Mike Gibeau haben wir einige grundsätzliche Überlegungen zusammengetragen, die das „Aussterben" der Pipestones im Nachhinein wenigstens teilweise erklären:

Spirit und Faith hatten Ende 2014 ein hohes Alter erreicht. Rein statistisch beträgt das Durchschnittsalter eines wilden Wolfes sieben Jahre! Spirit schlug sich mit einer chronischen Behinderung herum und hatte seinen Zenit längst überschritten. Selbst ein Spirit ohne Handicap hätte es in Zusammenarbeit mit seiner Lebensgefährtin Faith schwer gehabt, genug Nahrung für die nächste Generation Welpen zu finden. Wie sollten diese Wolfssenioren in einem Territorium mit spärlicher Beutetierverbreitung und Dichte notwendig gewordene riesige Strecken überbrücken?

Hinzu kam, dass ihnen altersbedingt kaum noch ein durchschlagskräftiges Gebiss zur Verfügung stand, mit dem sie große Beutetiere hätten effektiv packen und zu Fall bringen können.

Ein zentrales Kriterium für den Zerfall der Pipestone-Sozialstruktur lag in den hohen, unnatürlichen Todesraten begründet. Der alljährliche Verlust an Familienmitgliedern auf Autobahnen und Eisenbahngleisen war sicher auch mit negativen Langzeitfolgen verbun-

den. Jeder einzelne Ausfall eines potentiellen „Sozialarbeiters", eines Babysitters, eines Wächters oder Alarmgebers, eines Spielpartners oder Jägers resultierte in weniger Möglichkeiten zum gruppenstabilisierenden Bindungsaufbau. Langfristig funktionale Wolfsfamilien sind auf einen engen Zusammenschluss kooperationswilliger Individuen angewiesen, die im kollektiven Bemühen gemeinsam ein Territorium verteidigen.

Mit zunehmendem Alter fiel es Spirit und Faith immer schwerer, Dickhornschafe und Bergziegen in kräftezehrenden Gebirgsregionen nachzustellen. Zum Schluss war das Leitpaar dazu nicht mehr in der Lage. Bleibt die theoretische Frage, wie viel durch menschliche Störungen kreierten „Umweltstress" eine Wolfsfamilie verkraften kann?

—— Der Zusammenbruch der Pipestone-Familiendynastie wurde durch verschiedene Faktoren beeinflusst.

Linke Seite: Wolfsvater
Spirit im Dezember 2013

Oben: Wolfsweibchen
Sunshine im März 2014

Links unten: Wolfsrüde
Trickster im März 2014

Rechts unten: Wolfsmutter
Faith im Dezember 2011

DATEN ZUR GEFÄHRLICHKEIT DER PIPESTONE-WÖLFE

Vom ersten Tag ihrer Ankunft im Bowtal 2009 bis zum letzten Tag, bevor Sunshine das Bowtal Anfang 2015 verließ, hatten wir u. a. selbstverständlich auch jede „Verhaltensregung" eines Pipestone-Wolfes bei Begegnungen mit Menschen gefilmt. Dabei unterschieden wir zwei Kriterien: Mensch-Wolf-Begegnungen in einer Distanz unter 100 Metern (<) und über 100 Metern (>). Um die beobachteten Verhaltensreaktionen der Wölfe auf eine visuell direkte Präsenz von Menschen (mit und ohne Hund) außerhalb deren Autos methodisch analysieren zu können, katalogisierten wir fünf verschiedene Verhaltensszenarien, die wir hier nur grob skizziert wiedergeben:

— **„Attacke"**: Ein Wolf nähert sich einem Menschen (mit oder ohne Hund) und attackiert in kanidentypischer Beutegreifermanier: Fixierblick – Abducken – Anpirschen – Hetzen – Packen – Schütteln.

— **„Bedrohung"**: Ein Wolf nähert sich einem Menschen oder umkreist ihn (mit oder ohne Hund) in einer steifen Körperhaltung mit aufgestellten Haaren im Nacken- und Schulterbereich und mit angehobener Rute.

— **„Scheinattacke"**: Ein Wolf nähert sich einem Menschen (mit und ohne Hund) in Drohhaltung und in typischer Hoppelschrittabfolge, stoppt seine Attacke und greift nicht direkt an.

— **„Weggehen"**: Ein Wolf beobachtet einen Menschen (mit oder ohne Hund) aus der Distanz, verlässt auf dessen Annäherung jedoch das Terrain und entfernt sich.

— **„Toleranz"**: Ein Wolf bleibt auf Distanz mindestens eine Minute lang stehen, sitzen oder liegen, nachdem er Blickkontakt zu einem Menschen (mit oder ohne Hund) aufgenommen hat.

Um die Übersichtstabelle in ihrer Gesamtheit besser zu verstehen, sind einige Vorabinformationen wichtig.

Die in der Tabelle aufgeführten Mensch-Hund-Begegnungen aus den Jahren 2009 – 2014 enthalten nur Daten von Menschen (mit und ohne Hund), die sich irgendwo *ohne* Deckung in freiem Gelände aufhielten. So zum Beispiel abseits von asphaltierten Straßen auf Wanderwegen, Skiloipen, in Waldlichtungen oder Wiesen.

39 bis 59 % aller unserer Wolfssichtungen fanden innerhalb menschlicher Infrastruktur statt. Diese sind in der nachfolgenden Tabelle jedoch *bewusst nicht aufgelistet,* weil das Begegnungsszenario zwischen Mensch und Wolf (zum Beispiel auf der Parkstraße) fast ausnahmslos nach dem gleichen Stress und Meideverhalten auslösenden Muster ablief:

Mensch steigt aus Auto aus, geht oder rennt aktiv hinter einem oder mehreren Wölfen her, woraufhin diese(r) erschrocken die Flucht ergreift. Ebenfalls *nicht statistisch erfasst* sind Begegnungen zwischen Menschen und Jungwölfen unter einem Jahr. Selbige mit „Gefährlichkeit" oder „Bedrohung" gleichzusetzen, halten wir grundsätzlich für fachlich nicht nachvollziehbar.

PIPESTONE-WÖLFE UND DEREN VERHALTENSREAKTIONEN AUF DIE PRÄSENZ VON MENSCHEN (n = 140)

VERHALTENS-REAKTION WOLF	MENSCH STEHEND (MIT HUND)		MENSCH STEHEND (OHNE HUND)		MENSCH STEHEND (MIT HUND)		MENSCH STEHEND (OHNE HUND)		MENSCH GEHT FRONTAL AUF WOLF ZU (OHNE HUND)		MENSCH GEHT FRONTAL AUF WOLF ZU (OHNE HUND)	
DISTANZ	> 100 METER		> 100 METER		< 100 METER		< 100 METER		> 100 METER		< 100 METER	
TYP A ODER B	A	B	A	B	A	B	A	B	A	B	A	B
Attacke	0	0	0	0	0	0	0	0	0	0	0	0
Bedrohung	0	0	0	0	0	0	0	0	0	0	0	0
Scheinattacke	0	0	0	0	0	0	0	0	0	0	0	0
Weggehen	4	5	13	9	3	1	5	2	11	10	15	22
Toleranz	3	1	10	7	1	0	3	1	6	4	3	1
Total	**7**	**6**	**23**	**16**	**4**	**1**	**8**	**3**	**17**	**14**	**18**	**23**

Solange Parkbesucher in ihren Autos blieben, verhielten sich insbesondere extrovertierte A-Typ-Wölfe eher neugierig.

Die Tabelle zeigt die Verhaltensreaktionen von insgesamt 19 verschiedenen Pipestone-Wölfen des Typ-A- oder Typ-B-Charakters in Begegnungssituationen mit stehenden oder auf sie zugehenden Menschen (mit und ohne Hund).

VERHALTENSANALYSE ZU MENSCH-WOLF-BEGEGNUNGEN

Vielleicht ist dieser Buchteil einer der Wichtigsten von allen, zeigt er doch, wie besonnen und insgesamt distanziert sich die Pipestones bei Begegnungen mit Menschen verhielten. 74 % der von uns dokumentierten 140 Begegnungen ereigneten sich in einer Distanz von mindestens 100 Metern, nur 26 % unter 100 Metern. Zu einem Zwischenfall in Form von wölfischen Attacken oder Bedrohungen kam es kein einziges Mal. Scheinattacken gab es auch nicht.

Obwohl tendenziell erkundungsfreudig, gingen selbst wagemutige A-Typ-Wölfe Menschen in 66 % aller Begegnungen aus dem Weg, auch wenn Menschen einen angeleinten Hund mit sich führten. Scheue B-Typ-Wölfe taten dies aufgrund ihres zurückhaltenden Grundcharakters sogar in 78 % aller Fälle. Wenn ein Mensch frontal auf Wölfe zuging, beantworteten A-Typen wie B-Typen die Annäherung von Menschen mit aktivem Meideverhalten. Wie sich Begegnungen zwischen Menschen mit Hunden und Wölfen gestaltet „hätten", die gemeinschaftlich auf Wölfe zugegangen „wären", ist und bleibt spekulativ, da wir eine solche Situation kein einziges Mal beobachten konnten.

Nach Auswertung aller 140 Direktbeobachtungen von Begegnungen zwischen Nationalparkbesuchern und wild lebenden Timberwölfen ziehen wir die Schlussfolgerung, dass sich keiner der im Bowtal in einer menschendominierten Umwelt aufgewachsenen Wolfsindividuen nachweislich „gefährlich", „aggressiv" oder „nicht normal" verhalten hat.

Die Hypothese, wonach „habituierte Wölfe" aufgrund ihrer Gewöhnung an menschliche Infrastruktur und Fahrzeuge eine Gefahr für die Öffentlichkeit darstellen, konnte durch unsere Studien eindeutig widerlegt werden. Menschen, die so etwas behaupten, können wir nicht Recht geben.

KAPITEL 5

EINE NEUE WOLFSFAMILIE SORGT FÜR FURORE

DIE „TOWNIES" – FAMILIENNEUGRÜNDUNG IM FRÜHSOMMER 2015

Ab März 2015 machten erste Gerüchte die Runde, im Bowtal seien mehrere Wölfe gesehen worden. Die Rede war von zwei graugefärbten Tieren. Wie John später herausfand, waren es auch zwei graugefärbte Wölfe, die Anfang April wie selbstverständlich den alten Höhlenstandort der Pipestones besiedelten. An Selbstbewusstsein schien es dem neuen Wolfspaar nicht zu mangeln. Doch wer waren sie und wo kamen sie so plötzlich her?

Wie sich anhand erster Sichtungen herausstellte, wandelten „die Neuen" schon im März und April 2015 ziemlich rasch auf den alten Pfaden der Pipestones. Es dauerte nur wenige Wochen, bis die neuen Wölfe zumindest den mittleren und westlichen Teil des Bowtals samt dem alten Wegenetz der Pipestones übernommen hatten. Auch wenn es Ende März hin und wieder einzelne Beobachtungen von zwei grauen Wölfen am allseits bekannten Pipestone-Höhlenstandort gab, blieb noch einige Tage offen, ob es sich faktisch um ein Paar handelte und ob dort irgendwelche Welpen geboren worden waren.

Ein Bekannter bestätigte uns, im westlichen Bowtal bereits Anfang Februar 2015 einen grau-braunen Wolfsrüden gesehen zu haben, den er später nochmals am Bowfluss zusammen mit einem hellgrauen Weibchen gesehen habe. Andere Quellen sprachen im Zusammenhang mit dem Rüden von einem Wolf, der (wie zuvor Faith im Jahr 2008) aus dem Pipestone-Tal gekommen war. DNA-Analysen, die diese Annahme hätten bestätigen können, existierten leider nicht. Bei der wenig scheuen, hellgrauen Wolfsfähe handelte es sich nach Johns Meinung um ein junges Weibchen, das ihm aus dem benachbarten Kootenay Nationalpark persönlich

bekannt war. Logisch, dass John diese nun im Bowtal sehr dynamisch auftretende Wölfin ab sofort Kootenay nannte. Irgendwie sah diese Kootenay in ihrem ganzen Erscheinungsbild sehr „husky-ähnlich" aus. Mehrere direkte Sichtungen am 8. April bestätigten, dass das neue Leitweibchen trächtig war und es sich aufgrund ihres unbekümmerten Auftretens um eine A-Typ-Wölfin handeln könnte.

Der neue „Alpharüde", wie ihn erste Facebook-Kommentatoren schon nannten, schien ein zurückhaltender Wolf zu sein, der eher scheu und abwartend reagierte, bevor er die Parkstraße überquerte. John gab ihm den Namen Rusty. Groben Schätzungen zufolge musste Kootenay im April 2015 zwei Jahre alt sein und ihr Lebensgefährte Rusty wahrscheinlich zwei Jahre älter.

Wie es aussah und etwas später auch bestätigt werden konnte, hielten sich im Bowtal wieder junge und gesunde Wolfseltern auf, die bereit waren, dort eine Familie zu gründen.

Die Etablierung des gemeinschaftlichen Territoriums Kootenays und Rustys begann wie im Lehrbuch. Eine fortpflanzungsfähige Wölfin trifft auf einen fortpflanzungsfähigen Wolfsrüden, die in monogamer Zweisamkeit einen Wurf Welpen produzieren und anschließend alles tun, um möglichst viele ihrer Wolfskinder durchzubringen. Ein solcher „Routineablauf" funktioniert dann am besten, wenn es sich bei den Wolfseltern um dynamisch entschlossene Jägernaturen handelt. Genau das traf auf Kootenay und Rusty zu. Wenngleich nur für wenige Sekunden, so sahen wir am 29. Mai 2015 exakt um 9:48 Uhr erstmalig einen kleinen Pulk Welpen durch den Wald huschen.

Das neue Leitpaar Rusty (links) und Kootenay im März 2015.

Im Vergleich zu dem zum Schluss schwer gealterten Pipestone-Leitpaar, Spirit und Faith, schienen die neuen Elterntiere Kootenay und Rusty keine größeren Probleme damit zu haben, das knapp 100 Kilometer lange Bowtal zwischen Lake Louise und Banff in Rekordzeit einmal hinauf- und wieder hinunterzulaufen. Fit genug waren sie auf jeden Fall. Die schlechte Nachricht war, dass man den hiesigen Beutetierbestand ohne Übertreibung unverändert als miserabel bezeichnen konnte. Infolgedessen verlangten die Lebens-

raumumstände den beiden Wölfen zukünftig einiges ab. Ein altes, russische Sprichwort lautet sinngemäß: „Wölfe ernähren sich über ihre Pfoten".

In der Tat. Zumindest jungen Familienneugründern wie die Elterntiere Kootenay und Rusty fiel es offensichtlich leicht, im Rahmen ihrer Jagdstreifzüge große Distanzen zu überbrücken. Im besten Alter und gänzlich unverletzt, transportierten sie im Juni 2015 zielstrebig und sehr straff organisiert genügend Nahrung zum Höhlenstandort.

Leitrüde Rusty steht im Oktober
2015 während eines ersten
Schneesturms in aufmerksamer
Beobachtungshaltung am Rand des
„Banff Spring Golfplatzes".

DAS SCHRECKGESPENST „BANFFSTADT-WOLFSFAMILIE"

Rusty und Kootenay schienen im Zusammenhang mit der Welpenfürsorge besser gerüstet zu sein als ihre Vorgänger. Anstatt das mehr oder weniger „beuteleere" Bowtal nach den letzten Hirschen abzusuchen, versuchte das frisch gebackene Elternpaar, Alternativen zu entwickeln. Diese innovativen Alternativen beinhalteten allerdings ein großes „TamTam", das bald allerorten zu „dem" Sensationsereignis in Banff hochstilisiert wurde: Rusty und Kootenay war es gelungen, Ende Juli 2015 am Stadtrand von Banff eine Hirschkuh zu töten. Ein solches Spektakel hatte es zum letzten Mal Anfang 2003 gegeben, als die „Fairholme-Wolfsfamilie" vor den Toren Banffs aktiv gewesen war.

John fuhr sofort an den Stadtrand und recherchierte vor Ort. Nur eine Woche später hatten die beiden Wölfe den nächsten Hirsch erfolgreich zu Fall gebracht. Diesmal mitten auf dem Golfplatz hinter dem „Fairmont Banff Spring Hotel". Auch diese Nachricht traf die Wildtiermanager im Warden-Büro von Banff mit ungebremster Wucht. Wölfe in der Stadt? Wölfe als Gefahr für Touristen? Die liefen schließlich überall herum. Doch es sollte noch „dramatischer" werden. Mitte August 2015 wurden fünf Wölfe gesehen. Rusty und Kootenay waren auf die glorreiche Idee gekommen, als Alternative zu einem energetisch aufwendigen Nahrungstransport zur Höhle, ihre Jungen gleich mit nach Banff zu nehmen. Von nun an versammelte sich regelmäßig eine komplette Wolfsfamilie auf besagtem Golfplatz.

Nachdem Rusty, Kootenay und deren dreiköpfiger Nachwuchs im September und Oktober 2015 im Abstand von ungefähr 10 – 14 Tagen mehrmals hintereinander in unmittelbarer Stadtnähe „zugeschlagen" hatten, hieß das Rudel ab sofort „Banffstadt-Wolfsfamilie". Welcher andere Name wäre auch passender gewesen?

Ganz im Gegensatz zu den Pipestones, die in den Jahren 2008 – 2014 niemals die Stadtgrenze von Banff überschritten hatten, schienen Kootenay, Rusty und die drei Jungen den gesamten Bereich um Banff herum, einschließlich sämtlicher Campingplätze, Golfanlagen und Picknick-Areale als festen Bestandteil ihres Territoriums auserkoren zu haben. Das sprach sich natürlich herum. Die „Townies", wie man die fünf Wölfe in Insiderkreisen nannte, hefteten sich manchmal sogar in offener Landschaft aktiv an die Fersen sogenannter „Stadthirsche", die bislang recht ungestört abseits irgendwelcher Beutegreiferaktivitäten an der Peripherie zu Banff lebten. Menschen befanden sich jedoch zu keinem Zeitpunkt in Gefahr. Diese Tatsache kann man nicht oft genug hervorheben.

Die Wölfe töteten Hirsche im Morgengrauen und zogen sich diskret zurück, sobald die ersten Stadtbewohner mit oder ohne Hund spazieren gingen.

Ende Oktober 2015 spannte sich das Revier der Townies vom Pipestone-Tal im Nordwesten bis weit über die Stadtgrenzen von Banff hinaus, in Richtung Osten bis nach Canmore. Obwohl die Wölfe längst gut funktionierende, adaptive Verhaltensmuster als Antwort auf den üblichen Tagesrhythmus der einheimischen Bevölkerung von Banff entwickelt hatten, gingen den Bürokraten im Warden-Büro langsam aber sicher die Nerven durch. Als Konsequenz auf die wölfischen Stadthirsch-Jagden trommelte man eilig eine „Task Force" zusammen. Die wurde dann auch gleich aktiv und schnallte Kootenay und Rusty GPS-Radiohalsbänder um.

FAMILIENSTRUKTUR
DER TOWNIES

Der Winter hatte begonnen und Teile der in Stadtnähe zu Banff gelegenen Vermillion-Seenplatte waren großflächig zugefroren. Hier gelang es den Townies, ausnahmsweise einmal Hirsche ohne permanenten Öffentlichkeitsrummel zu jagen. Selbst im Dezember 2015 fuhren die meisten Facebook-Fotografen immer noch hartnäckig die rund siebzig Kilometer lange Parkstraße auf und ab, um dort irgendwo die Wölfe ausfindig zu machen. Noch herrschte im Seengebiet Ruhe. Das gab John die Möglichkeit, wichtige Details zur Familienstruktur der Townies zusammenzutragen. Neben B-Typ Rusty, entpuppte sich A-Typ-Wölfin Kootenay als treibende Kraft des Familienunternehmens. Sie war es, die nicht selten bei der Hatz auf Hirsche die Initiative zur Attacke übernahm.

Der Ende Januar 2016 grob zwei Jahre alte Nachwuchs bestand aus zwei weiblichen Tieren und einem Rüden. Die beiden grau-braunen Jungwölfinnen Jacky und Riley verhielten sich ganz wie ihre Mutter, nämlich wagemutig und erkundungsfreudig. Wie es für Charaktere des geselligen A-Typs üblich ist, spielten sie viel und ausgiebig miteinander. Nach Aussagen mehrerer Beobachter schienen Jacky und Riley „Kontrollfreaks" zu sein, die an Kadavern gern versuchten, besitzanzeigendes Verhalten umzusetzen.

Indes trat ihr gleichaltriger Bruder Wally, der einzig schwarzgefärbte Wolf der Familie, eher als zögerlicher und introvertierter B-Typ in Erscheinung.

Insgesamt schien die Familienwelt in bester Ordnung zu sein. Die Elterntiere Rusty und Kootenay waren topfit und gaben sich im Umgang mit ihrem Nachwuchs sehr verspielt. Wir hofften sehr, deren Verspieltheit als gutes Zeichen für die Zukunft werten zu dürfen. Im Kontext, wie elementar wichtig Spiel ist, möchten wir ein weiteres Mal auf Mechtild Käufer verweisen, die von Camille Ward und ihren Kolleginnen wie folgt zitiert wird: „Spiel formt das Aggressions- und Sexualverhalten, Mutterschaft, die hormonellen und neurochemischen Antworten auf Stress und dessen Entwicklung" (Käufer, Canine Play Behavior, zitiert in: Camille Ward, Erika B. Bauer und Barabara B. Smuts, Partner Preferences and Asymmetries in Social Play among Domestic Dogs, *Canis lupus familiaris*, Litermates, Animal Behaviour 76, no.4, 2008: 1191).

Ein anderes Hoffnungszeichen kam aus der Nationalparkbehörde Banff. Die gab überraschenderweise bekannt, man würde eventuell im Rahmen der Nahrungssicherung für die neuen Wölfe auf die Tötung „habituierter Problemhirsche" eine Zeitlang verzichten. Super, dachten wir. Einem Nationalpark stünde es in der Tat gut an, ohne Manipulation von außen einem natürlichen Beutegreifer-Beutetier-System freien Lauf zu lassen. John bewertete Parks Canadas Sinneswandel nach wie vor skeptisch und fragte uns damals, ob wir denn nicht das einschränkende Wörtchen „eventuell" gelesen hätten?

Die Townies (von links nach rechts):
Jacky, Kootenay, Riley, Wally und Rusty

EIN UNGEWÖHNLICHER JAGDAUFTRITT

Mit zunehmendem Jagderfolg konzentrierten sich die Townies immer häufiger auf das Ausspähen von verwundbaren Stadthirschen. Da deren größte Verbreitungsdichte neben dem Golfplatz am nördlichen Stadtrand zu Banff zu finden war, führten Rusty oder Kootenay die Familie im Winter 2015–2016 oft in Richtung „Indian Grounds". Doch wie kamen die Wölfe möglichst diskret zu den „Stadthirschen", direkt an menschlichen Siedlungen vorbei?

Wie wir nach einigen Wochen genauer Überprüfungen herausfanden, zeigte sich endgültig, wie die Townies das Problem bewerkstelligten, schnell und unkompliziert die Stadt Banff zu erreichen. Offenkundig nutzten die fünf Wölfe die CP-Rail. Deren Gleisverlauf führte sie entlang erster Besiedelungen in jene Areale, wo sie in den Indian Grounds auf eine Konzentration von Hirschen trafen. Dabei gingen die Townies sehr geschickt vor. Im Dunkeln und in den frühen Morgenstunden schlugen sie zu. Kein Mensch entdeckte sie dabei, wenn sie auf Hirschjagd gingen.

Verglichen mit den Pipestones, die in knappen Zeiten stets eine Verfolgung von Dickhornschafen und Bergziegen in den menschenleeren Bergregionen des Healy Passes präferiert hatten, entschieden sich die Townies gegenteilig für die Jagd auf Banffs „Stadthirsche". Andere Wolfsfamilie – andere Sitten.

Im Südosten von Banff hatten die Wölfe ebenfalls leichtes Spiel. Der Golfplatz war den ganzen Winter über komplett geschlossen. Hirsche zu jagen, stellte für die Townies daher kein Problem dar. Im Februar 2016 paarten sich Rusty und Kootenay und gaben Anlass, zwei Monate später eine neue Wolfsgeneration beobachten zu können.

Doch am Morgen des 20. Februars 2016 war es mit der Ruhe von einer Sekunde auf die andere vorbei. Die Townies stellten abermals in den Indian Grounds einer Gruppe Hirsche nach. Nach einigen Minuten des unübersichtlichen Hin und Hers gelang es den fünf Wölfen, ein Hirschkalb von der Herde abzutrennen und in Richtung Eisenbahngleis zu scheuchen. Dummerweise landeten Beutegreifer und Beute nach einigen hundert Metern mitten auf einer Brückenüberführung, die über die Hauptzufahrtsstraße nach Banff führt. Mittlerweile war es hell geworden. Sowohl Hirschkalb als auch sämtliche Wölfe waren nun von der Straße aus für jedermann sichtbar. Rusty packte das Kalb an der Kehle und brachte es zu Fall – aus Wolfssicht eine ganz normale Jagdszene.

Unter der Brücke herrschte jedoch das reinste Chaos. Morgens um 8:30 Uhr war natürlich Berufsverkehr angesagt. Jeder konnte die Wölfe sehen, als diese das getötete Hirschkalb auseinanderrissen. Minuten später posteten die ersten Zeitzeugen schon auf Facebook: „Wölfe töten in Banff einen Hirsch am helllichten Tag." Schnell war die Rede von einer „Weltsensation" und selbstverständlich auch von Wölfen, „die jegliche Scheu vor dem Menschen verloren hätten". Das volle Programm menschlicher Selbstdarstellung lief ab. Experten überall. Jeder wusste alles ganz genau. Einige Vertreter der Parkverwaltung tauchten auf und begannen, den halb aufgefressenen Hirschkadaver von der Eisenbahnschiene zu räumen. Nachdem die Townies in den nächsten Monaten von Wildtiermanagern mehrfach hintereinander irgendwo auf einer Straße gesichtet worden waren und angeblich Müllreste auf einem Parkplatz vertilgt hatten, standen die Wölfe fortan im Fokus der Parkverwaltung, der Zeitungsjournalisten, der Fotografen aus Nah und Fern und nicht zu vergessen, im Fokus sämtlicher Social Media. Natürliche Beutegreifer-Beutetier-Balance Ade – Drama war angesagt …

Die Townies auf der CP-Rail im Anmarsch auf Banff. In der Gruppenfrontposition Leitrüde Rusty, gefolgt von Sohnemann Wally, Leitfähe Kootenay und den Töchtern Riley und Jacky.

WOLFSFAMILIE STÖRT TOURISTISCHEN SOMMER

Zu Ostern öffneten nicht nur die ersten großen Campingplätze, wie beispielsweise der „Tunnel Mountain Campground", sondern auch die Golfanlage in der Nähe des „Banff Spring Hotels". Recht bald war überall der Teufel los. Unkontrollierte und zum Teil betrunkene Touristen, Camper, die trotz striktem Verbot Essensreste herumliegen ließen, und Parkbesucher, die sich entlang der Parkstraße ihres Abfalls und Mülls entledigten. Vor lauter Hektik und massiver Menschenpräsenz, konnten die Townies kaum Stadthirsche töten. Sie mussten sich nach Alternativen umsehen, zumal weder im Bowtal noch speziell auf der CP-Rail Fressbares in nennenswerter Form zu finden war.

Kootenay hatte im April sechs Welpen geboren. Forsch, wie sie nun einmal war, schlich sie sich im Mai 2016 im Schutz der Dunkelheit an Campingplätze heran. Angelockt von den Gerüchen menschlicher Essensreste, verführte die Wolfsmutter nun bald auch ihre ebenfalls extrovertierte Tochter Jacky dazu, auf dem „Tunnel Mountain Campingplatz" nach einfachen

Jungwölfin Jacky nimmt am Rand eines Campingplatzes heulend Kontakt zu ihrer Mutter Kootenay auf.

Mahlzeiten zu suchen. Am 31. Mai 2016 stahl Kootenay um zirka 22 Uhr ein ganzes Toastbrot aus einer offen herumstehenden Kühltasche, nur 100 Meter entfernt von drei um ein Lagerfeuer versammelten Campern. Diese traten daraufhin den Rückzug an und blieben anschließend in ihrem Campingbus.

EIN UNBERECHTIGTER ABSCHUSS

Futterkonditionierte Wölfe können auf Laien in der Tat bedrohlich wirken. Im Fall von Kootenay handelte es sich jedoch nicht um eine „Mehrfachtäterin". In diesem Verständnis handelte es sich auch nicht um eine futterkonditionierte Wölfin. Dessen ungeachtet sahen die verantwortlichen Wildtiermanager von Banff jedoch keine andere Möglichkeit, als die Mutter von sechs Welpen am frühen Dienstagmorgen des 7. Juni 2016 zu erschießen. Die illegal handelnden Camper, die per Gesetz verpflichtet gewesen wären, jegliche menschliche Nahrung jederzeit strikt unter Verschluss zu halten, wurden noch nicht einmal schriftlich verwarnt. Angeblich fehlte dazu jegliche Handhabe. Diese Einschätzung empfanden wir als eine bodenlose Unverschämtheit.

Nach dem Tod von Kootenay, der in den einschlägigen Internetforen wider Erwarten kaum ein Aufschrei verursachte, brauchten Rusty und die drei Jährlinge Jacky, Riley und Wally nach dem Verlust ihrer Anführerin einige Zeit, sich auf die drastische Veränderung ihrer Familienstruktur einzustellen. Die Versorgung der Welpen klappte nun so gut wie gar nicht mehr. Wie John beobachten musste, schaute sich der sechsköpfige Welpenpulk ohne die Absicherung durch eines der Alttiere sehr oft völlig planlos nach etwas Fressbarem um. Letztlich führte die altersbedingte Naivität der häufig auf sich allein gestellten Welpen dazu, dass Ende Juli

2016 gleich drei von ihnen auf einen Schlag von einem Zug überfahren wurden. Anfang August musste auf dem CP-Gleis ein weiterer Welpe sein Leben lassen. Ein erschreckendes Novum – vier von sechs Welpen waren bereits vor Erreichen ihres vierten Lebensmonats tot.

Mit Beginn der Sommerferien rollte ein wahrer Touristenstrom nach Banff. Die Townies mussten sich immer mehr zurückziehen.

NAHRUNGSKNAPPHEIT UND EIN WEITERER ABSCHUSS

Am 15. Juli 2016 verbreitete sich die nächste Schreckensmeldung. Rusty wurde auf der Trans-Kanada-Autobahn Nr. 1 gesichtet, als er von einem Auto angefahren wurde. Das einzig Gute daran war: Der Wolfsvater, der stark humpelnd davonlief, hatte den Verkehrsunfall zumindest überlebt.

Im Bowtal gab es unverändert kaum Beutetiere. Die obligatorischen „Stadthirschgruppen" blieben wegen des Touristenandrangs im Sommer für die Wölfe so gut wie unerreichbar. Rusty erholte sich nur langsam. Wann immer John ihm im Kernterritorium der Townies begegnete, hinkte er. Wie sollte er hinsichtlich der Ernährung der beiden letzten Welpen eine tragende Rolle als Versorger übernehmen?

Wally und Riley gingen meistens gemeinsam auf Futtersuche. Hier und dort gelang es ihnen sogar, als erfolgreiches Jäger-Duett ein Reh zu töten. Wer aber gehofft hatte, Wally und Riley würden Futter zu ihrem stark bewegungsbeeinträchtigten Vater transportieren, sah sich bald enttäuscht. Familiäre Unterstützung gab es keine. Gleichzeitig lungerte Jungwölfin Jacky, deren Bewegungsmuster Parkangestellten über die Signale ihres GPS-Radiohalsbands auf ihren Computern lückenlos verfolgen konnten, nachts häufig auf Campingplätzen herum. Auch Jacky weigerte sich – genau wie ihre Geschwister Wally und Riley –, die Rolle einer Babysitterin zu übernehmen. Die beiden 2016-er Welpen liefen nach wie vor ungeschützt, schlecht ernährt und deswegen „klapperdürr" in der Hillsdale-Region herum.

Jacky wurde am Abend des 3. Augusts 2016 kurzerhand von Parkangestellten erschossen. Aus dem Warden-Büro hieß es lapidar: „Man müsse die Sicherheit von Parkbesuchern garantieren." Eine nur 15 Monate junge Wölfin, die sich kein einziges Mal aggressiv verhalten hatte, die keiner Menschenseele gefährlich geworden war, wurde aus „Sicherheitsgründen" erschossen?

Nach dem Tod von Kootenay und Jacky und dem Verkehrsunfall von Rusty, hatten wir zusammen mit John schon nüchtern vorhergesagt, dass es für den neuen Nachwuchs keine Chance gäbe. Um eine solche Prognose zu wagen, brauchte man wahrlich kein Hellseher zu sein. Die beiden letzten Jungen verloren zusehends an Gewicht und starben irgendwann Anfang Oktober 2016.

DIE ANEKDOTE VON DER GEWIEFTEN RILEY

Es begann mit der Sensationsmeldung: „Wölfe wurden erneut auf Campingplätzen gesichtet." Es dauerte nicht lange, bis das übliche substanzlose Gerede von der akuten Gefahr für den Menschen in den ersten Zeitungsaufmachern erschien. Aus „den Wölfen" wurde schnell ein Wolf, der gesehen worden war. Aus „einem Wolf" wurde die Nachricht, dass es konkret um die letzte Wölfin der Townies ging, namentlich um die zirka 15 Monate alte Riley, die ab Anfang September 2016 im Schnitt einmal die Woche auf einen großen Campingplatz schlich.

Opportunistisches Handeln schien für Riley oberste Priorität zu genießen. Am 19. September 2016 rannte sie abends um 20:05 Uhr mit einem kompletten Paket Hamburger im Maul über die Parkstraße. Futterstehlen war sicher eine energiesparende Strategie, aber auch ein für Riley gefährliches Unterfangen. Nachdem bis Anfang Oktober gleich mehrere Camper die Sichtung eines grauen Wolfes (Riley) gemeldet hatten, standen daraufhin ebenfalls gleich mehrere mit Gewehren ausgestattete Parkangestellte des Banff Nationalparks auf der Matte. Wie uns John berichtete, schien der Abschuss von Riley im Warden-Büro schon beschlossene Sache zu sein.

Rileys Glück im Unglück: Sie trug kein Radiohalsband. Die Absicht der Wildtiermanager, sie wie zuvor die besenderten Wölfinnen Kootenay und Jacky auf dem Campingplatz zu stellen und an Ort und Stelle, möglichst unbemerkt von der Öffentlichkeit, zu erschießen, entwickelte sich zu einem „Theaterstück mit Laiendarstellern". Die gewiefte Riley ließ sich einfach nicht erwischen – kam ein „Park-Auto" samt bewaffneter Mannschaft um die Ecke, war die clevere Wölfin schon weg. Woche für Woche gelang es der nicht besenderten Jungwölfin, frühzeitig zu verschwinden und somit ihr Leben zu retten.

Hinter vorgehaltener Hand wurde Riley als „permanentes Sicherheitsrisiko" definiert. Offiziell hieß es, „man müsse diese futterkonditionierte und daher gefährliche Wölfin leider unter Abwägung aller Umstände zum Schutz von Campern ausschalten". Wir hielten diesen harten Managementkurs für weder gerechtfertigt, noch für fachlich nachvollziehbar. Diese sanfte Wölfin war keine Gefahr. Ihr gesamtes Ausdrucksverhalten ließ keinerlei Anzeichen von Aggressivität oder Bedrohung erkennen. Riley war zugegebenermaßen frech und handelte eigennützig und opportunistisch – mehr aber auch nicht.

Wie oft hatten wir seit Beginn unserer Freilandforschungen eingetrichtert bekommen, „futterkonditionierte Wölfe seien grundsätzlich als Gefahr für den Menschen einzustufen und müssten daher ohne Ausnahme eliminiert werden".

Sollte diese Gleichung nun auch für jede Jungwölfin gelten, die nur saisonal bedingt menschliche Nahrung stahl und mit Schließung aller Campingplätze im Herbst wieder natürliche Beute wie Hirsche jagen ging?

Was die „Causa Riley" betraf, so wäre diese um ein Haar erschossen worden, wenn sie ein Radiohalsband getragen hätte. Riley, die keinem Menschen jemals gefährlich geworden war, hatte nur überlebt, weil sie keinen Peilsender trug. Ende Oktober zogen die bewaffneten Wildtiermanager unverrichteter Dinge wieder ab. Keiner war zu Schaden gekommen. Riley orientierte sich mit Beginn des Winters wieder darauf, gemeinsam mit Vater Rusty und Bruder Wally auf dem ebenfalls geschlossenen Golfplatz in Nähe des Banff Spring Hotels in alter Manier Stadthirsche zu erbeuten.

Jungwölfin Riley im Januar 2017 auf der Parkstraße.

WALLY UND DIE WEGWEISENDEN RABEN

Nach Jahrzehnten der aufmerksamen Beobachtung müssen wir davon ausgehen, dass Raben ihr Verhalten nach dem der Wölfe ausrichten. Raben begleiten Wolfsfamilien auf der Jagd und sind an deren Beuterissen in Bruchteilen einer Sekunde zur Stelle. Anstatt aber zum x-ten Mal das offensichtlich häufig vorkommende Orientierungsverhalten von Raben an Wolfsjagden zu beschreiben, wollen wir uns nachfolgend mit dem in der einschlägigen Literatur eher stiefmütterlich behandelten Aspekt wölfischer Orientierung an Raben auseinandersetzen.

Anfang des Jahres fuhren Karin und ich in unserem neuen Jeep-Geländewagen (den keiner außer John und Hendrik Bösch kannte) auf eine mehrtägige Stippvisite nach Banff. Wir wollten nochmals in aller Ruhe unentdeckt „Wölfe-Gucken". Das galt auch für unseren „Wolfsbegleithund" Timber, dem wir, weil schwer krebskrank, nochmals eine große Freude machen wollten.

Am 13. Januar 2017 fiel uns Wally auf, der einen zugefrorenen See irgendwie leicht chaotisch im Zick-Zack überquerte. Was auf den ersten Blick komisch wirkte, machte bei näherer Betrachtung absoluten Sinn. Wally blieb mehrere Male hintereinander stehen, um gezielt nach oben zu schauen. Dort drehte ein Rabenpaar seine Runden. Wally orientierte sich tatsächlich an den Aktionen der Raben. Die flogen entlang eines kleinen Waldstücks zwischenzeitlich in eine ganz bestimmte Hauptrichtung. Immer, wenn die Raben eine Richtungsänderung vornahmen, reagierte Wally darauf sofort. Langsam fiel es uns wie Schuppen von den Augen, warum der junge Wolfsrüde zickzackförmig unter-

Jährling Wally im Januar 2017 auf dem Weg zu einem Kadaver.

wegs war. Insbesondere, nachdem auch noch andere Raben exakt in die gleiche Richtung flogen, wie zuvor das Rabenpaar. Wally, der sämtliche Raben genau beobachtete, spekulierte wohl darauf, dass die Raben einen Huftierkadaver ansteuerten. Es war unheimlich spannend, mitverfolgen zu können, wie ein Wolf alle seine reaktiven Handlungen ganz bewusst nach dem Aktivverhalten einer anderen Spezies ausrichtete.

Eine Viertelstunde und zwei Kilometer später, hatte sich die Wegweisung der Raben für Wally ausgezahlt. Ob es für ihn letztlich nun eine Befreiung oder Bestätigung seiner Vermutungen war, über die genaue Beobachtung von Raben besser und effektiver einen Hirschkadaver zu finden, werden wir wohl nie erfahren. „Gewinnbringend" war sein Reaktionsverhalten auf das Aktionsverhalten der Raben allemal. Lohnend war es auch für uns Freilandforscher, die – wie schon mehrfach erwähnt – niemals auslernen. Soeben hatten wir gelernt, in tiefer Demut dankbar feststellen zu dürfen: Die artenübergreifende Entschlüsselung von Kommunikationssignalen ist nicht nur dem Menschen vorbehalten!

RUSTY UND SEINE „PATCHWORK-FAMILIE"

Mit Beginn der Paarungszeit, Ende Dezember 2016, unternahm Rusty eine ganze Reihe mehrtägiger Wanderungen auf eigene Faust. Auf der Suche nach einer neuen Paarungspartnerin lief er trotz Hinkens bis nach Canmore im östlichen Teil des Parks oder immer weiter westlich bis ins Pipestone-Tal, wo er höchst wahrscheinlich ursprünglich herkam. Da Rusty zwischenzeitlich allein „nach Hause" zurückgekehrt war, schienen seine langen Ausflüge nicht erfolgreich gewesen zu sein. Bedauerlicherweise fand Rusty, dessen Hinken sich

zum Dauerzustand entwickelt hatte, trotz Dutzender Kilometer, die er täglich zurücklegte, selbst in der Hochranzzeit im Februar 2017 nirgendwo eine neue Paarungspartnerin.

Wally und Riley, mit denen der alleinerziehende Vater im Januar und Februar 2017 nach seinen Gewaltmärschen auf dem Golfplatz des Banff Spring Hotels zusammentraf, begrüßten ihn stets freundlich. Wally, der sich im Alter von knapp zwei Jahren zumindest theoretisch hätte „aufspielen" können, verhielt sich gegenüber Rusty extrem beschwichtigend. Gleiches galt für Riley. Anhand des ganzen Interaktionsgeschehens zwischen Vater und Nachwuchs konnte man zum wiederholten Mal unschwer ablesen, dass sich selbst erwachsene Wolfskinder gegenüber einem Elterntier deutlich unterwürfiger verhalten, als man das gemeinhin vermuten würde.

Unter Freilandbedingungen scheint wölfischer Nachwuchs den altersbedingt hohen Sozialrang ihrer Väter oder Mütter durch eine Mischung aus „automatisierten Unterwürfigkeitsbekundungen" und „superfreundlicher Begrüßungsinitiativen" jederzeit aktiv bestätigen zu wollen. Doch irgendwie schien die allgemeine Stimmung zu kippen.

Wally und Riley, die sich im Januar noch zu einer kraftvollen und vor allem sehr erfolgreichen Jagdgemeinschaft entwickelt hatten, die ohne aktives Zutun ihres Vaters bestens zurechtkam, zerbrach langsam wieder. Zwar hatte Vater Rusty sogar vom Jagderfolg seiner Jungen einige Zeit profitiert. Besonders dann, wenn er ziemlich erschöpft von einer seiner anstrengenden Partnersuchen zurückkehrte.

Ende Februar 2017 war es Wally und Riley erneut gelungen, am Stadtrand von Banff eine Hirschkuh zu töten. Einen Tag später traf auch Rusty, der ansonsten ständig allein unterwegs zu sein schien, am Beuteriss

seiner beiden Jungen ein. Doch nun, Anfang März 2017, war Rusty praktisch von einem Tag auf den anderen ständig mit Riley zusammen. Wally schien irgendwie von jetzt auf gleich außen vor zu stehen.

VERNICHTENDE NACHRICHTEN

Nachdem Parks Canada den mit fast zwei Jahren zweifelsohne fortpflanzungsfreudigen Rüden Ende der zweiten Märzwoche mit einem GPS-Radiohalsband ausgestattet hatte, wurden Wallys wahre Intentionen auf einen Schlag deutlich. Wie die Daten seines Peilsenders später nachwiesen, war Wally am 16. März in der Nähe des „Castle Mountain" in westliche Richtung durchgestartet und hatte innerhalb einiger Tage schnellen Schrittes das Pipestone-Tal durchwandert, um am 20. März den Banff Nationalpark ganz zu verlassen. Das war's. Das endgültige Verlassen der Banffstadt-Wolfsfamilie in die benachbarte Provinz British Columbia war in vollem Gang.

Wallys Abwanderung führte ihn zwangsläufig durch gleichermaßen unbekanntes wie ungeschütztes Terrain. Außerhalb der Nationalparks dürfen Wölfe ohne Limit erschossen werden. Zudem verenden sie dutzendfach in Schlingen und Fallen oder durch andere „menschliche Horror-Tötungspraktiken". Manche Leute prahlen sogar noch damit, wie viele Wölfe oder Pumas sie pro Jagdsaison niedergemetzelt haben – auch deutsche Gastjäger!

Zwischen Mitte und Ende März schien Wally ohne größere Turbulenzen in relativ „ruhigem Fahrwasser" unterwegs zu sein. Auf der Suche nach einer Lebenspartnerin legte er nachgewiesenermaßen über 500 Kilometer zurück. Dabei durchquerte er u. a. auch B. C.s

„Glacier Nationalpark" sowie den „Goat Range Provincial Park". Letzlich führte ihn seine lange Reise erneut in nördliche Richtung bis zum „Arrow Lake".

Kein Scherz – vielmehr bittere Wahrheit: Am 1. April 2017 wurde Wally völlig legal in der Nähe des Arrow Lakes erschossen und sein Radiohalsband mehr oder weniger kommentarlos bei der zuständigen Behördenstelle abgegeben. Unser kurzfristiger Traum von einer wölfischen Familienneugründung war ausgeträumt ...

DIE GROSSE WENDE?

Rusty und Riley, die erst im März und somit ziemlich spät in die Hitze gekommen war, blieben als einzige Überlebende der Townies im Bowtal zurück. Schon hörte man halbwegs diskret überall ein Riesengetuschel, ob Vater und Tochter sich wohl verpaart hätten. Keiner wusste etwas Genaues. Nur für einige wenige selbsternannte „Facebook-Wolfsexperten" schien klar zu sein, dass eine Inzuchtverpaarung stattgefunden hatte. Was auch sonst? Peinlich nur, dass dieser Behauptung keinerlei Beleg zugrunde lag.

Nachdem John das Heft des Handelns wieder in die Hand genommen hatte, konnte er aufgrund seiner umsichtig durchgeführten Spurenanalysen und Beobachtungsaktitivitäten alsbald mit einer faustdicken Überraschung aufwarten. Rusty marschierte offensichtlich zwischenzeitlich regelmäßig allein nach Osten in Richtung Canmore, anstatt sich mit Tochter Riley im heimischen „Townie-Wohnzimmer" aufzuhalten. Riley lief allein im westlichen Bowtal umher, verfolgte dort das eine oder andere naive Reh und schien alles in allem recht gut zurechtzukommen. Insgesamt deutete also so ganz und gar nichts auf irgendwelche Inzuchtkonsequenzen hin.

Dann kam sie doch noch, die große Wende. Allerdings in völlig anderer Form als erwartet. Wieder einmal demonstrierte uns „Lehrmeister Wolf", wie extrem flexibel er abseits gehaltloser Sprüche und Spekulationen in Notsituationen zu agieren gedenkt. Rusty hatte sich nicht mit seiner in Hitze befindlichen Tochter eingelassen, sondern schien im März 2017 unbemerkt eine fortpflanzungsfähige Tochter aus der benachbarten „Fairholme-Wolfsfamilie" gedeckt zu haben. Diese war wie in Wolfskreisen üblich, als rangniedrige Wölfin einige Wochen nach ihrer Mutter in die Hochranz gekommen, und schien anfangs noch aufgrund starker Gruppenbande bei den Fairholmes geblieben zu sein. Doch nun, im trächtigen Zustand, hatte die Jungwölfin ihre Familie auf Nimmerwiedersehen verlassen. Andernfalls wäre sie beim weiteren Verbleib in der Familie ggf. Gefahr gelaufen, von ihrer Mutter, der Fairholme-Leitwölfin, als Konkurrentin angesehen zu werden. Schlimmstenfalls hätte diese sämtliche Welpen ihrer Tochter getötet. Das Risiko, „russisch Roulette" zu spielen, wollte die junge Mutter offensichtlich nicht eingehen. Stattdessen tauchte sie Anfang April 2017 zusammen mit Rusty im Spraytal des Banff Nationalparks auf.

NEUER, ALTER HÖHLENKOMPLEX

Nachdem die junge Mutter und Papa Rusty diskret, aber zielgerichtet, zwecks Familienneugründung den neuen Höhlenstandort in Beschlag genommen hatten, stellte sich heraus, dass dieser so neu gar nicht war. Im Gegenteil, es handelte sich um einen uralten, klas-

sisch-genutzten Wolfsbau. Hier im Spraytal, das für Publikumsverkehr wegen seiner hohen Bärendichte jedes Jahr geschlossen wird, hatte in der Vergangenheit schon im Jahre 1946 ein Wolfspaar seine Jungen aufgezogen!

Rusty hinkte zwar immer noch ein wenig, zeigte sich jedoch gut gerüstet, den Erdbau gegen aufkommende Gefahren abzusichern. Wie viele Welpen im April zur Welt kamen, blieb noch für einige Zeit ein Geheimnis. Das Spraytal blieb weiterhin für jegliche Besucher gesperrt. Hin und wieder liess sich Rusty am Ende des Tals, am Rande des benachbarten Golfplatzes des „Banffspring-Hotels" blicken, um hier auf die Hirschjagd zu gehen. Über den gesamten Monat Mai schien es dem stolzen Vater turnusmässig zu gelingen, genug Beute zu machen, um einen wohlfunktionierenden Nahrungstransport in Richtung seiner Welpen zu etablieren. Das Ganze zum Glück weit weg von den weiterhin ausufernden Touristenströmen, die sich wie jedes Jahr durch das nahe gelegene Bowtal quälten.

Riley, die nach wie vor entlang des Bowflusses versuchte, die auf der Parkstraße saisonüblichen Menschenmassen irgendwie zu umgehen, schien sich auch nicht mehr auch Campingplätzen blicken zu lassen. Im Juni 2017, kurz vor der endgültigen Abgabe meines Buchmanuskriptes, berichtete John, dass bislang alles erstaunlich ruhig verlief. Das Schicksal der Wölfe Rusty (als neuer Familienvater) und Riley hatte sich nach dem absoluten Katastrophenjahr 2016 zum Guten gewendet – diesmal hoffentlich für einen längeren Zeitraum …

Wally, zwischenzeitlich mit einem GPS-Sender ausgestattet, streckt sich kurz nach dem Aufstehen *(Foto links)* und trottet danach gemütlichen Schrittes an Johns Auto vorbei.

DINGE, DIE WIR LERNEN DURFTEN

Was uns im Verlauf des Wolfsprojekts fortlaufend immer mehr verblüfft hat, war, wie unglaublich schwierig es trotz Tausender Begegnungen mit wilden Wölfen ist, spezielle Fragen konkret beantworten zu können. Mit jeder Beantwortung eines Teilbereichs einer hochkomplexen Fragestellung, warfen wir fast zwangsläufig etliche neue Fragen auf. Ein anderer zentraler Punkt, oder besser formuliert „Aha-Effekt", war: Wölfe lassen sich auch in einer menschen-dominierten Welt von niemandem ein X für ein U vormachen.

Wie wir in diesem Buch anschaulich darzulegen versucht haben, entwickelt jede in einer Menschenwelt lebende Wolfsfamilie ihre „ureigene Strategie der Anpassung". Dazu gehört, neben der bewussten Einplanung menschlicher Infrastruktur, auch, tagaktiv zu sein. Insbesondere im Sommer, wenn Wolfseltern und ihre Helfershelfer Nahrung zu ihren Welpen und heranwachsenden „Teenies" transportieren müssen. Somit entspricht es der Norm, Wölfen „am helllichten Tag" begegnen zu *können*.

Obwohl die Pipestones und Townies das gleiche Ökosystem nutz(t)en, lebten die Eltern ihren Kindern grundsätzlich andere Kulturen und Lebensphilosophien vor. Das Leitpaar der Pipestones, Spirit & Faith, hielt es für angebracht, ihren Nachwuchs alljährlich dahingehend zu unterrichten, bei allem Willen zur flexiblen Anpassung, zumindest in der hektischen Sommersaison Menschen zu meiden. Anstatt im von Menschenmassen bevölkerten Bowtal auf Nahrungssuche zu gehen, brachten Spirit und Faith ihren Jungen bei, abseits dieser menschlichen Präsenz in den subalpinen Gebirgsabschnitten des Sunshine-Tales und des Healy Passes Dickhornschafe und Bergziegen zu erbeuten.

Die Leittiere der Townies, Rusty & Kootenay, handelten nach einer völlig konträren Prämisse. Sie lebten ihren Jungen vor, einem präferierten Beutetier, dem Wapiti-Hirsch, nachzustellen, auch wenn dieser zahlenmäßig relevant nur noch in der Peripherie um die Stadt Banff vorkommt.

Wölfe unterscheiden sich gewaltig voneinander. Dümmliche Gleichungen, wie „hast du einen Wolf gesehen, so kennst du sie alle" oder „Wölfe, die sich in der Nähe von Ansiedlungen aufhalten, haben alle ihre natürliche Scheu vor dem Menschen verloren", sind bestenfalls als schlaumeierische Kaffeesatzleserei zu entlarven. Wolfscharaktere gibt es viele. Das haben unsere Tests zur Persönlichkeitsbestimmung des Wolfes eindrucksvoll bewiesen.

Unabhängig des Grundcharakters haben uns alle Wolfsindividuen demonstriert, wie wichtig ihnen gruppenorientiertes Handeln ist. Pauschalaussagen, wonach Wölfe unter Freilandbedingungen ständig mit allen anderen Tierarten in Konkurrenz stehen, sind ebenfalls falsch. Auch das haben wir lernen dürfen.

Wolf und Kojote, Wolf und Fuchs, Wolf und Rabe – sie alle können sich arrangieren. Wolf und Rabe verbindet mehr als ein zeitlimitierter, momentaner „Waffenstillstand".

Was uns hochgradig beeindruckt hat, war, wie wenig Einsatz von Aggressionsverhalten notwendig ist, um als Wolfsmutter oder -vater „den Laden im Griff zu haben". Ernsthafte Auseinandersetzungen oder Kampfhandlungen haben wir weder unter den Familienmitgliedern der Pipestones noch der Townies gesehen. Auch nicht während der Paarungszeit. Wölfischer Nachwuchs ordnet sich im Alltagsleben so unter, dass selbst körperlich beeinträchtigte und/oder alternde Leitrüden

wie Spirit und Rusty keinerlei Schwierigkeiten hatten, ihren hohen Sozialstatus ungefährdet beizubehalten.

Kurz und knapp formuliert, handeln formal dominante Tiere zwar situativ aggressiv-gestimmt, haben dieses im Zusammenleben mit ihrem unterwürfigen Nachwuchs aber selten nötig. Authentische „Alphawölfe" sind in erster Linie an ihrem unbändigen Willen zum sozialen Handeln zu erkennen!

Am allermeisten hat uns letztlich der unglaubliche Zusammenhalt in der Pipestone-Familie beeindruckt, deren gegenseitige Unterstützung und deren soziale Einstellung, die schwer verletzte Sunshine trotz Nahrungsknappheit eben nicht „durchs Raster fallen zu lassen".

DINGE, DIE SICH ÄNDERN MÜSSEN

Die Diskussion, wie man mit „sanftem Tourismus" umgehen sollte, sehen wir heute nach intensiven Jahren der allumfassenden Beobachtung deutlich skeptischer als vor Beginn unserer Freilandforschungen. Wo fängt er an, wo hört er auf? Wie regelt man Tierbeobachtungen im Zeitalter rasanter Berichterstattung? In Banff fing zunächst auch alles ziemlich harmlos an.

Massentourismus, so mussten wir lernen, verschlechtert die Lebensqualität der gesamten Tierwelt in einem unerträglichen Maß. Insofern müssen Touristenströme effektiv kontrolliert und begrenzt werden. Stattdessen macht in Banff jeder, was er will. Am 17. Februar 2016 schrieb Reporter Daniel Katz in einer lokalen Zeitung: „Besucherzahlen für Banff werden 2016 um 7,4 % steigen" (Daniel Katz, „Parks Canada looks for ways to manage record numbers of visitors", Bow Valley Crag & Canyon 117, no. 7, 2016): 11).

Ob introvertiert oder extrovertiert – ob tendenziös eigenbrötlerisch, gesellig oder eher mimosenhaft – Vielfalt ist Trumpf!

Ob Wölfe wie Riley, Wally und Rusty (von rechts nach links)
es in Zukunft schaffen werden, im Bowtal von Banff Nationalpark
„wolfswürdig" leben zu können, bleibt eine offene Frage.

Unvernünftige Fotografen sind ein Problem, das man nicht ignorieren sollte. Es mag dem Zeitgeist entsprechen, sich gegenseitig darin zu überbieten, wessen Wolfsfoto auf Facebook oder sonstwo im Internet die meisten „Likes" erhält. Paradoxerweise wirken sich die Auswüchse menschlicher Selbstdarstellung in „social media" alles andere als sozial verträglich auf das Alltagsleben von Wolf, Bär oder Vertreter anderer Tierarten aus.

Die Raserei und Nichtbeachtung von Geschwindigkeitsbeschränkungen sind vor allem in Nationalparks nicht hinnehmbar. Auch die Tatsache, dass Eisenbahnkolonnen wie im Banff Nationalpark, ohne jegliche Kontrollmaßnahmen, mit teilweise über 100 km/h durch „geschützte" Landschaften donnern dürfen, ist schlichtweg inakzeptabel.

DINGE, DIE SICH IN ZUKUNFT VERBESSERN MÜSSEN

Letztens wurden wir gefragt, ob es im Bowtal des Banff Nationalparks zukünftig überhaupt noch Wölfe geben wird. Die Antwort heißt „Ja". Da das Bowtal vielen Tieren als Hauptwanderkorridor durch die Rocky Mountains dient, wird es dort immer auch Wölfe geben.

Die Frage ist nur, wie lange sich Wolfsfamilien dort halten können? Langzeitliches Überleben ist ohne solide Nahrungsgrundlage sicher nicht möglich. Daher sollte künftig jeder Versuch, den Hirschbestand in Banff ohne jeden Weitblick kurzfristig „kaputt zu managen", strikt unterbleiben.

Ohne eine Vorreiterfunktion seitens Parks Canada, die auf massive Geschwindigkeitsbeschränkungen pocht und sich für die Installation eines flächendeckenden Radarsystems einsetzt, wird es nicht gehen. Seit 20 Jahren fordern wir für die Parkstraße geschwindigkeitsreduzierende Bremsschwellen. Vergeblich.

Jungrüde Wally auf der Bowtal-Parkstraße, kurz bevor er seine Familie endgültig verließ.

DINGE, DIE DIE TIERWELT BETREFFEN

Entweder genießen die Belange der Tierwelt in Banff Priorität oder nicht. Entweder bestraft man das egoistische Benehmen von Parkbesuchern, die Tiere illegalerweise verfolgen und füttern, oder nicht. Jeder Parkbesucher, der Wolf, Bär, Hirsch & Co allen Aufklärungskampagnen zum Trotz einfach nicht zur Ruhe kommen lassen will, muss rigoros zur Kasse gebeten werden. Und das nicht zu knapp.

Schädlich für die Tierwelt ist auch, dass ihr Überleben und Wohlergehen von völlig überzogenen Forderungen einer nimmersatten Geschäftswelt abhängig sind. Wieso eigentlich, wenn die Aufrechterhaltung eines natürlich-funktionalen Beutegreifer-Beutetier-Ökosystems auf dem Spiel steht?

Nationalparks werden in Zukunft als sichere Zufluchtsorte für Wölfe immer wichtiger, weil diese, wie wir zähneknirschend gelernt haben, überall außerhalb der Schutzgebiete Jahr für Jahr zu Tausenden getötet werden.

Wildtier-Management bedeutet in den miteinander verbundenen Nationalparks der kanadischen Rocky Mountains (Banff, Kootenay, Yoho und Jasper) nicht etwa Management für Wildtiere. Davon waren wir zu Forschungsbeginn etwas naiv und blauäugig ausgegangen. Nein, Wildtier-Management bedeutet nichts anderes, als manipulative Eingriffe in den Bestand von Wildtieren.

Fazit: Um eine wegweisende Verbesserung der Lebensqualität von Wolf, Bär & Co zu erreichen, sollte ein weitsichtiges Management **für** Wildtiere absolute Priorität genießen. Management **für** Wildtiere kann aber nur durch ein gezieltes Management **von** Menschen gelingen!

—— Meine Botschaft als „Bärenschnösel" an alle Nationalparkbesucher: AUCH ICH WILL NUR ÜBERLEBEN! Fuß vom Gas – du bist nur Gast in unserem Land! Fahr langsam! Handel niemals aufdringlich! Zeige Respekt und Ehrfurcht gegenüber uns und unseren Bedürfnissen!

Zum Schluss wollen wir Ihnen eine Frage stellen, die wir alle im Sinne unserer Kinder und Kindeskinder niemals aus den Augen verlieren dürfen: Wo sollen Wölfe und andere Beutegreifer eigentlich noch leben können, wenn nicht in Nationalparks?

EIN WORT ZUM SCHLUSS

Dieses Buch sollte weder als Anklageschrift missverstanden werden, noch als schulmeisterliche Belehrung. Keine meiner kritischen Bemerkungen war persönlich gemeint. Ich habe mich bemüht, sämtliche Problemlagen im „Ökosystem Banff" so objektiv wie möglich darzustellen. Ob mir das gelungen ist, entscheiden andere. Paul Paquet bezeichnete das Bowtal schon vor langer Zeit als „Wildtier-Ghetto". Wir wissen, dass einige Kritiker argumentieren werden, John, Hendrik, Karin und ich hätten einen gehörigen Anteil zur Kommerzialisierung der Wölfe beigetragen. Unsere Gegenargumentation ist, dass es an der Zeit war, langzeitliche Freilandbeobachtungen durchzuführen, um im Sinne der Tierwelt von Banff argumentieren zu können.

Nichtstun und dem Zerfall der ökologischen Vielfalt des Bowtals wortlos zuzuschauen, ganz so wie die schweigende Mehrheit es vorzieht, zu tun, war für uns keine Option. Wir haben die gesamte Feldarbeit unserer „Bow Valley Wolf Behaviour Study" niemals auf die leichte Schulter genommen, haben Herz und Seele hineingesteckt, ganz zu schweigen vom finanziellen Aufwand. Als Reaktion darauf, dass auch wir durch unsere ständige Präsenz im Bowtal über die Jahre hinweg anscheinend wie ein Magnet immer mehr „Wolfsfreunde" angezogen haben, mussten wir zu unserem größten Bedauern die Reißleine ziehen. Es ist uns emotional wahrlich schwer gefallen, Banff zu verlassen. Aus unserer Perspektive war jedoch die Entscheidung, den Wölfen für immer Ade zu sagen, alternativlos. Wir wollten nicht dafür verantwortlich sein, die Lebensqualität der Tierwelt des Bowtals weiter zu verschlechtern.

Sollte ich irgendjemanden beleidigt haben, so entschuldige ich mich dafür – aufrichtig und ehrlich. Die Wahrheit ist, dass ich ein argumentationsfreudiger Deutsch-Kanadier bin. Inhaltlose Floskeln sind mir zuwider. Ich bin ein extrovertierter A-Typ und mit Sicherheit kein guter Diplomat. Aber ein bisschen zu frech zu sein, ein bisschen zu unverblümt zu schreiben, heißt meiner Meinung nach, Banffs Tierwelt eine hoffentlich gewichtige Stimme gegeben zu haben. Besonders den Wölfen. Man mag es für verrückt halten, aber spätestens nach Spirits Tod haben wir den Wölfen versprochen, uns in der Öffentlichkeit für sie einzusetzen. John, Hendrik, Karin und ich sind der festen Überzeugung, dass dies das Mindeste war, was Spirit & Faith, Kootenay & Rusty und all ihre Kinder verdient haben.

ANHANG – WISSENSCHAFTLICHE DATEN

ANHANG A
PIPESTONE-POPULATIONS-TREND (ERWACHSENE UND WELPEN)

Die nachfolgende Grafik gibt Auskunft über die Gruppenstärke der Pipestones, einschließlich jugendlicher Familienmitglieder (Oktober 2008 – 2014) und der Townies (Oktober 2015 – 2016).

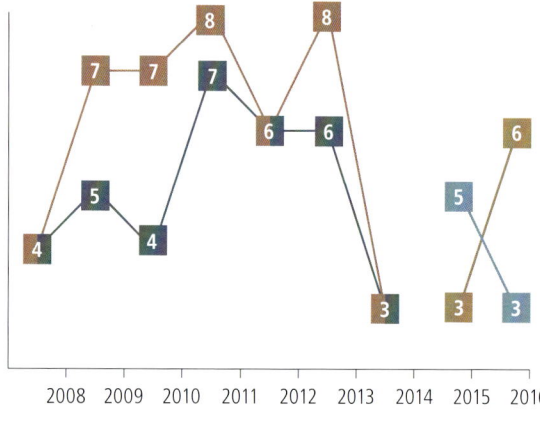

■ Populationstrend „Pipestones" (Erwachsene)

■ Populationstrend „Pipestones" (Welpen)

■ Populationstrend „Townies" (Erwachsene)

■ Populationstrend „Townies" (Welpen)

ANHANG B
DAS FORMALE ELTERN-NACHWUCHS-DOMINANZSYSTEM

Einer der wichtigsten Gradmesser zur Erkennung des sozialen Status von Wölfen, ist deren Körpersprache und Ausdrucksverhalten. Wenn sie in ihrem Revier unterwegs sind, kommunizieren Wolfseltern ihren hohen Rang durch gezieltes Markierverhalten. Formal dominante Leittiere treten körpersprachlich selbstsicher und insgesamt zielorientiert auf. Alterswissen und Erfahrung setzen Maßstäbe. Während der Hochranz demonstrieren Wolfseltern ihren hohen Sozialstatus durch aktives Werbe- und Paarungsverhalten.

Untergeordnete Familienmitglieder bekunden gegenüber ihren Eltern, neben dem allseits bekannten Unterordnungswillen und Beschwichtigungsverhalten, vor allem eine auffällig sozio-emotionale, geradezu enthusiastische Grundfreundlichkeit. Diese kommt u. a. zum Ausdruck durch einen unerschütterlichen Willen zur Begrüßung und zum geselligen Zusammenkommen („Rallys"). Unterordnungsgesten und Körperhaltungen rangniedriger Individuen sind nicht geschlechtsgebunden.

Jungwölfe zeigen ihre „freiwilligen Leistungen stürmischer Respektbekundungen" in Richtung Vater, Mutter und gegenüber erwachsenen Familienmitgliedern beiderlei Geschlechts. Dies tun sie mindestens ein Jahr lang, manchmal deutlich länger. Zu vermuten ist, dass die enorme Unterordnungsbereitschaft wölfischen Nachwuchses ursprünglich im Futterbettelverhalten begründet liegt. Zumindest ist es faktisch nahezu unmöglich, zwischen einem aktiven Futterbetteln und einer aktiven Unterordnung körpersprachlich klar zu unterscheiden.

Die nachfolgenden vier Tabellen (Sozial-Matrizen) zeigen die Anzahl aller Interaktionen eines Jahres (vom 1. Januar bis 31. Dezember), in denen ein rangniedriges gegenüber einem ranghöheren Gruppenmitglied aktive Unterwürfigkeit bekundete. Wolfswelpen, bis zu einem Alter von vier Monaten, sind in den Matrizen nicht aufgeführt.

Die Tabellen B.1 – B.4 beziehen sich ausnahmslos nur auf Daten aus Direktbeobachtungen an der Pipestone-Wolfsfamilie aus den Jahren 2010 – 2013. Die uns vorliegenden Beobachtungsprotokolle an der Pipestone-Wolfsfamilie aus den Jahren 2009 und 2014 sowie an der Banffstadt-Wolfsfamilie aus den Jahren 2015 – 2016 erschienen uns zu lückenhaft und daher als ungeeignet, in methodischer Tabellenform veröffentlicht zu werden.

B1: DOMINANZ – UNTERWÜRFIGKEITSBEKUNDUNGEN IN DER PIPESTONE-WOLFSFAMILIE 2010 (n = 1 251)

DOMINANZ/AKTIVE UNTERWERFUNG	SPIRIT	FAITH	BLIZZARD	SKOKI	CHESTER	MEADOW	LILLIAN
SPIRIT (Vater, 4 Jahre)	–	0	0	0	0	0	0
FAITH (Mutter, 3 Jahre)	0	–	0	0	0	0	0
BLIZZARD (erwachsene Tochter, geb. 4/2009)	68	92	–	18	0	0	0
SKOKI (erwachsener Sohn, geb. 4/2009)	55	39	0	–	0	0	0
CHESTER (juveniler Sohn, geb. 4/2010)	99	77	42	35	–	2	0
MEADOW (juvenile Tochter, geb. 4/2010)	66	92	61	41	33	–	5
LILLIAN (juvenile Tochter, geb. 4/2010)	102	138	99	59	22	6	–
Total	**390**	**438**	**202**	**153**	**55**	**8**	**5**

B2: DOMINANZ – UNTERWÜRFIGKEITSBEKUNDUNGEN IN DER PIPESTONE-WOLFSFAMILIE 2011 (n = 1 520)

DOMINANZ/AKTIVE UNTERWERFUNG	SPIRIT	FAITH	BLIZZARD	DJINGO	YUMA	JENNY	KIMI
SPIRIT (Vater, 5 Jahre)	–	0	0	0	0	0	0
FAITH (Mutter, 4 Jahre)	0	–	0	0	0	0	0
BLIZZARD (Alttier, geb. 4/2009)	33	112	–	0	0	0	0
DJINGO (juveniler Sohn, geb. 4/2011)	111	87	59	–	3	3	0
YUMA (juvenile Tochter, geb. 4/2011)	99	104	88	0	–	0	0
JENNY (juvenile Tochter, geb. 4/2011)	94	130	77	16	21	–	0
KIMI (juvenile Tochter, geb. 4/2011)	107	144	99	78	31	24	–
Total	**444**	**577**	**323**	**94**	**55**	**27**	**0**

B3: DOMINANZ – UNTERWÜRFIGKEITSBEKUNDUNGEN IN DER PIPESTONE-WOLFSFAMILIE 2012 (n = 1 468)

DOMINANZ/AKTIVE UNTERWERFUNG	SPIRIT	FAITH	DJINGO	YUMA	G.B.	TRICKSTER	SUNSHINE
SPIRIT (Vater, 6 Jahre)	–	0	0	0	0	0	0
FAITH (Mutter, 5 Jahre)	0	–	0	0	0	0	0
DJINGO (erwachsener Sohn, geb. 4/2011)	88	79	–	22	0	0	0
YUMA (erwachsene Tochter, geb. 4/2011)	93	166	18	–	0	0	0
G.B. (juveniler Sohn, geb. 4/2012)	133	99	56	49	–	3	0
TRICKSTER (juveniler Sohn, geb. 4/2012)	102	91	51	39	2	–	0
SUNSHINE (juvenile Tochter, geb. 4/2012)	91	144	53	66	12	11	–
Total	**507**	**579**	**178**	**176**	**14**	**14**	**0**

B4: DOMINANZ – UNTERWÜRFIGKEITSBEKUNDUNGEN IN DER PIPSTONE-WOLFSFAMILIE 2013 (n = 1 608)

DOMINANZ/AKTIVE UNTERWERFUNG	SPIRIT	FAITH	YUMA	SUNSHINE	TYLER	ELAINE	KAYLA
SPIRIT (Vater, 7 Jahre)	–	0	0	0	0	0	0
FAITH (Mutter, 6 Jahre)	0	–	0	0	0	0	0
YUMA (Alttier, geb. 4/2011)	77	132	–	0	0	0	0
SUNSHINE (erwachsene Tochter, geb. 4/2012)	99	141	49	–	1	0	0
TYLER (juveniler Sohn, geb. 4/2013)	111	98	54	39	–	0	0
ELAINE (juvenile Tochter, geb. 4/2013)	101	117	89	44	22	–	0
KAYLA (juvenile Tochter, geb. 4/2013)	119	133	91	50	29	12	–
Total	**507**	**621**	**283**	**133**	**52**	**12**	**0**

ANHANG C
FÜHRUNGSVERHALTEN IN DER PIPESTONE-WOLFSFAMILIE

Nachdem wir jahrelang mehrere Wolfsfamilien unter wechselnden Freilandbedingungen (z. B. innerhalb und außerhalb ihres Kernreviers, zu verschiedenen Jahreszeiten, in unterschiedlichen Landschaftsgefügen einschließlich menschlicher Infrastruktur, Wetter- und Schneekonditionen und unter allen nur erdenklichen Verkehrs- und Gefahrensituationen) begleitet haben, können wir belegen, dass draußen im realen Leben weder ein allseits in der Gruppenspitze voranschreitender „vorderer Leitwolf", noch ein allseits am Gruppenende die Nachhut bildender, „Hinterer Leitwolf" beobachtbar ist. Nein, Gruppenführung ist und bleibt variabel.

Nicht nur Wolfsväter, sondern auch Wolfsmütter übernehmen bei Revierstreifzügen oft und gern die Führungsposition. Im speziellen Fall der Pipestones war es Faith, die die Laufrichtung der gesamten Familie in rund Zweidrittel aller Fälle initiativ bestimmte, nachdem sich Spirit aufgrund eines chronischen Handicaps immer seltener dazu in der Lage sah. Ansonsten übernahm er die vordere Gruppenposition zumeist dann, wenn in Gefahrensituationen eine vitale Entscheidung anstand.

Jugendliche Tiere marschierten nur so lange forsch vorneweg, bis sie an einer Weggabelung ankamen. Danach trat eines der Alttiere aus der zentralen Gruppenposition hervor, um die weitere Laufrichtung vorzugeben. Hypothesen, wonach Wolfsfamilien auf ihren langen Wanderungen grundsätzlich eine feste Verteidigungsformation einnehmen, sind nicht nachweisbar.

Führungsverhalten gleichzusetzen mit der momentanen Spitzenposition bei gemeinsamen Gruppenwanderungen, ist einseitig und somit falsch. Führung ist viel mehr. Gruppenführung ist verknüpft mit der Bereitschaft und dem Willen, langfristig die Geschicke der ganzen Familie zu lenken.

Verantwortungsbewusste Wolfseltern verstehen unter Führung, initiativ Fakten zu schaffen, eine alltägliche Agenda umzusetzen und keine faulen Kompromisse einzugehen. Aus Sicht der Gefolgschaft bleiben Führungspersönlichkeiten kaum Lösungen schuldig. Leittiere entscheiden Dinge, die andere nicht entscheiden können oder wollen. Genau das ist wohl das Geheimnis ihrer Attraktivität.

Die nachfolgenden drei Tabellen zeigen, welches Wolfsindividuum der Pipestones wir wie häufig in der Gruppenspitzenposition über eine Wegstrecke von mindestens 100 Meter entweder im Kernrevier oder Außenterritorium beobachten konnten.

Die Auflistungen schließen auch Straßenüberquerungen, Wanderungen auf der Parkstraße, der CP-Rail oder auf Langlauf-Skiloipen mit ein. Nicht aufgeführt in den Statistiken sind Jagdformationen, beziehungsweise aktive Hetzphasen sowie Welpen unter vier Monaten.

Leider lagen uns bis zum Abgabetermin des Buchmanuskripts zum Führungsverhalten der Banffstadt-Wolfsfamilie aus den Jahren 2015 – 2016 nicht genügend methodisch aussagekräftige Daten vor.

BEOBACHTETE PIPESTONE-WÖLFE IN DER GRUPPENSPITZENPOSITION: 2009 (n = 28), 2010 (n = 700)

AKUTE FÜHRUNG	SPIRIT	FAITH	CHESLEY	SKOKI	BLIZZARD	RAVEN
2009: 28 mal	10 (36 %)	8 (29 %)	5 (18 %)	2 (7 %)	3 (10 %)	0
2010: 700 mal	279 (40 %)	299 (42 %)	0	11 (2 %)	109 (15 %)	2 (0,3 %)
Total	289	307	5	13	112	2

BEOBACHTETE PIPESTONE-WÖLFE IN DER GRUPPENSPITZENPOSITION: 2011 (n = 660), 2012 (n = 706)

AKUTE FÜHRUNG	SPIRIT	FAITH	BLIZZARD	YUMA	DJINGO	JENNY
2011: 660 mal	233 (35 %)	244 (37 %)	118 (18 %)	52 (8 %)	13 (2 %)	0
2012: 706 mal	255 (36 %)	259 (37 %)	0	122 (17 %)	55 (8 %)	15 (2 %)
Total	488	503	118	174	68	15

BEOBACHTETE PIPESTONE-WÖLFE IN DER GRUPPENSPITZENPOSITION: 2013 (n = 548)

AKUTE FÜHRUNG	SPIRIT	FAITH	YUMA	DJINGO	TRICKSTER	ELAINE
2013: 548 mal	89 (16 %)	374 (68 %)	66 (11 %)	14 (3 %)	4 (1 %)	1 (0,2 %)

ANHANG D
STERBLICHKEIT UND TODESURSACHEN BEI DEN PIPESTONES IN RELATION ZU ALTER UND CHARAKTERTYP

Das „shy & bold model" beschreibt zwei Grundcharaktere (extrovertierter A-Typ & introvertierter B-Typ), die wir nach Überprüfungen in speziellen Testverfahren auch in wilden Wölfen relativ einfach wiedererkennen konnten. Der weitverbreiteten Auffassung, forsch auftretende Wolfsindividuen würden sich „gegenüber Menschen gefährlicher verhalten als scheue Wolfstypen", möchten wir deutlich widersprechen. Eine solche Hypothese ließ sich in keinster Weise belegen.

Gleiches gilt für die in Banff, seitens vieler Wildtiermanager geäußerten, Vermutung, dass „wagemutige Wolfsindividuen, die Straßen nutzen, eher Gefahr laufen, im Autoverkehr getötet zu werden, als scheue

Wolfsindividuen". Auch diese Theorie konnten wir widerlegen. Ganz im Gegenteil: Forsche A-Typen kamen im Straßenverkehr vermutlich deswegen deutlich seltener zu Tode, weil sie für Autofahrer sichtbarer waren als B-Typen, die oftmals im Bruchteil einer Sekunde über eine Straße huschten. Hingegen blieben A-Typen (wie in diesem Buch anhand mehrerer Fotos zu sehen ist) eher mitten auf der Straße stehen, was Autofahrern mehr Bremszeit gab.

Die nachfolgende Tabelle zeigt, welcher Jugendliche, Jährling oder Erwachsene (eines Typ A oder Typ B) der Pipestone-Wolfsfamilie in den Jahren 2009 – 2014 entweder auf einer Autobahn, einem Eisenbahngleis oder durch Abschuss zu Tode kam. Welpen bis zu einem Alter von vier Monaten sind in den Tabellen nicht aufgeführt. Themenrelvante Daten wurden an der Banffstadt-Wolfsfamilie nach Einstellung unserer „Wolf Valley Wolf Behaviour Study" leider nicht mehr gesammelt.

VERTEILUNG UNNATÜRLICH GETÖTETER PIPESTONE-WÖLFE IN RELATION ZU DEREN GRUNDCHARAKTEREN (n = 17)

STERBLICHKEIT	2009	2010	2011	2012	2013	2014
A-Typ (Erwachsene)	0	0	1	1	–	1
B-Typ (Erwachsene)	0	0	–	–	–	–
A-Typ (Jährlinge)	0	0	–	–	1	–
B-Typ (Jährlinge)	0	1	1	3	2	–
A-Typ (Jugendliche)	0	0	–	1	1	–
B-Typ (Jugendliche)	0	2	1	1	–	–
Total	0	3 Typ-B	1 Typ-A/2 Typ-B	2 Typ-A/4 Typ-B	2 Typ-A/2 Typ-B	1 Typ-A

QUELLEN

Bekoff, Marc: *The Development of Social Interaction, Play, and Metacommunication in Mammals: An Ethological Perspective.*
Quarterly Review of Biology, no. 47 (1972): 412-434.
– *Social Play Behaviour: Cooperation, Fairness, Trust, and the Evolution of Morality.*
Journal of Consciousness Studies 8, no. 2 (2001): 81 – 90. http://www.imprint.co.uk/pdf/81-90.pdf.

Bekoff, Marc und Jessica Pierce:
Wild justice: the Moral Lives of Animals.
Chicago, IL: University of Chicago Press, 2009.

Bloch, Günther: *Feldforschungsbericht.*
Bad Münstereifel, Hundefarm Eifel, Winter 2001 – 2002.
– *Mensch und Wolf in Koexistenz?*
Datengestützte Überlegungen zum Anpassungs-verhalten eines nicht bejagten Wolfsbestandes gegenüber Menschen. Bad Münstereifel, Hundefarm Eifel, 2015.
– *Social Structure, Population Trend, Sex Ratio, Character Types, Mortality and Dispersal in Two Wolf Families: Bows & Pipestones.*
Bad Münstereifel, Hundefarm Eifel, 2013.

Bloch, Günther und Karin Bloch:
AlphaConcept, Dominance and Leadership in Wolf Families.
Wolf Magazin 20, no. 2 (2002): 3 – 7.
– *Tue Influence of Highway Traffic on Movement Patterns of the Bow Valley Wolf Pack on the Bow Valley Parkway of BNP.*
Bad Münstereifel, Hundefarm Eifel, 2002.
– *Timberwolf, Yukon & Co.*
Nerdlen/Daun, Kynos, 2002.

Bloch, Günther und Peter Dettling:
Auge in Auge mit dem Wolf.
Stuttgart, Kosmos, 2009.

Bloch, Günther und Mike Gibeau:
Adaptive Strategies of Wild Wolves in the Bow Valley of Banff NP. Paper presented at the Wolf & Co – 5th International Symposium on Canids, Filander, Fürth, 2011.

Bloch, Günther und Paul Paquet:
Wolf (Canis Lupus) & Raven (Corvus corax): The Co-Evolution of 'Team Players' and Their Living Together in a Social-Mixed Group.
Bad Münstereifel, Hundefarm Eifel, 2011.

Cafazzo, Simona, Eugenia Natoli und Paola Valsecchi:
Scent-Marking Behaviour in a Pack of Free-Ranging Domestic Dogs. Ethology 118, no. 10 (2012): 955 – 966.

Cafazzo, Simona, Paola Valsecchi, Roberto Bonanni und Eugenia Natoli:
Dominance in Relation to Age, Sex, and Competitive Contexts in a Group of Free-Ranging Domestic Dogs.
Behavioral Ecology 21, no. 3 (2010): 443 – 455. doi: 10.1093/beheco/arq001.

Callaghan, Carolyn: *The Ecology of Gray Wolf (Canis Lupus) Habitat Use, Survival and Persistence in the Central Rocky Mountains, Canada.*
Ph.D. diss., University of Guelph, 2002.

De Waal, Frans: *What is an Animal Emotion?*
Annals of the New York Academy of Sciences 1224 (2011): 191 – 206.

Dettling, Peter: *The Will of the Land.*
Victoria, BC: Rocky Mountain Books, 2010.

Ellis, Cathy: *Wolves Hunting on Edge of Town.*
Rocky Mountain Outlook, September 23, 2015.
http://www.rmoutlook.com/Wolves-hunting-on-edge-of-town-20150923.

Feddersen-Petersen, Dorit:
Ausdrucksverhalten beim Hund: Mimik und Körpersprache, Kommunikation und Verständigung.
Stuttgart, Kosmos, 2008.
– *Hundepsychologie.* Stuttgart, Kosmos, 2004.

Fox, Michael: *Behaviour of Wolves, Dogs and Related Canids.* New York: Harper & Row, 1972.

Gibeau, Mike: *Use of Urban Habitats by Coyotes in the Vicinity of Banff.*
Master's thesis, University of Montana, 1993.

Goodman, Patricia et al.: *Wolf Ethogram.*
Ethology Series no. 3. Battle Ground. In: North American Wildlife Park Foundation, 1985.

Heinrich, Bernd: *Die Seele der Raben.*
Frankfurt am Main, S. Fischer Verlag, 1994.
– *Team Players.* Dogs Magazine, no. 6 (2010): 114 – 117.

Katz, Daniel: *Parks Canada Looks for Ways to Manage Record Numbers of Visitors.*
Bow Valley Crag & Canyon 117, no. 7 (February 17, 2016): 11.

Käufer, Mechtild: *Canine Play Behavior: The Science of Dogs at Play.* Wenatchee, Dogwise Publishing, 2014.

Kleiman, D.G.: *Scent Marking in the Canidae.*
Symposium of the Zoological Society of London 18 (1966): 167 – 177.

Lazarus, Richard und Bernice Lazarus: *Passion and Reason.* Oxford, Oxford University Press, 1994.

Mech, L. David: *Alpha Status, Dominance, and Division of Labor in Wolf Packs.* Canadian Journal of Zoology 77, no. 8 (1999): 1196 – 1203.
– *Leadership in Wolf, Canis lupus, packs.* Canadian Field Naturalist 114, no. 2 (2000): 259 – 263.

National Park Service: *Management of Habituated Wolves in Yellowstone National Park.* Yellowstone National Park, WY: National Park Service, 2003. http://www.pinedaleonline.com/news/2009/02/habituatedwolves9-2003.pdf.

Pal, S.K.: *Urine Marking by Free-Ranging Dogs (Canis familiaris) in Relation to Sex, Season, Place and Posture.* Applied Animal! Behaviour Science 80, no. 1 (2003): 45 – 59.

Panksepp, Jaak: *Affective Neuroscience: The Foundations of Human and Animal Emotions.* Oxford, Oxford University Press, 1998.
– *The MacLean Legacy and Some Modem Trends in Emotion Research.* In: The Evolutionary Neuro-ethology of Paul MacLean: Convergences and Frontiers, edited by Gerald A. Cory Jr. and Russell Gardner Jr., ix-xxvii. Westport, CT: Praeger, 2002.

Paquet, Paul: *Summary Reference Document, Ecological Studies of Recolonizing Wolves in the Central Canadian Rocky Mountains, Final Report, April 1989 – June 1993.* Prepared for Parks Canada, Banff National Park Warden Service, 1993.

Paquet, Paul, David Huggard und Shelley Curry: *Banff National Park Canid Ecology Study:*

First Progress Report April 1989 – April 1990. Prepared by John/Paul Associates for the Canadian Parks Service, 1990.

Peterson, Dale: *The Moral Lives of Animals.* New York: Bloomsbury Press, 2011.

Radinger, Elli H.: *Die Wölfe von Yellowstone: Die ersten zehn Jahre.* Wetzlar, Van Doellen, 2004.

Rennicke, Jeff: *Playing Around: In a natural world that rewards efficiency, can wild animals conceivably engage in something as frivolous as play?* National Parks 81, no. 3 (Summer 2007): 16 – 17.

Schenkel, Rudolf: *Expression Studies on Wolves: Captivity Observations.* Department of Zoology, University of Basel, 1946. PDF-Download unter www.davemech.org/schenkel.

Smith, Douglas: *Wolf Pack Leadership, Howling Publication.* Canmore, Central Rockies Wolf Project, 2002.

Smith, Douglas, Daniel Stahler und Debra Guernsey: *Yellowstone Wolf Project*, Annual Reports 2002, 2003, 2004, 2005. Yellowstone National Park, WY: National Park Service, Yellowstone Center for Resources, 2002 – 2005.

Trumler, Eberhard: *Das Jahr des Hundes.* Nerdlen/Daun, Kynos, 1985.

Ward, Camille, Erika B. Bauer und Barbara B. Smuts: *Partner Preferences and Asymmetries in Social Play among Domestic Dog, Canis Lupus familiaris, Littermates.* Animal Behaviour 76, no. 4 (2008): 1187 – 1199. doi:10.1016/j.anbehav.2008.06.004.

Zimen, Erik: *Der Wolf.* Stuttgart, Kosmos, 2003.
– *On the Regulation of Pack Size in Wolves.* Zeitschrift für Tierpsychologie 40, no. 3 (1976): 300 – 341.
– *Social Dynamics of the Wolf Pack.* In: The Wild Canids: Their Systematics, Behavioral Ecology and Evolution, edited by M.W. Fox, 336 – 362. New York: Van Nostrand Reinhold Co., 1975.
– *Wölfe und Königspudel: Vergleichende Verhaltens-beobachtungen.* München, R. Piper & Co., 1971.

WOLFSPATENSCHAFTEN

WER SICH FÜR EINE PATENSCHAFT FÜR WILDE WÖLFE INTERESSIERT, FINDET INFORMATIONEN HIERZU AUF: *www.hundefarm-eifel.de*

AUTOR & FOTOGRAF

GÜNTHER BLOCH

Günther Bloch, geboren 1953 in Köln, gründete 1977 die Hunde-Farm „Eifel", zu der u. a. auch eine Abteilung für Verhaltensforschung gehörte. Bereits 1992 begann er, als Leiter der „Bow Valley Wolf Behaviour Study" in den kanadischen Rocky Mountains langzeitliche Freilandbeobachtungen an wild lebenden Timberwölfen durchzuführen. Außerdem erforschte er in den Neunziger Jahren die Verhaltensökologie von Tundrawölfen in der Wildnis der Nordwest-Territorien Kanadas und von europäischen Wölfen in Polen, der Slowakei und in Spanien. Günther Bloch, Autor von insgesamt zwölf Fachbüchern, lebt seit 2009 in Kanada. 2016 erschien im RMB-Verlag sein erstes englischsprachiges Buch: „The Pipestone Wolves", in Zusammenarbeit mit John E. Marriott.

JOHN E. MARRIOTT

John E. Marriott ist einer der bekanntesten Wildtier- und Naturfotografen Kanadas, mit weltweiten Publikationen seiner Aufnahmen in National Geographic, BBC Wildlife, Canadian Geographic, McLean's und Reader's Digest. Er ist freier Mitarbeiter der Zeitschrift Outdoor Photography Canada und Initiator der erfolgreichen Webseite EXPOSED (www.exposedwithjohnemarriott.com).
John E. Marriott hat fünf Bildbände und einen Reiseführer veröffentlicht, hält Seminare und organisiert Wildlife-Fototouren, Expeditionen in Kanadas Wildnis. Mehr Informationen auf *www.facebook.com/JohnEMarriottPhotography*, *www.instagram.com/johnemarriott/* und *www. youtube.com/channel/UCSN6XzSo7gO8xNxLWFGJY5Q*

BILDNACHWEIS

142 Farbfotos wurden von John E. Marriott für dieses Buch aufgenommen.
Weiteres Foto von Karin Bloch (1: S. 231 oben).
Mit einer Illustration von Wolfgang Lang/Kosmos (S. 13).

IMPRESSUM

Umschlaggestaltung von GRAMISCI Editorialdesign, München
unter Verwendung von zwei Farbfotos von John E. Marriott.

Mit 145 Farbfotos und einer Farbzeichnung.

Unser gesamtes Programm finden Sie unter **kosmos.de**.
Über Neuigkeiten informieren Sie regelmäßig unsere
Newsletter, einfach anmelden unter **kosmos.de/newsletter**

Gedruckt auf chlorfrei gebleichtem Papier

© 2017, Franckh-Kosmos Verlags-GmbH & Co. KG, Stuttgart.
Alle Rechte vorbehalten
ISBN 978-3-440-15313-0
Redaktion: Hilke Heinemann
Gestaltungskonzept: Populärgrafik, Stuttgart
Gestaltung und Satz: Claudia Adam Graphik-Design, Darmstadt
Produktion: Andrea Hehn
Druck und Bindung: FIRMENGRUPPE APPL, aprinta druck, Wemding
Printed in Germany / Imprimé en Allemagne

FSC
www.fsc.org
MIX
Papier aus ver-
antwortungsvollen
Quellen
FSC® C004592